李援瑛 主编

中央空调

ZHONGYANG KONGTIAO
YUNXING YU WEIHU
1000GE ZENMEBAN

运行与维护

1000^个怎么办

中国电力出版社
CHINA ELECTRIC POWER PRESS

内 容 提 要

　　本书以生动活泼的问答形式，在问题设置上突出"怎么办"，力求能解决实际问题。本书以中央空调及其制冷设备的基础知识、设备特点、运行管理和维修为基本组成核心，系统而完整地讲述了中央空调的基础知识、基本构成及各部件结构、作用和工作原理，详尽地讲述了中央空调系统启动、运行和日常管理及常见故障的维修等操作方法。

　　本书的读者对象主要是具有中学以上文化程度的从事中央空调运行管理的技术人员，也可作为中央空调运行管理培训和自修的专业技术教材。

图书在版编目（CIP）数据

　　中央空调运行与维护 1000 个怎么办 / 李援瑛主编 . —北京：中国电力出版社，2021.1
　　ISBN 978-7-5198-4838-5

　　Ⅰ . ①中… Ⅱ . ①李… Ⅲ . ①集中空气调节系统—运行—问题解答②集中空气调节系统—维修—问题解答 Ⅳ . ① TU831.3-44

　　中国版本图书馆 CIP 数据核字（2020）第 138713 号

出版发行：中国电力出版社
地　　址：北京市东城区北京站西街 19 号（邮政编码 100005）
网　　址：http://www.cepp.sgcc.com.cn
责任编辑：丁　钏（010-63412393）
责任校对：黄　蓓　常燕昆　朱丽芳
装帧设计：王红柳
责任印制：杨晓东

印　　刷：北京天宇星印刷厂
版　　次：2021 年 1 月第一版
印　　次：2021 年 1 月北京第一次印刷
开　　本：880 毫米 ×1230 毫米　32 开本
印　　张：13.25
字　　数：436 千字
印　　数：0001—2000 册
定　　价：39.80 元

中央空调运行与维护1000个怎么办？

前言 Preface

近年来，随着我国现代化建设的迅猛发展，在各种大中型工业和民用建筑物中普遍使用对空气进行集中调节的中央空调设备。中央空调的使用极大地改善了科研和生产环境，为高科技产品的研发、生产提供了可靠的外部条件；同时也大大改善和提高了人们的生活质量和健康水平。中央空调已成为当代社会现代化进程中必备的技术保障设备。

中央空调设备的大规模使用同时也为人们提供了许多工作机遇，使中央空调运行管理和维护保养成为热门行业。中央空调的运行维护技术是一门集制冷技术、空气调节技术、设备运行管理知识为一体的专业性很强的技术门类。要求从业者必须具备制冷和空调原理、制冷设备和空气调节设备基础知识以及制冷设备和空调设备的管理、操作和维修技能。

本书正是本着为从业者提供基础理论知识和基础操作、维修技能的目的进行编写的。

在编写体例上，本书以生动活泼的问答形式，深入浅出的编写原则，以中央空调的基础知识、设备特点、运行管理要求，中央空调系统及其制冷设备运行管理和维修为基本组成核心，系统和完整地讲述了中央空调的基础知识，中央空调系统的基本构成及各种部件的结构、作用和工作原理，详尽地讲述了中央空调系统起动、运行和日常管理及常见故障维修等操作方法。

本书的重点放在了中央空调运行管理与维修技能的讲述上，在内容上覆盖了中央空调安装、运行管理及维护保养中常见的技术问题，可作为中央空调运行管理方面的培训和自修的专业技术教材。

本书适合具有中学以上文化程度的从事中央空调运行管理的技术人员阅读，也可供其他从事空调与制冷的人员、相关院校师生作为专业学习的参考。

本书由李援瑛主编，参编人员有李银台、李燕京、李晓，由于编写水平有限，书中难免有不妥和错误之处，恳请广大读者批评指正。

编者

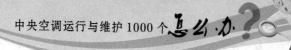

中央空调运行与维护 1000 个怎么办？

目 录 Contents

前言

👆 第二章　中央空调系统

第三章 制冷剂与制冷原理

15

第四章 中央空调冷源与辅助设备

第五章 中央空调的水系统

第六章　中央空调系统设备安装与运行管理

第七章　中央空调制冷机组的安装

第八章　制冷机组常见故障与排除

第九章　溴化锂吸收制冷机的常见故障与排除

第一章 Chapter1

空气调节的基本知识

第一节　空气调节基础知识

1. 空气调节是怎么定义的？

空气调节的定义是：通过一定空气处理手段和方法，对空气的温度、湿度、压力、气流速度和新鲜度进行控制与调节，创造和维持生产工艺和人员生活所需要的空气环境，空气调节又称空气调理，简称空调。

2. 空气调节目的是什么？

空气调节的目的是对室内空气参数进行调节，即采用加热、冷却、加湿、减湿、空气过滤、控制流量、消除噪声等方法，将空气的温度、湿度、流动速度、洁净程度调节在最适当的范围内，以满足人们生活、生产、科研等需要的特定条件。

3. 古代人没有空调器怎么"消暑纳凉"？

古代的老百姓主要靠扇子纳凉，古人称之为"摇风"。大户人家在酷暑则可享受"人工风扇"带来的惬意。"人工风扇"即在一个轴上装上扇叶，轴心上拴有绳索，仆人手摇轴心上的绳索，扇叶被带动旋转则可生成凉风。

为了消暑纳凉，人们在冬天将大量压实雪块或河、湖中凿出的冰储藏于冰窖中，夏天时人们便买来冰块或雪块制作成"冰盘"，摆放在居室。冰雪在融化时不断吸收环境热量，降低了室内温度，使人们感到凉爽。

4. 什么是空气污染？

空气中主要污染物有二氧化硫、氮氧化物、粒子状污染物。随着人类社会生产力的高度发展，各种污染物大量地进入地球大气中，这就是人们所说的"大气污染"。

大气中污染物已经产生危害，受到人们注意的污染物有一百种左右。大气中的主要污染物见表1-1。

表 1-1   大气中的主要污染物

分类	成分
粉尘微粒	碳粒、飞灰、碳酸钙、氧化锌、二氧化铅
硫化物	SO_2、SO_3、H_2SO_4 形成的酸雾等
氮化物	NO、NO_2、NH_3 等
卤化物	Cl_2、HCl、HF 等
碳氧化物	CO、CO_2 等
氧化剂	O_2、过氧酰基硝酸酯、PAN 等

其中影响范围广、对人类环境威胁较大的主要是煤粉尘、二氧化碳、一氧化碳、碳化氢、硫化氢和氨等。从污染物来源看，主要有燃料燃烧时从烟囱排出的废气、汽车尾气和工厂漏掉、跑掉的毒气，而烟囱排出的废气与汽车尾气约占总污染物的百分之七十。

5. 什么是空气污染指数？

空气污染指数（Air Pollution Index，API）就是将常规监测的几种空气污染物浓度简化成为单一的概念性指数值形式，并分级表征空气污染程度和空气质量状况，适合于表示城市的短期空气质量状况和变化趋势。

空气污染指数是根据空气环境质量标准和各项污染物的生态环境效应及其对人体健康的影响来确定污染指数的分级数值及相应的空气污染物浓度限值。

6. 污染指数是怎样分级的？

污染指数的分级标准有如下四个：

（1）空气污染指数。API50 对应的污染物浓度为国家空气质量日均值一级标准。

（2）API100 对应的污染浓度为国家空气质量日均值二级标准。

（3）API200 点对应的污染物浓度为国家空气质量日均值三级标准。

（4）API 更高值段的分级对应于各种污染物对人体健康产生不同影响时的浓度限值。

根据我国空气污染的特点和污染防治重点，目前计入空气污染指数的项目暂定为：二氧化硫、氮氧化物和可吸入颗粒物。

7. 什么是温室效应？

地球大气层中的 CO_2 和水蒸气等允许部分太阳辐射（短波辐射）透过并达到地面，使地球表面温度升高；同时，由于 CO_2 和 H_2O 分子可产生分子偶极矩改变的振动，故能吸收太阳和地球表面发出波长在2000nm（纳米，长度单位，等于$1×10^{-9}$m）以上的长波辐射，仅让很少的热辐射散失到宇宙空间。由于大气吸收的辐射热量多于散失的，最终导致地球和外层空间保持某种热量平衡，使地球维持相对稳定的气温，这种现象称为温室效应。

8. 温室效应的危害是什么？

（1）温室效应对海洋的危害：气温变暖，使海平面上升。据统计，近百年来随着全球气温升高大约0.8℃，全球海平面大约上升了10～15cm。

（2）温室效应对气候的危害：雪盖和冰川面积减小，降水格局发生变化。中纬度地区降雨量增大，北半球亚热带地区的降雨量下降，而南半球的降雨量增大。过多的降雨，大范围的干旱和持续的高温。

（3）温室效应对人类健康的危害：加大人群的发病率和死亡率。

9. 空气质量与人类生存的关系是怎样的？

空气是指包围在地球周围的气体，它维护着人类及生物的生存。洁净大气是人类赖以生存的必要条件之一。一个人在五个星期内不吃饭或5天内不喝水，尚能维持生命，但超过5min不呼吸空气，便会死亡。人体每天需要吸入10～12m³的空气。大气有一定的自我净化能力，因自然过程等进入大气的污染物，由大气自我净化过程从大气移除，从而维持大气洁净。

10. 什么是干空气？

干空气是指大气中除去水蒸气和固体微粒以外的整个混合气体。干空气是大气的主体，平均约占低层大气体积的99.97%（水蒸气平均约占0.03%）。

11. 干空气是由哪些成分组成？

干空气的组成部分见表1-2，是由氮气、氧气、二氧化碳及其他稀有气体（如氩、氖等）按一定比例组成的混合物。

表1-2　　　　　　　　干空气的组成部分

气体名称	质量百分比（%）	体积百分比（%）	气体名称	质量百分比（%）	体积百分比（%）
氮气（N_2） 氧气（O_2）	75.55 23.1	78.13 20.90	二氧化碳（CO_2） 其他稀有气体（Ar、He、Ne、Kr等）	0.05 1.30	0.03 0.94

12. 什么是湿空气？

绝对的干空气在自然界中是不存在的，因为地球表面大部分是海洋、河流和湖泊，每时每刻都有大量的水分蒸发为水蒸气进入到大气中，所以自然界中的空气都是由干空气与水蒸气组成的混合物，称为湿空气，是气象学专用名词，人们习惯上称湿空气为空气。湿空气的密度小，含氧相对少。

13. 大气压力怎样定义？

地球表面单位面积上的空气压力称为大气压力。大气压力通常用 Pa（帕）或 kPa（千帕）表示。

大气压力不是一个定值，它随着各地区海拔高度不同而存在差异，还随着季节的变化稍有变化。

14. 水蒸气分压力怎样定义？

水蒸气分压力是指湿空气中水蒸气形成的压力。根据道尔顿定律，水蒸气分压力与干空气分压力之和等于大气压力。湿空气中，水蒸气单独占有湿空气的容积，并具有与湿空气相同的温度时所产生的压力称为水蒸气的分压力。

一般常温下大气压中水蒸气分压力所占比例很低，寒冷地区比湿热地区低，冬季比夏季低，但昼夜温差不大。水蒸气分压力随海拔高度的增加而下降，其下降比例比空气压力的比例大。

一定温度的空气水蒸气含量达到饱和时的水蒸气分压力称为该温度的饱和水蒸气分压力。

15. 空气结露原因是什么？

由于水蒸气含量达到饱和的条件与空气的温度有关，空气温度越高，空气中的水蒸气含量就越大，因此，如果降低空气的温度，空气中的水蒸气含量也会随之降低，并且多余的水蒸气会冷凝成液体而析出，自然界中的结露现象就是这个道理。根据这一原理，人们可利用空气调节装置对空气进行冷却去湿处理。

16. 饱和空气是怎样定义的？

干空气具有吸收和容纳水蒸气的能力，并且在一定温度下只能容纳一定量的水蒸气。我们把在一定温度下水蒸气的含量达到最大值时的空气，称为饱和空气，此时的空气状态就是干空气和饱和水蒸气的混合物，其所对应的温度称为空气的饱和温度。

17. 空气温标是怎么来的？

温度的数值表示法叫做温标。温度是描述空气冷热程度的物理量，国际上对其单位有三种标定方法：摄氏温标、华氏温标和绝对温标（又称热力学温标或开氏温标）。

摄氏温标用符号 t 表示，单位是℃，是瑞典天文学家摄尔修斯（A. Celsius）1742 年建立的。他原来把水的冰点定为 100℃，沸点定为 0℃，这很不合人们的习惯。他的同事斯特雷默（M. Stromer）建议倒过来，把水的冰点定为 0℃，沸点定为 100℃，这便是现在使用的摄氏温标。摄氏温标目前在我们的生活中和科学技术中使用得最为普遍。

华氏温标用符号 t_F 表示，单位是℉，是从德国迁居荷兰的华伦海特1714 年建立的。他起初把盐水混合物的冰点定为 0 ℉，把人体的正常温度定为 96 ℉。后来他又添了两个固定点，即把无盐的冰水混合物温度定为 32 ℉，把大气压下水的沸点定为 212 ℉，现今使用的华氏温标只保留这二者为标准点。在这样规定的温标里，人体正常温度较准确的数值是 98.6 ℉，目前只有英美等国在工程界和日常生活中还保留华氏温标的使用，除此之外较少有人使用了（注：华氏温标在我国为非法定计量单位）。

绝对温标用符号 T_0 表示。1954 年国际计量大会决定：水的三相点热力学温度为 273.16K，这样一来，热力学温度就完全确定了，这样定出的热力学温度单位——K（开尔文）就是水的三相点热力学温度的 1/273.16。

三种温标间的换算关系如下

$$T_0 = t + 273(\text{K}) \qquad\qquad t = T_0 - 273(\text{℃})$$
$$t_F = 9/5t + 32 \quad (\text{℉}) \qquad\qquad t = 5/9(t_F - 32)(\text{℃})$$

因为水蒸气是均匀地混合在干空气中，所以，平常我们用温度计所测得的空气温度既是干空气的温度又是水蒸气的温度。

18. 测试大气压力方法是怎样规定的？

物理学规定：以纬度 45°海平面上，空气温度为 0℃时测得的平均压力等于 1.013×10^5 Pa（760mmHg），称为一个标准大气压或物理大气压，用符号 atm 表示，即 $1\text{atm} = 1.013 \times 10^5$ Pa。

一般在空气调节的参数计算上不用标准大气压，而用工程大气压计算，工程大气压用符号 at 表示

$$1\text{at} = 9.87 \times 10^4 \text{Pa} = 10^4 \text{mmH}_2\text{O} = 10\text{mH}_2\text{O}。$$

工程大气压在实际空气调节的参数计算工作中常认为就是当地大气压值。

19. 空气压力由哪两部分组成？

正如空气是由干空气和水蒸气两部分组成一样，空气的压力 p 也是由

干空气分压力和水蒸气分压力两部分组成的，即

$$p = p_g + p_q$$

式中：p_g 为干空气的分压力；p_q 为水蒸气的分压力。

空气中水蒸气是由水蒸发而来的。在一定温度下，如果水蒸发得越多，空气中的水蒸气就越多，水蒸气的分压力也越大，所以水蒸气分压力是反映空气所含水蒸气量的一个指标，也是空调技术中经常用到的一个参数。

20. 压力表测得压力是否为空气真实压力？

在空气调节系统中，空气压力常用仪表测定，但仪表显示的压力不是空气压力的真实压力（绝对值），而是与当地大气压力的差值，称为相对压力，也称表压力。它不能代表空气压力的真正大小。只有空气的绝对压力才是空气的真实压力。

21. 空气绝对压力怎样计算？

空气绝对压力的计算方法是

绝对压力＝当地大气压力＋表压力(MPa)

22. 空气湿度是怎么定义的？

湿度表示空气中水蒸气含量的物理量，是表示空气中水蒸气含量和湿润程度的气象要素。

地面空气湿度是指地面气象观测规定高度（即 1.25～2.00m，国内为 1.5m）上的空气湿度。

空气湿度是由安装在百叶箱中的干湿球温度表和湿度计等仪器所测定的（基本站每日定时观测 4 次，基准站每日定时观测 24 次）。

空气湿度有三种表述方式：绝对湿度、相对湿度和含湿量。

23. 空气绝对湿度怎样定义的？

绝对湿度是一定体积的空气中含有水蒸气的质量，即每立方米空气中含有水蒸气的质量，用符号 γ_z 表示，单位为 kg/m³。

在某一温度下，如果空气中水蒸气的含量达到了最大值，此时的绝对湿度称为饱和空气的绝对湿度，用 γ_B 表示。空气的绝对湿度只能表示在某一温度下每立方米空气中水蒸气的实际含量，不能准确说明空气的干湿程度，绝对湿度只有与温度一起才有意义，因为空气中能含有的湿度随温度而变化，在不同的温度中绝对湿度也不同，因为随着高度的变化空气的体积也在变化。

24. 空气相对湿度怎样定义？

为了能准确说明空气的干湿程度，在空气调节技术中采用了相对湿度这

个参数。湿空气中所含水蒸气的质量与同温度下饱和空气中所含水蒸气的质量之比，称为空气的相对湿度，这个比值用百分数表示，相对湿度用符号 RH 表示。

RH 表明了空气中水蒸气的含量接近于饱和状态的程度。显然，RH 值越小，表明空气越干燥，吸收水分的能力越强；RH 值越大，表明空气越潮湿，吸收水分的能力越弱。

RH 的取值范围在 $0\sim100\%$，如果 $RH=0$，表示空气中不含水蒸气，属于干空气；如果 $RH=100\%$，表示空气中的水蒸气含量达到最大值，成为饱和空气。因此，只要知道 RH 值的大小，即可得知空气的干湿程度，从而判断是否对空气进行加湿或去湿处理。

25. 空气含湿量是怎样定义的？

空气的含湿量是指 1kg 干空气所容纳的水蒸气质量，用符号 d 表示，单位是 g/kg（干空气）或用 [kg/kg（干空气）] 表示。

在空气调节技术中，含湿量是用来反映对空气进行加湿或去湿处理过程中水蒸气量的增减情况的。之所以用 1kg 干空气作为衡量标准，是因为对空气进行加湿或减湿处理时，干空气的质量是保持不变的，仅水蒸气含量发生变化，所以空调工程的调节参数计算中，常用含湿量的变化来表达对空气进行加湿和去湿的处理程度。

26. 空气密度与比体积怎样定义的？

空气的密度是指每立方米空气中干空气的质量与水蒸气的质量之和，用符号 ρ 表示，单位是 kg/m³。

由于湿空气是干空气和水蒸气的混合气体，两者均匀混合并占有相同的容积，因此，湿空气的密度等于干空气的密度与水蒸气的密度之和。

空气的比容是指单位质量的空气所占有的容积，用符号 υ 表示，单位是 m³/kg。因密度与比容互为倒数，所以 ρ 与 υ 只能看作一个状态参数。

27. 干湿球温度计工作原理是怎样的？

干湿球温度计是由两只相同的温度计组成的，它的基本构造如图 1-1 所示。使用时应放在室内通风处，其中一只在空气中直接进行测量，所测得的温度称为干球温度，用符号 t_g 表示；另一只温度计的感温球部分用湿纱布包裹起来，并将纱布的下端放入水槽中，水槽里盛满蒸馏水，所测得的温度称为湿球温度，用符号 t_{sh} 表示。

干湿球温度计的工作原理是：在干湿球温度计的测量过程中，除空气为饱和状态的特殊情况外，两只温度计读数总会有差别。因为当空气未达到饱

7

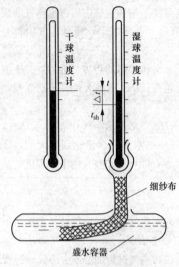

和时，湿球外面纱布上的水分总要在空气中蒸发，蒸发所需要的汽化热取自于湿纱布上的水本身，因而使纱布上的水温降低，从而使湿球温度低于干球温度。

在空气调节过程中，可根据干湿球温度计的差值，来确定空气相对湿度 RH 值的大小。干湿球温度计的差值越大，RH 越小；反之，差值越小，RH 越大。这是因为空气吸收水蒸气的能力取决于空气的相对湿度 RH 的大小。RH 值越小，空气吸收水蒸气的能力越大，湿纱布上的水分蒸发得也越多，湿球温度降得也越低，即干、湿球的温度差值也越大。

干球温度计　湿球温度计

细纱布

盛水容器

图 1-1　干湿球温度计

在空气调节过程中，若看到干湿球温度计的差值大，说明空气越干燥；反之，差值越小，说明空气越潮湿。

28. 湿球温度计为什么要使用蒸馏水？

要使湿球温度准确，不仅要使湿球表面有良好的蒸发和热量交换，同时，还有赖于选择良好的纱布，保持纱布清洁的最好办法就是用蒸馏水。蒸馏水是不含任何矿物元素和杂质的纯水，而且它无电解质，没有游离子，不导电、低渗透，同时还不会发生化学反应。一般的自来水都含有各种杂质，这些杂质会影响纱布的清洁度、柔软度和湿润度，因此，湿球温度计使用的水一定要是蒸馏水。

29. 普通干湿球温度计怎样查相对湿度？

在实际测量室内空气的相对湿度过程中，我们可通过图 1-2 所示的普通干湿球温度温度计来测量其具体数值。例如：当普通干湿球温度计上干球的温度为 36℃，湿球的温度为 30℃，干湿球温度的差值为 6℃时，旋转中间的圆柱体在湿度表缝中的顶端露出数值 6℃时，停止转动。此时再看湿球温度值 30℃时所对应的湿度表上的数字，其值为 64，这个数字就表示此时此地空气的相对湿度值为 64%。

需要注意的是，测量时风速大小对所测湿球温度的准确性有很大影响。当流过湿球的风速较小时，空气与湿球表面热湿交换不完善，湿球读数就会偏高。实验证明，当流经湿球表面的风速为 2.5～4m/s 以上时，所测得的湿球温度几乎不变，数据最准确。

30. 普通干湿球温度计使用是怎么要求的？

湿球的纱布要常换新，并且湿度计必须处于通风状态即在湿球附近的风速必须达到 2.5m/s 以上，只有纱布、水槽、水质、风速都满足一定要求时，才能达到规定的准确度。

31. 机械通风式干湿球温度计是怎样工作的？

不知道干湿球温度计测量的相对湿度值准确与否时，可使用通风式干湿球温度计进行校对。我们可用如图 1-3 所示机械通风式干、湿球温度计来检测其测量数据的误差。

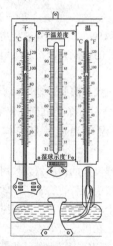

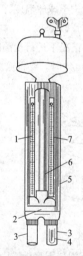

图 1-2　普通干湿球温度计　　图 1-3　机械通风式干湿球温度计

1—水银温度计；2—水槽；3—出风管；4—护板；
5—外护管；6—风道；7—水银温度计

机械通风式干湿球温度计是由两个精确度（刻度为 0.1℃ 或 0.2℃）较高的水银温度计组成：一支叫做干球温度计，另一支叫做湿度计。在两个温度计上部装有一个电动或机械（发条）驱动的小风扇，通过导管使气流以不大于 2.5m/s 的速度通过两个温度计的温包。温包的四周装有金属保护套管，以防止辐射热对它的影响。

机械通风式干湿球温度计的外形如图 1-3 所示。这种温度计测量精度较高，可用它来校正测试仪表。在使用时应始终保持湿球温度计的纱布松软，具有良好的吸水性。

32. 机械通风式干湿球温度计怎么使用？

（1）机械通风式干湿球温度计的湿球纱布应保持松软和清洁，纱布应有良好的吸水性，表面应无气泡，并经常更换纱布。

（2）湿球纱布要保持湿润，但水量不要加得太多。干球温包上不要有水。

（3）为避免测量误差，在进行测量时，应提前将机械通风式干湿球温度计放入测试地点。夏季要提前 15min 以上时间，冬季要提前 30min 以上时间。

纱布应在正式观测前适当进行湿润，夏季在观测前 4min 进行湿润，冬季在观测前 15min 进行湿润。

（4）机械通风式干湿球温度计 在上紧发条 2～4min 后才可读数。读数时要先读小数后读整数。

（5）在有风的情况下进行观测时，人应站在下风向处。在室外进行测量时，若风速超过 3m/s 时，要将通风式干湿球温度计的挡风套套在其风扇外壳的迎风面上。

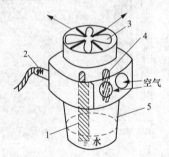

图 1-4　电动干湿球湿度计
1—湿球温度计；2—接线端子；
3—轴流风机；4—干球温度计；
5—水杯

（6）使用通风式干湿球温度计时要避免倾斜角超过 45°，更不能将其倒立使用。

33. 电动干湿球温度计是怎样工作的？

电动干湿球湿度计的传感器，采用两支镍电阻代替水银温度计，将干、湿球两个温度转换为两个电阻值。为了造成测点处有一固定风速，在传感器处安装一个小轴流风机，使风速达到 2.5m/s，可提高测量精度。干湿球传感器与小轴流风机安装在一个塑料壳内，称为干湿球信号发送器，如图 1-4 所示。

电动干湿球温度计工作电路如图 1-5 所示的"双电桥"（又称复合电桥）测量。它是由两个不平衡电桥连在一起组成的。左面电桥 1 为干球温度测量电桥，电阻 R_w 为干球温度热电阻；右面电桥 4 为湿球温度测量电桥，电阻 R_s 为湿球热电阻。左电桥输出的不平衡电压是干球温度 t_m 的函数，而右电桥输出的不平衡电压是湿球温度 t_m 的函数。左、右电桥输出的信号，通过补偿电阻 R 连接，R 上的滑动点为 D。

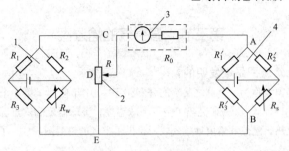

图 1-5　复合电桥

1—干球温度测量电桥；2—补偿可变电阻；3—检流计；4—湿球温度测量电桥

当右电桥上的输出电压与左电桥输出的部分电压相等时，检流计 3 中无电流，此时指针指中间零点，双电桥处于平衡状态。此时电阻 R 上的电压就是左电桥输出电压 U_{CE}，它是干球温度的函数，右电桥 A、B 两点的输出电压 U_{AB} 也就等于电压 U_{DE}。

双电桥平衡时，D 点位置反映了左、右电桥的电压差，即间接反映了干湿球的温度差，从而 D 点位置反映了空气相对湿度值。根据计算和标定，可在图表上标出相对湿度值。在测量时，可靠手动或自动平衡仪表，调节电阻 R 的滑动点 D，使双电桥处于平衡，即检流计 3 中无电流。

34. 露点温度是怎么定义的？

露点温度是指在一定大气压下，湿空气在含湿量 d 不变的情况下，冷却到相对湿度 100%，开始凝结形成水滴时所对应的温度，称为空气的露点温度，并用符号 t_L 表示。此时空气的干球温度、湿球温度、饱和温度及露点温度为同一温度值。

35. 机器露点温度怎么定义的？

在空气调节技术中，当空气通过表冷器或喷淋室时，有一部分直接与表冷器的管壁或冷媒水接触而达到饱和，结出露水，但还有相当大的部分空气未直接接触冷源，虽然也经过热交换而降温，但它们的相对湿度却处在 90%～95%，这时的状态温度称为"机器露点温度"，并用符号 t_j 表示。

36. 自然界露点温度与机器露点温度怎么区分？

自然界空气的露点温度是空气自然降温形成的空气状态，而机器露点温度是利用空气调节设备经过对空气进行处理后的空气状态。

11

第二节 湿空气的焓湿图

37. 焓湿图是谁发明的？

被美国人称为"空调之父"的开利尔于 1901 年创建了第一个暖通空调实验室，1911 年 12 月研究出了空气干球温度、湿球温度和露点温度的关系及空气显热、潜热和焓值计算公式，绘出了空气的焓湿图，成为了空调理论的奠基人。

38. 湿空气的焓湿图作用是什么？

空气的许多状态参数都是有机联系在一起的，为了更好地表达其相互之间的关系，以便于在空气调节装置运行过程中对空气处理过程进行分析，计算出能量消耗，设计运行方案，决定采取的技术措施，在这些空气状态参数的测量与计算工作中，可用公式计算或用查表方法来确定空气状态和参数。为了提高效率，避免用公式繁琐的计算，人们把一定大气压下空气各状态参数间的关系用一种图线表示出来，这种图线称为焓湿图（又称 h-d 图）。

从焓湿图上可查询空气的温度、相对湿度、含湿量、露点温度、湿球温度、水蒸气含量及分压力、空气的焓值等空气状态参数。这样一来，所有的参数计算工作都可转化为查图工作。为快捷了解空气状态及对空气进行处理提供了依据。

39. 湿空气的焓湿图上有哪些参数？

焓湿图是以焓（h）值为纵坐标，以含湿量（d）为斜坐标绘制的。在某一大气压力条件下，它由空气状态参数焓（h）、含湿量（d）、温度（t）、相对湿度（ϕ）及水蒸气分压力（p_{q}）等参数线组成，如图 1-6 所示。

40. 湿空气热湿比的含义是什么？

在空气调节过程中，被处理的空气常由一个状态变为另一个状态。在整个空气调节过程中，空气的热、湿变化是同时、均匀地进行，如图 1-6 所示，那么，在焓湿图上由状态 A 到状态 B 的直线连接，就应代表空气状态的变化过程。为了说明空气状态变化的方向和特征，常用状态变化前后焓差（$\Delta h = h_2 - h_1$）和含湿量差（$\Delta d = d_2 - d_1$）的比值来表示，称为热湿比，用符号 ε 表示。

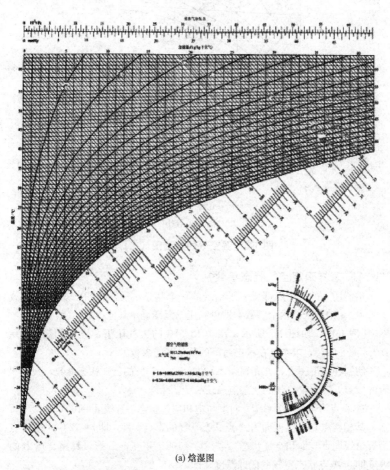

(a) 焓湿图

图 1-6 湿空气的焓湿图 (一)

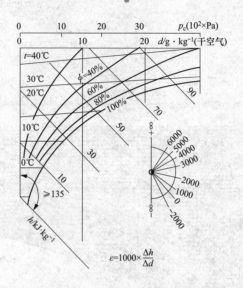

(b)焓湿图的示意图

图1-6 湿空气的焓湿图（二）

41. 怎样确定空气状态参数？

焓湿图上的每个点都代表了空气的一个状态，只要我们已知 h、d（或 p_c）、t、ϕ 中的任意两个参数，即可利用焓湿图确定其他参数。

[例1-1] 如图1-7所示，在101325Pa的大气压下，空气的温度 $t=20℃$，$\phi=60\%$，求空气在状态时下的其他状态参数。

解：在焓湿图上，首先根据 $t=20℃$、$\phi=60\%$ 的已知状态参数，找出二者的交点，确定出空气的状态点 A。

过 A 点沿等含湿量线 d_A 向下与饱和空气状态参数线 $\phi=100\%$ 相交于 C 点，其相交点 C 的温度即为 A 点状态空气的露点温度，即 $t=12℃$。过 A 点沿等焓线向下与饱和空气状态参数线 $\phi=100\%$ 相交于 B 点，其相交点 B 的温度即为 A 点状态空气的湿球温度，即 $t=15.2℃$。

42. 怎样用焓湿图确定空气的露点温度？

由露点温度的定义可知：在含湿量不变的情况下给空气降温，当空气的相对湿度 $\phi=100\%$ 时所对应的温度即为露点温度 t_L。

[例1-2] 如图1-8所示，在 $1.013×10^5\text{Pa}$（760mmHg）的大气压下，空气的温度 $t=32℃$，$\phi=40\%$，求空气的 t_L。

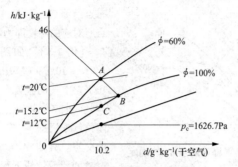

图 1-7　空气状态参数的确定

解：首先根据 $t=32℃$，$\phi=40\%$ 的交点，确定出空气的状态点 A，过 A 点沿等含湿量线向下与 $\phi=100\%$ 相交于 L 点，L 点所对应的温度即为 A 点空气的露点温度，查图得 $t_L=17℃$。

从图 1-8 可看出：对含湿量 d 相等的任何空气状态（见图 1-8 中 A、B），都会拥有相同的露点温度，即等湿有同露。含湿量越大的空气（见图 1-8 中 A'），露点温度就越高。

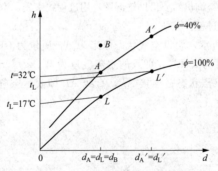

图 1-8　空气露点温度 t_L 的确定

43. 怎样用焓湿图确定空气的湿球温度？

湿球温度的形成过程是：由于纱布上的水分不断蒸发，湿球表面形成一层很薄的饱和空气层，这层饱和空气的温度近似等于湿球温度。这时，空气传给水的热量又全部由水蒸气返回空气中，所以湿球温度的形成可近似认为是一个等焓过程。

因此，在空气调节的参数计算中，湿球温度的查询方法是：从空气的状

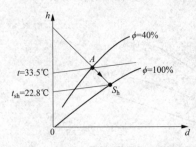

图1-9 空气湿球温度 t_{sh} 的确定

态点沿等焓线下行，$\phi=100\%$ 的交点所对应的温度即为湿球温度 t_{sh}。

[例1-3] 如图1-9所示，在 $1.013\times10^5 Pa$（760mmHg）的大气压下，空气的温度 $t=33.5℃$，$\phi=40\%$，求空气的 t_{sh}。

解：首先根据 $t=33.5℃$，$\phi=40\%$ 的交点，确定出空气的状态点 A，过 A 点沿等焓线下行与 $\phi=100\%$ 相

交于 S_h 点，S_h 点所对应的温度即为 A 点空气的湿球温度，查图得 $t_{sh}=22.8℃$。

从图1-9可看到：如果干、湿球温度计处于饱和空气的环境中（即空气的 $\phi=100\%$），由于此时湿纱布上的水分不再蒸发，则空气的干、湿球温度相等。

44. 从焓湿图上怎么看出空气的状态变化过程？

空气经加热、加湿、冷却、去湿处理时，其状态要发生变化。其变化过程及变化方向的查询仍然要借助焓湿图，用过程线来表示空气状态在热湿交换作用下的变化过程。

如图1-10所示，假设空气状态原来为 A，质量为 $G(kg)$，每小时加入空气的总热量为 $Q(kJ)$，加入的水蒸气量为 $W(kg)$，于是该空气因加热加湿变化到 B 点状态；连接 AB，直线 AB 即表示空气从 A 到 B 的变化过程。

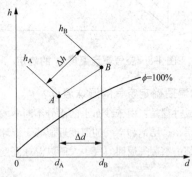

图1-10 空气状态的变化过程

在状态变化过程中，对于 $G(\text{kg})$ 空气而言，焓值变化为

$$\Delta h = h_B - h_A = Q/G$$

含湿量的变化为

$$\Delta d = d_B - d_A = 1000W/G$$

我们把空气状态变化前后焓差 Δh 与含湿量差 Δd 的比值称为空气状态变化过程的热湿比，常用符号 $\varepsilon(\text{kJ/kg})$ 表示，即

$$\varepsilon = -\Delta h/(\Delta d/1000) = Q/W$$

式中：Q 为加入的热量，kJ；W 为加入的水蒸气量，kg。

热湿比 ε 实际上就是直线 AB 的斜率，它反映了空气状态变化过程的方向，故又称"角系数"。

如果知道某一过程的初状态，又知道其变化的热湿比，那么再知道其终点状态的一个参数即可确定空气状态变化过程的方向和变化后的终点状态。

由于斜率与起始位置无关，因此起始状态不同的空气，只要斜率相同，其变化过程必定互相平行。根据这一特性，可在焓湿图上以任意点为中心做出一系列不同值的 ε 标尺线，如图 1-11（a）所示。实际应用时，只需把等值的 ε 标尺线平移到空气状态点，即可绘出该空气的状态变化过程。

也可在焓湿图上经过坐标原点画出不同 ε 值的标尺线，在焓湿图的框外留下这些方向线的末端，以便作为推平行线的依据，这就使绘制热湿比线大大简化，如图 1-11（b）所示。

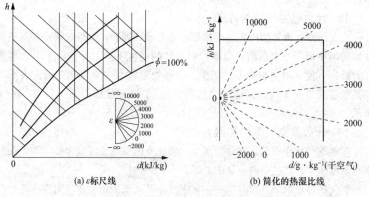

(a) ε 标尺线　　　　　(b) 简化的热湿比线

图 1-11　热比 ε 在焓湿图上的表示

45. 空气处理过程在焓湿图上怎么表示？

空气的处理过程如图 1-12 所示，主要分为等湿加热（也叫干式加热）处理、冷却处理、加湿处理和去湿处理四种处理过程。

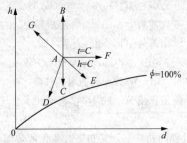

图 1-12　空气的处理在焓湿图上的表示

46. 什么是空气等湿加热？

等湿加热（也称干式加热）处理是指在空调过程中，常用电加热器或表面式热水换热器（或蒸气换热器）来处理空气，使空气的温度升高，但含湿量保持不变。处理过程如图 1-12 中 A→B 所示。

冬季用热水或水蒸气暖气片加热器的空气状态变化过程就属此类过程。

47. 什么是空气等湿冷却？

等湿冷却（也叫干式冷却）是指用表面冷却器或蒸发器处理时，如果表面冷却器或蒸发器的温度低于空气的温度，但又未达到空气的露点温度，即可使空气冷却降温但不结露，空气的含湿量保持不变。这种处理称为等湿冷却处理。处理过程如图 1-12 中 A→C 所示。

48. 什么是空气除湿冷却？

去湿冷却处理是指用表面冷却器或蒸发器处理时，如果表面冷却器或蒸发器的温度低于空气的露点温度，则空气的温度下降，并且由于多余水蒸气的析出，使含湿量也在不断减少。这种处理称为去湿冷却处理。表面冷却器盘管外表面平均温度称为"机器露点"。处理过程如图 1-12 中 A→D 所示。

49. 什么是空气等焓加湿？

在冬季和过渡季节，室外含湿量一般比室内空气含湿量要低，为了保证相对湿度要求，往往要向空气中加湿。

空气的等焓加湿处理是指冬季集中式空调系统采用喷水室对空气进行喷淋加湿，加湿过程中使用的是循环水。在喷淋过程中，空气的温度 t 降低，相对湿度增加，由于空气传给水的热量仍由水分蒸发返回到空气中，所以空气的焓值 h 不变。处理过程如图 1-12 中 $A{\to}E$ 所示。

✐ 50. 什么是空气等温加湿？

空气等温加湿是指通过向空气喷水蒸气而实现的加湿过程。加湿用的蒸气可兼用锅炉产生的低压蒸气，也可由电加湿器（电热式或电极式）产生。空气增加水蒸气后，含湿量 d 增加，但温度 t 近似不变。处理过程如图 1-12 中 $A{\to}F$ 所示。

✐ 51. 什么是空气等焓除湿？

空气的等焓去湿处理是指用固体吸湿剂（硅胶或氯化钙）处理空气时，空气中的水蒸气被吸附，含湿量 d 降低，而水蒸气凝结所放出的汽化热使得空气温度 t 升高，所以，空气的焓值 A 基本不变。处理过程如图 1-12 中 $A{\to}G$ 所示。

✐ 52. 怎样利用湿空气的焓湿图确定空气混合状态？

在空调系统中，有时会利用空调房间的一部分空气作为回风，与室外新风或集中处理后的空气进行混合，达到节能的目的。利用空气的焓湿图可方便地确定两种不同状态下空气混合以后的状态参数，如图 1-13 所示。

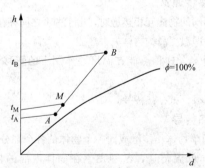

图 1-13　两种不同状态空气的混合过程

第三节　空调系统的热湿负荷

✐ 53. 热量单位是什么？

物质热能转移时的度量是表示物体吸热或放热多少的量度，用符号 Q 表示。国际单位制中，热量的单位是焦耳（J）或千焦（kJ）。工程技术中，热量单位常用卡（cal）或千卡（又称大卡）（kcal）来表示。

54. 什么是显热？

物体吸收或放出热量时，只有温度的升高或降低，而状态却不发生变化，这时物体吸收或放出的热量叫做显热。

用"显"这个词来形容热，是因为这种热可用触摸而感觉出来，也可用温度计测量出来。例如：20℃的水吸热后温度升高至50℃，其吸收的热量为显热；反之，50℃的水降温到20℃时，所放出的热量也为显热。

55. 什么是潜热？

物体吸收或放出热量时，只有状态的变化，而温度却不发生变化，这时物体吸收或放出的热量叫做潜热。潜热因温度不变，所以无法直接用温度计测量。

56. 空气焓的意义是什么？

焓是工质（空气、制冷剂）在流动过程中所具有的总能量。在热力工程中，将流动工质的内能和推动功之和称为焓。

单位质量工质所具有的焓称为比焓，用符号 h 表示，单位是 kJ/kg。

57. 什么是热传递？

当两个温度不同的物体互相接触时，由于两者之间存在温度差，两者的热能会发生变化，即温度高的物体失去热能，温度降低；而温度低的物体将得到热能，温度升高。这种热能在温度差作用下的转移过程称为热传递过程。

热传递的方式有三种：热传导、对流和热辐射。

58. 什么是热传导？

温度不同的两个物体相接触或同一个物体的各个部分温度不同时，热量会从高温部分向低温传递，这种发生在固体内部的传热方式称为热传导。

热传导是固体中热量传递的主要方式，在气体或液体中，热传导过程往往是和对流同时发生的。

59. 对流的形式是怎样的？

依靠流体（液体或气体）的流动而进行热传递的方式称为对流。

对流可分为自然对流和强制对流，其中靠流体密度差进行的对流称为自然对流，靠外部用搅拌等手段强制进行的对流称为强制对流。空调器对房间内空气的调节就是典型的强制对流现象。

60. 什么是热辐射？

热量从物体直接沿直线射出去的传热方式叫做热辐射。热辐射的传递方式和光的传播方式一样是以电磁波的形式传递，传播速度为光速。

61. 空调系统冷负荷是什么？

为维持室内空气热湿参数在一定要求范围内时，在单位时间内需要从室内除去的热量，空调系统从房间所移走的热量称为空调房间冷负荷，或在某一时刻需向房间供应的冷量称为冷负荷，冷负荷包括显热量和潜热量两部分。

62. 空调系统热负荷是什么？

为保持建筑物的热湿环境和所要求的室内温度，空调系统需要向室内供热，以补偿房间损失热量而向房间供应的热量称为热负荷。

63. 空调系统的湿负荷是什么？

在空调技术中，为保持房间内一定的相对湿度所需要除去的湿量称为空调系统的湿负荷，空调系统的作用就是在排除室内冷/热负荷的同时排除室内的湿负荷，使室内同时维持要求的温度和湿度。

64. 空调房间的湿负荷从哪来？

由于人体散湿、室内湿表面散湿等造成空调房间空气含湿量增加，称为湿负荷。

空调房间湿负荷的来源主要有两个方面：①人体表面散湿：人体出汗、呼吸所散出的水蒸气；②室内湿表面散湿：盛水容器、饮料、晾晒的衣物、加湿器等蒸发出来的水蒸气。

65. 空调房间的热负荷从哪来？

（1）人体散热。即空调房间内人员为维持正常体温而散发的热量。

（2）外界渗入热。由建筑围护结构（屋顶、墙楼板、门窗等）由于与外界存在温差而传入的热量。

（3）室内电器设备散热。空调房间内的电视机、电脑、电冰箱、洗衣机、视听设备等各种电器设备散发的热量。

（4）室内照明器具散发热。空调房间内的各种照明灯具散发的热量。

66. 不同温度条件下人体散热、散湿量与哪些因素有关？

人体散热量的大小与人的性别、年龄、衣着、劳动强度以及环境条件等诸多因素有关。人体在不同温度条件下的热、湿散发量，见表1-3。

表1-3　　人体在不同温度条件下人体热、湿散发量

活动程度	典型场所	成年男子散热量	性别构成率（%）男	性别构成率（%）女	平均每人散热量	室内空气温度（℃） 21 显热	21 潜热	21 湿量	25.5 显热	25.5 潜热	25.5 湿量	27 显热	27 潜热	27 湿量
静坐	剧场	114	50	50	98	72	26	38	58	40	58	55	43	64
静坐、轻微走动	高等学校	126	50	50	110	76	34	51	59	51	76	53	57	85
普通事务工作	办公室	138	50	50	125	78	47	68	59	66	96	55	70	103
站立或时立时走	商店	160	40	60	138	79	59	87	60	78	115	55	83	124
轻作业	工厂（轻劳动）	169	40	60	145	84	61	90	64	81	120	58	87	129
一般作业	工厂（重劳动）	233	70	30	210	100	110	162	67	143	211	60	150	222
步行	工厂（重劳动）	291	100	0	277	127	150	220	91	186	275	83	194	287
重作业	工厂（强劳动）	436	100	0	401	167	234	234	133	268	395	128	273	405

注　表内散热量单位为 W，散湿量单位为 g/h。

22

67. 人群散热量是什么？

为了计算的便利，建筑物中人群散热量计算时往往以成年男子为基础，乘以考虑了各类人员组成比例的系数（称为群集系数）。成年男子人体散热量计算公式为

$$\Phi = n\Phi_1$$

式中：Φ 为单位时间内所散发的热量，W；n 为空调房间内的人数；Φ_1 为每个人散发的热量，W。人体散湿量 W 的计算公式为

$$W = nW_1$$

式中：W_1 为每个人散湿量，g/h。

从性别上计算平均散热时，可按成年女子为成年男子 85% 的比例计算。

68. 怎样计算空调房间照明设备的散热量？

空调房间内照明设备散热量属于稳定散热热源，一般不随时间变化。空调房间内照明设备散热量计算，可根据照明灯具的不同类型，其散热量的计算公式分别为

白炽灯 $\qquad\qquad \Phi = 1000N(\text{W})$

荧光灯 $\qquad\qquad \Phi = 1000\eta_1\eta_2\eta_3 N(\text{W})$

式中：N 为照明灯具功率，kW；η_1 为蓄热系数，一般取 0.7～0.9；η_2 为整流器消耗功率系数，一般取 1.0～1.2；η_3 为安装系数，明装时取 1.0，顶部安装有散热孔自然散热时取 0.5～0.6，无散热孔时取 0.6～0.8，若灯具有回风时取 0.35。

69. 怎样计算空调房间电动设备的散热量？

电动设备是指电动机及其所带动的工艺设备。电动设备向空调房间内空气的散热量主要包括两部分：①电动机本身由于温升而散发的热量；②电动机所带动的设备运行时因温升所散发的热量，其散热量可按下述公式计算：

（1）电动机及其所带动的工艺设备都放在室内

$$\Phi = 1000\eta_1\eta_2\eta_3 N/\eta(\text{W})$$

（2）电动机在室外而所带动的工艺设备在室内

$$\Phi = 1000\eta_1\eta_2\eta_3 N/\eta(\text{W})$$

（3）电动机在室内而其带动的工艺设备也在室外

$$\Phi = 1000\eta_1\eta_2\eta_3 \frac{1-\eta}{\eta}N(\text{W})$$

式中：N 为电动机及其所带动设备的安装功率，kW；η 为电动机效率，一

般取 0.75～0.85，对于 15kW 以上的电动机可近似取 0.9；η_1 为电动机容量利用系数（安装系数），是指电动机最大实耗功率与额定功率之比，一般为 0.7～0.9，它表示电动机额定功率的利用程度；η_2 为同时使用系数，即房间内电动机同时使用的额定功率与总额定功率之比，它表示额定功率的利用程度，一般可取 0.5～0.8；η_3 为负荷系数，每小时平均实耗功率与设计最大实耗功率之比，它表示平均负荷达到最大负荷的程度，一般可取 0.5 左右。

70. 怎样计算空调房间电热设备与电子设备的散热量？

$$\Phi = 1000 \eta_1 \eta_2 \eta_3 \eta_4 N(W)$$

式中：η_4 为扣除局部排风带走热流量后的热流量与设备散热量之比，具体数值由排风、排热的情况而定，一般可取 0.5。

电子设备的散热量计算

$$\Phi = 1000 \eta_1 \eta_2 \eta_3 \frac{1-\eta}{\eta} N(W)$$

式中：η_1 为利用系数；η_2 为电动机负荷系数，对电子计算机取 0.1，一般仪表取 0.5～0.9；η_3 为负荷系数，每小时平均实耗功率与设计最大实耗功率之比，它表示平均负荷达到最大负荷的程度，一般可取 0.5 左右。

71. 怎样利用简单估算法估算夏季空调房间负荷？

空调房间的冷负荷由外围结构传热、太阳辐射热、空气渗透热、室内人员散热、室内照明设备散热、室内其他电气设备引起的负荷，再加上新风量带来的空调系统负荷等构成。利用简单估算法估算时，以围护结构和室内人员的负荷为基础，把整个建筑物看成一个大空间，按各面朝向计算其负荷。室内人员散热量按人均 116.3W 计算，最后将各项数量的和乘以新风负荷系数 1.5，即为估算结果

$$\Phi = (\Phi_w + 116.3n) \times 1.5(W)$$

式中：Φ 为空调系统的总负荷，W；Φ_w 为围护结构引起的总冷负荷；n 为室内人员数。

72. 夏季想用指标系数法估算空调房间负荷怎么办？

指标系数计算法是指以国内现有的一些工程冷负荷指标为基础（一般按建筑面积的夏季冷负荷指标），以旅馆为基础（70～95W/m²），对其他建筑则乘以修正系数 β（见表 1-4）。

表 1-4 各种建筑的修正系数

建筑	修正系数 β
办公楼	$\beta=1.2$
图书馆	$\beta=0.5$
商店	$\beta=0.8$（只营业厅有空气调节） $\beta=1.5$（全部建筑空间有空气调节）
体育馆	$\beta=3.0$（比赛场馆面积） $\beta=1.5$（总建筑面积）
大会堂	$\beta=2\sim2.5$
影剧院	$\beta=1.2$（电影厅有空气调节） $\beta=1.5\sim1.6$（大剧院）
医院	$\beta=0.8\sim1.0$

要予以注意的是：上述数据在使用时，建筑物的总面积小于 $500m^2$ 时，取上限值；大于 $1000m^2$ 时，取下限值。上述指标确定的冷负荷为制冷机的容量，不必再加系数。

73. 冬季用单位建筑面积热指标法估算空调房间负荷？

单位建筑面积热指标估算法是指已知空调房间的建筑面积，其供暖负荷可采用表 1-5 所提供的指标，乘以总建筑面积进行粗略估算。

表 1-5 国内部分建筑供暖负荷设计指标

顺序	建筑物类型及房间类型	供暖负荷指标
1	住宅	46~70
2	办公楼、学校	58~80
3	医院、幼儿园	64~80
4	旅馆	58~70
5	图书馆	46~76
6	商店	64~87
7	单层住宅	80~105
8	食堂、餐厅	116~140
9	影剧院	93~116
10	大礼堂、体育馆	116~163

注 1. 建筑面积大，外围护结构性能好，窗户面积小时，可采用较小的指标数。
    2. 建筑面积小，外围护结构性能差，窗户面积大时，可采用较大的指标数。

74. 冬季怎样用窗墙比法估算空调房间负荷？

在已知空调房间的外墙面积、窗墙比及建筑面积，供暖供热指标可按下式进行估算

$$q = \frac{1.163 \times (6a + 1.5)A_1}{A}(t_n - t_w)(W/m^2)$$

式中：q 为建筑物供暖热负荷指标；1.163 为墙体传热系数，$W/(m^2 \cdot \text{℃})$；a 为外窗面积与外墙面积之比；A_1 为外墙总面积（包括窗），m^2；A 为总建筑面积，m^2；t_n 为室内供暖设计温度，℃；t_w 为室外供暖设计温度，℃。

上述指标已包括管道损失在内，可用它直接作为选锅炉的热负荷数值，不必再加系数。

75. 怎样计算渗入房间空气量？

空调房间一般情况下不考虑空气渗透所带来的负荷，只是在房间内确定不能维持正压的情况出现时，才考虑进行计算。

计算渗入室内空气量（即质量流量 q_m）分为通过外门开启渗入室内的空气量和通过房间门、窗渗入的空气量。

(1) 通过外门开启渗入室内的空气量 q_{m1}（工程中常用 G 表示），可按下式估算

$$q_{m1} = n_1 q_v \rho_w (kg/h)$$

式中：n_1 为小时人流量；q_v 为外门开启一次渗入空气的体积流量（工程中常用 V 表示，见表 1-6），m^3/h；ρ_w 为夏季空调房间室外干球温度下的空气密度，kg/m^3。

表 1-6　　　　外门开启一次的空气渗入量（体积流量）　　　　（m^3/h）

每小时通过的人数	普通门		带门斗的门		转门	
	单扇	一扇以上	单扇	一扇以上	单扇	一扇以上
100	3.00	4.75	2.50	3.50	0.80	1.00
100～700	3.00	4.75	2.50	3.50	0.70	0.90
700～1400	3.00	4.75	2.25	3.50	0.50	0.60
1400～2100	2.75	4.00	2.25	3.25	0.30	0.30

(2) 通过房间门、窗渗入的空气量 q_{m2}，可按下式估算

$$q_{m2} = \eta_2 V_2 \rho_w (kg/h)$$

式中：η_2 为每小时的换气次数，见表 1-7；V_2 为房间容积，m^3。

表 1-7   换 气 次 数

容积（m^3）	换气次数（次/h）	备注
500 以下	0.7	
500～1000	0.6	
1000～1500	0.55	本表适用于一面或两面有门、窗暴露面的房间。当房间有三面或四面门、窗暴露面时，表中数值应乘以系数 1.15
1500～2000	0.50	
2000～2500	0.42	
2500～3000	0.40	
3000 以上	0.35	

76. 怎样计算渗入空调房间空气显冷负荷？

渗入空调房间空气的显冷负荷，可按下式计算

$$\Phi = 0.28 q_m c_p (t_w - t_n) (W)$$

式中：q_m 为单位时间内渗入室内空气的总量，kg/h；c_p 为空气质量定压热容，$kJ/(kg \cdot ℃)$，可取 $c_p = 1.01$；t_w 为室外空气温度，$℃$；t_n 为室内空气温度，$℃$。

77. 怎样计算渗入空调房间的空气散湿量？

渗入空调房间空气带入空调房间的散湿量，可按下式计算

$$W = 0.001 q_m (d_w - d_n) (kg/h)$$

式中：d_w 为室外空气的含湿量，g/kg；d_n 为室内空气的含湿量，g/kg。

78. 怎样计算渗入房间的空气量？

（1）敞开水面的蒸发散湿量为

$$W = Ag (kg/h)$$

（2）敞开水面蒸发形成的显热冷负荷为

$$\Phi = 0.28 r W (W)$$

式中：r 为汽化潜热，kJ/kg，见表 2-4；A 为蒸发面积，m^2；g 为单位水面蒸发量，$kg/(m^2 \cdot h)$，见表 1-8。

表1-8　敞开水表面单位蒸发量

室温	室内相对湿度（%）	水温（℃）								
		20	30	40	50	60	70	80	90	100
20	40	0.286	0.676	1.61	3.27	6.02	10.48	17.8	29.2	49.1
	45	0.262	0.654	1.57	3.24	5.97	10.42	17.8	29.1	49.0
	50	0.238	0.627	1.55	3.20	5.94	10.40	17.7	29.0	49.0
	55	0.214	0.603	1.52	3.17	5.90	10.35	17.7	29.0	48.9
	60	0.19	0.58	1.49	3.14	5.86	10.30	17.7	29.0	48.8
	65	0.167	0.556	1.46	3.10	5.82	10.27	17.6	28.9	48.7
24	40	0.232	0.622	1.54	3.20	5.93	10.40	17.7	29.2	49.0
	45	0.203	0.581	1.50	3.15	5.89	10.32	17.7	29.0	48.9
	50	0.172	0.561	1.46	3.11	5.86	10.30	17.6	28.9	48.8
	55	0.142	0.532	1.43	3.07	5.78	10.22	17.6	28.8	48.7
	60	0.112	0.501	1.39	3.02	5.73	10.22	17.5	28.8	48.6
	65	0.083	0.472	1.36	3.02	5.68	10.12	17.4	28.8	48.5
28	40	0.168	0.557	1.46	3.11	5.84	10.30	17.6	28.90	48.9
	45	0.130	0.518	1.41	3.05	5.77	10.21	17.6	28.80	48.8
	50	0.091	0.480	1.37	2.99	5.71	10.12	17.5	28.75	48.7
	55	0.053	0.442	1.32	2.94	5.65	10.00	17.4	28.70	48.6
	60	0.015	0.404	1.27	2.89	5.60	10.00	17.3	28.60	48.5
	65	0.033	0.364	1.23	2.83	5.54	9.95	17.3	28.50	48.4
汽化潜热（kJ/kg）		2458	2435	2414	2394	2380	2363	2336	2303	2265

第四节　空气调节的技术指标

79. 什么是舒适性空调？

舒适性空调是指维持室内空气具有合适的状态，使室内人员处于舒适状态，以保证良好的工作和生活条件。如冬季房间升温取暖，而夏季需降温，春秋季满足房间空气的新鲜度，从而改善室内环境，改善生活环境。如设在各种公共建筑中的会议厅、图书馆、展览馆、影剧院、办公楼商场、游乐场所及各类交通运输工具等处的空调系统所进行的空气调节都是属于"舒适性空调"。

80. 什么是工艺性空调？

工艺性空气调节是指使生产车间维持一定的空气环境，以提高劳动生产率，确保产品质量，改善劳动者工作条件的空调系统。

工艺性空气调节是以生产过程的要求来控制房间空气参数。如设在各种电子工业、仪表工业、精密机械工业、合成纤维工业以及有关的工业生产过程和有关科学试验的研究过程所需的控制室、计量室、计算机房中的空调系统所进行的空气调节都是属于"工艺性空调"。

81. 工艺性空调是怎么分类的？

工艺性空调可分为一般降温性空调、恒温恒湿空调和净化空调等。

（1）降温性空调。降温性空调对温、湿度的要求是夏季人工操作时手不出汗，不使产品受潮。因此，一般只规定温度或湿度的上限，不再注明空调精度。如电子工业的某些车间，规定夏季室温不大于 28℃，相对湿度不大于 60% 即可。

（2）恒温恒湿空调。恒温恒湿空调室内空气的温、湿度基数和精度有严格要求，如某些计量室，室温要求全年保持（20±0.1）℃，相对湿度保持（50±5）%。也有的工艺过程仅对温度或相对湿度中的一项有严格要求，如纺织工业的某些工艺对相对湿度要求严格，而空气温度则以劳动保护为主。

（3）净化空调。净化空调不仅对空气温、湿度提出一定要求，而且对空气中所含尘粒的大小和数量也有严格要求。

82. 什么是空调基数？

空调基数是指室内空气参数（温度、湿度、洁净度、气流速度和噪声等）既定的基本稳定值。一般舒适性空调要求：夏季稳定在 27℃左右，冬季稳定在 20℃ 左右。工艺性空调则依工艺要求而定。

83. 什么是空调精度？

空调精度是指空调房间的有效区域内空气的温度、相对湿度在要求的连续时间内允许的波动幅度。

例如：某空调房间温度（t）要求为（20 ± 1）℃，相对湿度（ϕ）要求为（50 ± 5）%。即房间的空调基数为 $t=20℃$，$\phi=50\%$，空调精度为 $\Delta t=\pm1℃$、$\Delta\phi=\pm5\%$。即空调房间的温度不超过 21℃，不低于 19℃，其相对湿度不大于 55%，也不小于 45%，只要在这个范围内，空调系统的运行是合格的。

凡是 $\Delta t>1℃$ 的空调系统称为一般精度的空调。一般精度的空调系统可通过手动进行控制。

当 $\Delta t=\pm1℃$ 的空调系统可做成自动控制，当 $\Delta t<1℃$ 的空调系统称为高精度空调系统，应采用自动控制。

84. PM2.5 是什么意思？

PM2.5 是指大气中直径不大于 $2.5\mu m$ 的颗粒物，也称为可入肺颗粒物，简称为 PM2.5。它的直径还不到人的头发丝粗细的 1/20。虽然 PM2.5 只是地球大气成分中含量很少的组分，但它对空气质量和能见度等有重要的影响。与较粗的大气颗粒物相比，PM2.5 粒径小，富含大量的有毒、有害物质且在大气中的停留时间长、输送距离远，因而对人体健康和大气环境质量的影响更大。

85. 什么是 PM2.5 安全与危害指标？

世界卫生组织认为，PM2.5<10 是安全值，其在 2005 年版《空气质量准则》中指出：当 PM2.5 年均浓度达到每立方米 $35\mu g$ 时，人的死亡风险比每立方米 $10\mu g$ 的情形约增加 15%。

目前中国的标准是 24 小时平均浓度小于 $75\mu g/m^3$ 为达标。专家建议，PM2.5 值 24 小时浓度均值 $35\mu g/m^3$ 以下，可正常出行；$35\sim75\mu g/m^3$，减少室外活动；超过 75，尽量不要在没有保护措施的条件下，在室外长时间进行活动了。

86. 国家空气质量标准是什么？

根据我国《环境空气质量标准》（GB 3095—2012），空气中 PM2.5 的质量标准为：

优：$0\sim50\mu g/m^3$；良：$50\sim100\mu g/m^3$；轻度污染：$100\sim150\mu g/m^3$；中度污染：$150\sim200\mu g/m^3$；重度污染：$200\sim300\mu g/m^3$；严重污染：大于

$300\mu g/m^3$ 及以上。

87. 细菌单位"cfu"表示的意义是什么?

空气中的细菌总数常用 cfu/m^3 来计量,即每立方米空气中落下的细菌数。cfu 是"colony forming units"的缩写,是指一个或几个落下的细菌经繁殖后形成的细菌的集合。

88. 室内空气的新鲜度是怎么定义的?

空气新鲜度是指室内空气新鲜的程度,或定义为室内空气与室外空气相比较而言的新鲜程度。空气的新鲜度是空气品质的另一个重要指标。室内空气新鲜度的改善是靠引进室外新鲜空气的方法来达到的,引入的室外空气称为新风。新风量系指向室内补充的新鲜空气量。

89. 什么是空气清洁度?

空气清洁度是指衡量环境空气清洁的指标,主要包括以下两个内容:

(1)以含氧比例是否正常来衡量其新鲜程度,在常压时含氧量应在19%~21%。

(2)以粉尘及有害气体浓度是否超过"允许浓度"来衡量其洁净程度,超过"允许浓度"说明不符合洁净要求。

90. 什么是空气净化?

空气净化是指除去空气中的气溶胶、有害气体等,使环境空气符合允许浓度标准的处理过程。净化的方法主要有通风、过滤、吸附、吸收和催化燃烧等,设备有各类纤维过滤器、活性炭过滤器、静电过滤器、消氢器、CO_2吸收装置和有害气体催化燃烧器等。

91. 什么是空调新风?

空气调节过程中的新风是指从建筑物外引入空调房间中的空气,用以替换被空调空间中的全部或部分空气。目的是保持室内氧气平衡、降低二氧化碳浓度、保持室内空气的新鲜度、使室内空气形成正压抵御室外污染空气渗入室内。

92. 什么是中央空调的新风系统?

中央空调新风系统是指持续高效地对室内外空气进行 24h(小时)不间断循环,并能使进入室内的空气通过内置的高效空气过滤净化系统处理的空气置换系统。

93. 中央空调新风系统的作用是什么?

(1)提供新鲜空气。一年 365 天,每天 24h 源源不断为室内提供新鲜空气，不用开窗也能享受大自然的新鲜空气，满足人体的健康需求。

（2）驱除有害气体。有效驱除油烟异味、CO_2、香烟味、细菌、病毒等各种不健康或有害气体，可避免家人受到二手烟危害。

（3）防霉除异味。将室内潮湿污浊空气排出，根除异味，防止发霉和滋生细菌，有利于延长建筑及家具的使用寿命。

（4）减少噪声污染。无需忍受开窗带来的纷扰，使室内更安静、更舒适。

（5）防尘。避免开窗带来大量的灰尘，有效过滤室外空气，保证进入室内的空气洁净。

（6）降低能耗。一年四季持续运转，用电量可能不及一台冰箱，并且能回收排出室外空气中的能量，最大程度地减少了夏季或冬季室内的冷源和热源损失，减少了空调的能耗。

（7）安全方便。避免开窗引起财产和人身安全隐患。即使家里没人，也能自动新风换气。

总之，新风系统是改善室内空气质量，实现室内通风换气最有效的方法，它可降低能耗、保护健康、防尘防噪、提高生活的舒适性。在国外发达国家，新风系统已成为住宅必备的配套设施。

94. 什么是空调系统空气混合？

空调系统空气混合是指两种或两种以上不同状态参数空气的掺混过程。在空气调节过程中一般用在空气节能的处理过程中。

95. 什么是空调系统回风？

空调系统的回风是指空气从被空调空间抽出后全部或部分返回被空调空间的气体。一般用于空调过程中的回风式空气调节系统，根据回风次数分为一次回风系统和二次回风系统。

96. 什么是空调系统排风？

空气调节系统的排风是指从被调空间排出于（建筑物外）大气中不再循环的空气。若要使被调房间处于正压，则排风量一般略小于新风量。

97. 什么是空调系统送风温升？

空调系统的送风温升是指空气流经送风管过程的温度升高值。温升值与送风管长度和风道内外温差成正比。

98. 什么是空调系统回风温升？

空气调节系统回风温升是指空气调节过程中，空气流经回风管过程中的温度升高现象。

99. 什么是空调系统循环风？

空气调节系统的循环风是指空气调节过程中空气从被空调空间抽出后，经过空气处理设备处理后，再送入被空调空间的循环过程。

100. 什么是空气灭菌？

空气灭菌又称"空气消毒"。在空气处理过程中利用过滤、加热、紫外线辐射或臭氧等方法对空气进行杀菌消毒的过程。

101. 什么是空气除臭？

空气除臭是指为排除空气中臭味对空气所做的物理或化学处理。在中央空调系统中常用活性炭吸附空气中的臭味。室内空气灭菌、除臭的标准应以GB/T 18883—2002《室内空气质量标准》为依据。

102. 什么是空气离子化？

空气离子就是空气中带正电荷或负电荷的微粒。空气离子化是指由于自然或人工的作用，使空气中的气体分子形成带电荷的正负离子过程。

空气中的离子一般是中性的，空气中的气体分子或原子在紫外线、宇宙线、地壳表面和大气中的放射元素、中子流、闪光以及瀑布、喷泉、浪花等喷筒电效应（水喷溅时形成离子）等因素作用下，使其外层电子脱离，失去电子的气体分子或原子形成带正电荷的阳离子，脱离的电子与中性气体分子结合形成带负电荷的阴离子即负离子。

103. 什么是送风温度与送风温差？

送风温度是指空气调节系统中风道终端的风口送出空气的温度。

送风温差是指空气调节系统在夏季送风工况条件下，送风温度与空调房间室内温度之差。

送风温差对送风量影响很大。选用时要考虑人体的舒适和空调精度。送风温差数值见表1-9。

表 1-9　　　　送风温度与空调房间的温差　　　　　　（℃）

空调精度	±0.1～±0.2	±0.5	±1.0	舒适性空调	高速诱导系统
送风温差	2～3	3～6	6～10	8～14	13～17

104. 送风温差与送风口形式是怎样要求的？

一般空调房间内的送风温差，可根据送风口形状的不同，参照表1-10的参数进行调节。

表1-10　　　　　送风温差的最高允许值 Δt_d　　　　　（℃）

送风口安装高度（m）		2	2.5	3	3.5	4	5	6
散流器形	圆形	13.4	15.2	16.3	17.0	17.3	17.7	17.8
	方形	11.2	13.4	14.5	15.0	15.6	15.9	16.2
顶棚条缝形		5.3	6.7	7.8	8.6	9.2	10.0	10.6
盘形		10.3	11.2	12.1	12.9	13.7	15.4	17.1
普通侧送风口	风量大	6.4	7.4	8.4	9.2	10.1	12.0	13.8
	风量小	9.2	10	11	11.9	12.9	14.8	16.6

105. 怎样要求空调房间标准送风量？

空调房间的标准送风量是指空调处理设备每小时向整个空调系统或某个房间所输送的空气量。空调房间的标准送风量概算值见表1-11。

表1-11　　　　　　　空调房间的标准送风量

建筑物的种类	送风口位置	风量（m³/m²） n 次/h	
		供暖时	供冷时
住宅	窗台下（水平吹出） 窗台下（向上吹出） 墙面上部（水平吹出）	8~16（n=3~6） 8~16（n=3~6） 13~24（n=5~9）	16~24（n=6~9） 16~24（n=6~9）
写字楼、商厦	墙面上部（水平吹出）	13~22（n=5~8）	16~33（n=6~12）
影剧院	墙面上部（水平吹出）	30~60（n=5~10）	30~72（n=6~12）

106. 空调房间的换气次数是怎么要求的？

空调房间的换气次数又称"新风换气次数"，是指单位时间（以每小时计）引入被调房间的新风量（按体积计）与房间容积量之比值。

在空调系统中换气次数受到空调精度的制约，其值不宜小于表1-12所列数值。

表1-12　　　　　　换 气 次 数

空调精度（℃）	换气次数（次/h）	备注
±1	5	高大房间除外
±	8	
±	12	工作时间内不送风的除外

107. 送、回风口的风速指标是什么?

为防止风口噪声,送风口的出风风速宜采用 2~5m/s。一般当层高在 3~4m 的房间大约取风速在 2~2.5m/s。根据经验,一般可使每个风口在 20~25m² 的面积,其风量大约在 500m³ 左右。

回风口位于房间上部时,吸风速度取 4~5m/s;回风口位于房间下部时,若不靠近人员经常停留的地点,吸风速度取 3~4m/s;若靠近人员经常停留的地点,吸风速度取 1.5~2m/s;若用于走廊回风时,吸风速度取 1~1.5m/s。

108. 中央空调中气流是怎么组织的?

气流组织是指对气流流向和均匀度按一定要求进行组织。即在空调房间内合理地布置送风口和回风口,使得经过净化和热湿处理的空气,由送风口送入室内后,在扩散与混合的过程中,均匀地消除室内余热和余湿,从而使工作区形成比较均匀而稳定的温度、湿度、气流速度和洁净度,以满足生产工艺和人体舒适的要求;同时由回风口抽走空调区内空气,将大部分回风返回到空气处理机组,少部分排至室外。

109. 气流组织的任务是什么?

在空调房间中,经过处理的空气由送风口进入房间,与室内空气进行热质交换后,经回风口排出。空气的进入和排出,会引起室内空气的流动,而不同的空气流动状况有着不同的空调效果。合理地组织室内空气的流动,使室内空气的温度、湿度、流速等能更好地满足工艺要求和符合人们的舒适感觉,这就是气流组织的任务。

110. 舒适性空调气流组织是怎么要求的?

空调房间内温湿度参数为:

(1) 冬季 18~22℃,夏季 24~28℃。

(2) 相对湿度 40%~60%。

(3) 送风温差。当送风高度 $h \leqslant 5m$ 时,不宜大于 10℃;当送风高度 $h > 5m$ 时,不宜大于 15℃。

(4) 每小时换气次数不宜小于 5 次。

(5) 送风风速一般情况下为 2~5m/s,工作区中的风速冬季不应大于 0.2m/s,夏季不应大于 0.3m/s。

111. 工艺性空调气流组织是怎么要求的?

空调房间内温湿度参数为:

(1) 温湿度基数根据工艺需要和卫生条件确定。

(2) 室温允许波动范围分为三个等级：①$t=\pm1℃$；②$t\leqslant\pm0.5℃$；③$t\leqslant\pm0.1\sim0.2℃$。

(3) 送风温差。室温允许波动范围 $t\geqslant\pm1℃$ 时，送风温差为 $6\sim10℃$；室温允许波动范围 $t\leqslant\pm1℃$ 时，送风温差为 $3\sim6℃$；室温允许波动范围 $t\leqslant0.1\sim0.2℃$ 时，送风温差为 $2\sim3℃$。

(4) 每小时换气次数。室温允许波动范围 $t\geqslant\pm1℃$ 时，不小于 5 次/h；室温允许波动范围 $t\leqslant\pm1℃$ 时，不小于 8 次/h；室温允许波动范围 $t\leqslant0.1\sim0.2℃$ 时，不小于 12 次/h。

(5) 送风风速一般情况下为 $2\sim5m/s$，工作区中的风速 $0.2\sim0.5m/s$。

112. 影响气流组织的关键因素是什么？

影响气流组织的因素很多，但主要是由于送、回风口的布置形式决定了空调房间的气流组织形式。所以合理地选择送、回风口的布置形式，对保证空调房间内气流组织形式处于最佳状态起着至关重要的作用。

第二章 Chapter2

中央空调系统

第一节 中央空调概述

113. 怎么定义中央空调系统？

中央空调系统又称为集中式空调系统，是指在同一建筑物内对空气进行净化、冷却（或加热）、加湿（或去湿）等处理、输送和分配的空调系统。

中央空调系统特点是空气处理设备和送、回风机等集中设在空调机房内，通过送、回风管道与被调节的空调场所相连，对空气进行集中处理和分配。

中央空调系统有集中的冷源和热源，称为冷冻站或热交换站。中央空调系统处理空气量大，运行可靠，便于管理和维修，但机房占地面积较大。

114. 中央式空调系统是怎么分类的？

按空气处理设备的设置情况，中央空调系统可分为集中式、半集中式和分散式系统；按空调系统输送冷量和热量的方法分类，中央空调系统可分为全空气系统、空气－水系统和冷剂系统。

115. 怎么定义集中式中央空调？

集中式空调系统是将空气处理设备和送、回风机等集中设在空调机房内，通过送、回风管道与被调节的空调场所相连，对空气进行集中处理和分配。

集中式空调系统有集中的冷源和热源，称为冷冻站或热交换站。其特点是处理空气量大，运行可靠，便于管理和维修，但机房占地面积较大。

116. 怎么定义半集中式空调系统？

半集中式空调系统又称为混合式空调系统，设有新风机组，先将空调房间需要的新风进行集中处理后，由风管送入各房间。与各空调房间内的空气处理装置（诱导器或风机盘管）进行处理的二次风后再送入空调区域（空调房间）中，从而使各空调区域（空调房间）根据各自不同的具体情况，获得较为理想的空气处理效果。此种系统适用于空气调节房间较多且各房间要求单独调节的建筑物。

117. 怎么定义分散式空调系统？

分散式空调系统又称局部式或独立式空调系统。它的特点是将空气处理设备分散放置在各空调房间内。常见的 VRV 空调、机房精密空调、家用中央空调等都属于此类。

118. 怎么定义全空气式空调系统？

全空气式空调系统是指空调房间内的余热、余湿全部由经过处理的空气来负担的空调系统。全空气式空调系统在夏季运行时，房间内如有余热和余湿，可用低于室内空气温度和含湿量的空气送入房间内，吸收室内的余热、余湿后，来调节室内空气的温度、相对湿度、气流速度、洁净程度和气体压力等参数。使其满足空调房间对参数要求。由于空气的比热小，用于吸收室内余热、余湿的空气需求量大，所以全空气式空调系统要求的风道截面积较大，占用建筑物空间较多。

119. 怎么定义全水式空调系统？

空调房间内的余热和余湿全部由冷水或热水来负担的空调系统称为全水式空调系统。全水式空调系统在夏季运行时，用低于空调房间内空气露点温度的冷水送入室内空气处理装置——风机盘管机组（或诱导器），由风机盘管机组（或诱导器）与室内的空气进行热湿交换；冬季运行时，用热水送入风机盘管机组（或诱导器）与室内的空气进行热交换，使室内空气升温，以满足设计状态的要求。由于水的比热及密度比空气大，所以全水式空调系统的管道占用空间的体积比全空气式系统要小，能节省建筑物空间，其缺憾是不能解决房间通风换气的问题。

120. 空气—水式空调系统是怎么定义的？

空调房间内的余热、余湿由空气和水共同负担的空调系统，称为空气—水式空调系统。系统的典型装置是风机盘管加新风系统，其结构如图 2-1 所示。

空气—水式空调系统是用风机盘管或诱导器对空调房间内的空气进行热湿处理，而空调房间所需的新鲜空气则由集中式空调系统处理后，由送风管道送入各空调房间内。

空气—水式空调系统既解决了全水式空调系统无法通风换气的困难，又克服了全空气式系统要求风道截面积大、占用建筑空间多的缺点。

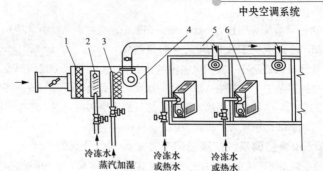

图 2-1　空气—水空调系统

1—过滤网；2—冷却器；3—加湿器；4—风机；5—风管；6—风机盘管

121. 怎么定义制冷剂式空调系统？

冷剂式空调系统是指空调房间的热湿负荷直接由制冷剂负担的空调系统。局部式空调系统和集中式空调系统中的直接蒸发式表冷器就属于此类。制冷机组蒸发器中的制冷剂直接与被处理空气进行热交换，以达到调节室内空气温度和湿度的目的。

122. 集中式空调系统按处理的空气来源是怎么分类的？

集中式空调系统按处理的空气来源可分为：循环式空调系统、直流式空调系统、一次回风式空调系统、二次回风式空调系统等。

123. 怎么定义循环式空调系统？

循环式空调系统又称为封闭式系统。它是指空调系统在运行过程中全部采用循环风的调节方式。此系统不设新风口和排风口，只适用于人员很少进入或不进入，只需要保障设备安全运行而进行空气调节的特殊场所。

124. 怎么定义直流式空调系统？

直流式空调系统又称为全新风空调系统，是指系统在运行过程中全部采用新风作为风源，经处理达到送风状态参数后再送入空调房间内，吸收室内空气的热湿负荷后又全部排掉，不用室内空气作为回风使用的空调系统。直流式空调系统多用于需要严格保证空气质量的场所或产生有毒有害气体，不宜使用回风的场所。

125. 怎么定义一次回风式空调系统？

一次回风系统是指将来自室外的新风和室内的循环空气，按一定比例在空气热湿处理装置之前进行混合，经过处理后再送入空调房间内的空调系统。一次回风系统应用较为广泛，被大多数中央式空调系统所采用。

126. 怎么定义二次回风式空调系统？

二次回风系统是在一次回风系统的基础上将室内回风分成两部分，分别引入空气处理装置中，其中一部分经一次回风装置处理后，与另一部分没经过处理的空气（称为二次回风）混合，然后送入空调房间内。二次回风系统与一次回风系统比较更为经济、节能。

127. 中央空调系统按风量调节方式是怎么分类的？

中央空调系统按风量调节方式可分为：定风量空调系统和变风量空调系统。

128. 怎样定义定风量空调系统？

定风量系统是指送入各房间的风量不随空调区域的热湿负荷变化而保持送风量不变的中央空调系统。其特点是依靠送风温度的变化来调节房间内空气的温度和湿度参数。

129. 怎么定义变风量空调系统？

变风量系统是指根据室内负荷变化或室内要求参数的变化，保持恒定送风温度，自动调节空调系统送风量，从而使室内参数达到要求的全空气空调系统。变风量系统的特点是节能效果好。由于变风量空调系统是通过改变送入房间的风量来适应负荷的变化，而空调系统大部分时间在部分负荷下运行，所以风量的减少带来了风机能耗的降低。

130. 中央空调系统按风管和风速怎么分类？

中央空调系统可按风管分为单风管和双风管，按送风速度分为高风速送风和低风速送风。

131. 单、双风管空调系统是怎么区分的？

单、双风管空调系统是中央空调系统按风管设置方式的分类方法。

（1）单风管系统。空调系统只设有一只送风管，冬天送热风，夏天送冷风，交替使用。其优点是设备结构简单、初投资较省、易于管理，但可调节性差。

（2）双风管系统。空调系统设有两只送风管，一只送高温风，另一只送低温风，二者在进入房间之前，根据室内负荷的不同由两只送风管的末端装置将两风管中的风按需要的比例混合，以使室内状态稳定在某一精度范围之内。

132. 高、低风速空调系统是怎么区分的？

（1）低速系统。一般民用建筑主风管风速低于 10m/s，工业建筑主风管

风速低于 15m/s 的系统。其特点是为保证送风量，风道截面积较大，占用
建筑面积较多。

（2）高速系统。一般民用建筑主风管风速高于 12m/s，工业建筑主风管
风速高于 15m/s 的系统。其特点是风道截面积小、占用建筑面积小，但与
低速系统相比，高速系统的能耗、噪声较大。

133. 净化空调与一般空调是怎么区分的？

净化空调系统是指要求空调房间内的空气洁净度达到一定级别要求的空
调系统。净化空调系统与一般空调系统的不同之处在于：

（1）一般空调。为增强空调房间内的送风量与室内空气的掺混作用以利
于室内空气温湿度场的均匀，一般采用紊流度大的气流组织形式，以使室内
尽量造成二次诱导气流，向上气流以及一定的涡流。

（2）净化空调。洁净室内气流组织要求紊流度要小，以避免或减少尘粒
对工艺过程的污染。

134. 净化空调系统怎么分类？

净化空调系统一般可分为以下三类：

（1）全室净化。是指以集中式净化空调系统对整个工艺生产场所进行净
化，以获得具有相同洁净度的环境。全室净化适用于工艺设备高大、数量较
多且要求室内洁净度相同的场所。

（2）局部净化。是指以净化空调器或局部净化（洁净工作台）设备在一
般空调场所内获得局部区域具有一定洁净度级别的环境。

（3）洁净隧道。是指以两条层流工艺区和中间的非单向流操作活动区组
成隧道的洁净环境。洁净隧道形式是全室净化和局部净化相结合的产物，是
目前大力推广的净化方式。

第二节　中央空调系统结构及空气处理方案

135. 直流式空调系统的结构特点是什么？

直流式空调系统的结构如图 2-2 所示。

直流式空调系统的特点是：向空气房间内输送的空气可以是 100% 的新
风，使空调房间的空气质量可得到严格的保证；但由此造成的系统能量损失
较大，运行不够经济，一般只有特殊需要的场合应用。

136. 直流式空调系统夏季怎样处理空气？

室外新风空气被抽进空调系统的空气处理装置后，经空气过滤器过滤之

后，进入喷水室冷却去湿达到机器露点状态，然后经过再热器加热至所需的送风状态点后送入室内，在空调房间吸热吸湿后达到对室内空气处理的目的后全部排出到室外。

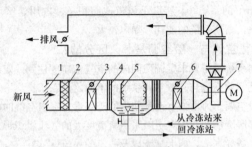

图 2-2　直流式空调系统流程图

1—百叶窗；2—空气过滤器；3—预加热器；4—前挡水板；
5—喷水排管及喷嘴；6—再加热器；7—送风机

137. 直流式空调系统冬季怎样处理空气？

冬季室外空气一般是温度低、含湿量小，要将其处理到送风状态必须对空气进行加热和加湿处理。处理方法是：室外空气状态的新风，经空气过滤器过滤后由预热器等湿加热到送风状态点，然后进入喷水室进行绝热加湿处理后，经再热器加热至所需的送风状态点送入室内，在空调房间放热后达到对室内空气处理的目的，最后全部排出到室外。

138. 喷水室一次回风空调系统的结构是怎样的？

典型的喷水室一次回风空调系统空气处理装置结构如图 2-3 所示。

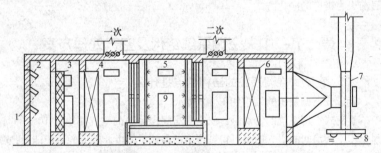

图 2-3　典型的喷水室一次回风空调系统空气处理装置结构

1—新风百叶窗；2—保温窗；3—空气过滤器；4—预热器；
5—喷水室；6—再热器；7—送风机；8—减振器；9—密封门

139. 表冷器式一次回风空调系统的结构是怎样的?

典型的表冷器式一次回风空调系统空气处理装置结构如图 2-4 所示。

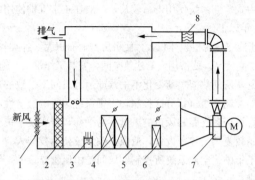

图 2-4 典型的表冷器式一次回风空调系统空气处理装置结构

1—新风口;2—过滤网;3—电极加湿器;4—表面冷却器;

5—排水口;6—二次加热器;7—送风机;8—精加热器

140. 一次回风空调系统空气处理装置是怎么组成的?

(1) 空气处理设备。主要包括空气过滤器、预热器、喷水室、再热器等,是对空气进行过滤和各种热湿处理的主要设备。它的作用是使室内空气达到预定的温度、湿度和洁净度。

(2) 空气输送设备。主要包括送风机(回风机)、风道系统以及装在风道上的调节阀、防火阀、消声器、风机减振器等配件。空气输送设备的作用是将经过处理的空气按预定要求输送到各个空调房间,并从房间内抽回或排出一定量的室内空气。

(3) 空气分配装置。主要包括设在空调房间内的各种送风口(例如百叶窗式风口、散流器式风口)和回风口。空气分配装置的作用是合理地组织室内气流,以保证工作区(通常指离地 2m 以下的空间)内有均匀的温度、湿度、气流速度和洁净度。

141. 一次回风空调系统的特点是什么?

(1) 空气处理设备和制冷设备集中布置在机房内,便于集中管理和集中调节。

(2) 过渡季节可充分利用室外新风,降低冷、热源运行费用。

(3) 可将室内空气的温度、相对湿度、气流速度、空气洁净度和压力等参数控制在较精确的范围内。

（4）空调系统可采取有效的防振和消声措施，将空调房间内的空气噪声减少到要求的范围内。

（5）集中式空调系统使用寿命较长，一般在正常维护使用条件下，其使用年限在25年以上。

（6）由于冷、热源机组体积大，使机房占地面积大，各类管道布置复杂，要求机房的层高要高，要占用大量建筑空间，安装工作量大、施工周期长。

（7）当空调房间热湿负荷变化不一致或运行时间不一致的建筑物，需要采取较复杂的控制系统进行分区控制，否则系统运行的经济性不好。

（8）风管系统各支路和风口的风量不易平衡，若要使系统运行的经济性好，需要使用较复杂的控制设备，造成空调系统初始投资大。

（9）由于集中式空调系统所控制的房间是由风管连接的，给防火、防烟工作造成困难。

142. 一次回风式空调系统夏季怎么处理空气？

室外新风经百叶窗进入空调系统，首先经过过滤净化，然后与室内的循环空气（一次回风）进行混合达到参数状态点。混合后的空气流经喷水室或表面冷却器进行降温、去湿处理，达到机器露点温度后，再经过加热器等湿升温至送风状态点，送风机将处理后的空气送入空调房间，吸收房间空气中的余热和余湿后，空气分为两部分：①满足房间内空气的卫生参数要求而被直接排放；②作为一次回风回到空调系统进行再循环。

143. 一次回风式空调系统夏季利用回风的优缺点是怎样的？

（1）优点。可节省空调系统的制冷量，节省制冷量的多少与一次回风量的多少成正比。

（2）缺点。过多地采用回风量，难以保证空调房间内的空气卫生条件，所以回风量必须有上限的限制。

为了平衡利弊，一般设计时空调系统在夏季运行过程的新风量控制在总风量的10%～15%比较合适。

144. 一次回风式空调系统冬季怎么处理空气？

冬季一次回风系统的空气状态混合点，基本与夏季状态混合点相同，只不过因为室外新风随不同地区的气温差异，有时将新风先加热一下，然后再与室内回风混合（如在我国北方地区），或先混合后加热；有的是直接与系统一次回风混合，而取消一次加热过程（在我国南方地区）。

145. 二次回风式空调系统是怎样节能的？

在空气调节过程中，为了提高空调装置运行的经济性，往往采用二次回风系统。二次回风系统与一次回风系统相比，在新风百分比相同的情况下，两者的回风量是相同的。我们分析一次回风系统夏季处理方案时发现这样一种情况：一方面要将混合后的空气冷却干燥到机器露点状态，另一方面又要用二次加热器将处于机器露点温度状态的空气升温到送风状态，才能向空调房间送风。这样"一冷一热"的处理方法形成了能源的很大浪费。特别是在夏季，要为此烧锅炉或用电加热，这是很不经济的。设计二次回风系统，是为了采用二次回风代替再热装置，克服了一次回风系统的缺点，节约空调系统的能耗。

146. 二次回风式空调系统结构是怎样的？

集中式单风管二次回风空调系统结构如图 2-5 所示。

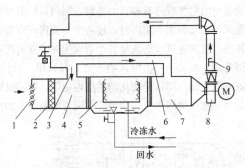

图 2-5　集中式单风管二次回风空调系统结构

1—新风口；2—过滤器；3——次回风管；4——次混合室；5—喷雾室；

6—二次回风管；7—二次回风室；8—风机；9—电加热器

147. 二次回风式空调系统夏季怎样进行空气处理？

从一次回风系统夏季运行时，一方面要用冷水进行喷雾或采用表面冷却器把空气处理到露点，另一方面又要用二次加热器把处于露点温度状态的空气升温到送风点所需的状态后才能送风，造成能量的很大浪费。为了解决这一问题，二次回风系统采用了将一部分室内循环空气与一定量的处于露点温度状态的空气相混合，直接得到送风状态点，而不必起动二次加热器对空气进行加热升温处理。

148. 二次回风式空调系统冬季怎样进行空气处理？

二次回风系统冬季的送风量与夏季相同，一次回风量与二次回风量的比值也保持不变。

冬季在寒冷的地区，室外新风与回风按最小新风比混合后，其混合后空气的焓值仍低于所需要的机器露点焓值时，就要使用预热器加热混合后的空气，使其焓值等于所需要的机器露点的焓值。

冬季室外状态的空气与室内一次回风混合后达到送风状态点，由于参与一次混合的回风量少于一次回风系统的回风量，所以参与一次混合的回风空气焓值也低于一次回风系统混合点的焓值。于是混合点状态的空气被等湿加热，再绝热加湿到冬季"露点"与二次回风混合后，通过加热到送风状态之后，向室内送风。

149. 双风道空气调节系统是怎样的？

双风道空气调节系统采用两条风道：一只称为冷风风道，另一只称为热风风道。两只风道中的空气设计有各自的参数，当两只风道中空气输送到各个空调房间中送风口前面的混合箱内时，按各个空调房间所需要的空气参数进行混合，使其送风量和送风状态满足各个空调房间不同的需要。

双风管空调系统一般采用一次回风的方式，即采用一只回风风道回风。双风管空调系统对各空调房间负荷变化的适应性很强，能同时既对一部分房间供热，又可对另一部分房间供冷。集中式双风管空调系统如图 2-6 所示。

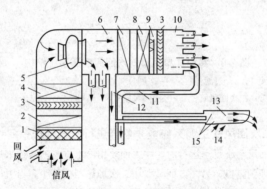

图 2-6　集中式双风管空调系统

1—空气过滤器；2—空气冷却器；3—挡水板；4——一级空气加热器；

5—离心式或轴流式风机；6——一级空气分配室；7—二级空气冷却器；

8—二级空气加热器；9—空气加湿器；10—二级空气分配室；11—诱导器；

12—调风门；13——一级送风管；14—二级送风管；15—二次回风

150. 空调系统末端的空气混合箱是怎么起作用的？

集中式双风管空调系统中，混合箱是一个关键设备，其结构如图 2-7 所示。

混合箱是用室内温度控制器来改变冷、热风比例的。它有两种功能：①能根据房间负荷变化自动调节冷热风的比例，以满足室内空调对温度参数的要求；②当其他房间调节冷风与热风的比例时，造成整个系统压力变化时，不至于引起本房间送风量的变化。混合箱的造价较高，在工程中可采用几个风口，或一个空调区域使用一个混合箱。对于多层建筑宾馆客房或写字楼的办公室，其垂直部分使用双风道时，可在每层设置一个混合箱。经过混合箱处理后，空调系统送风形式可变为一般低速单风管空调系统。

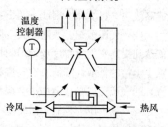

图 2-7　集中式双风管空调系统的混合箱结构

151. 双风道变风量系统优点与缺点是什么？

（1）优点。可进行个别控制，供冷和供暖不需要进行季节转换，对于建筑物的间隔变更有较大的灵活性。

（2）缺点。冷热混合造成能源浪费，一次投资增加，占空间大，湿度控制困难。

152. 双风道空调系统的工况参数有哪些？

（1）冷风温度全年为 12～14℃。

（2）夏季热风温度比室温高 3℃。

（3）冬季热风温度为 35～45℃。

（4）过渡季节热风温度为 25～35℃。

（5）热风量占总风量的 50%～70%。

153. 什么是中央空调洁净室？

洁净室又称无尘室或清净室，是指将一定空间范围内空气中的微粒子、有害气体、细菌等污染物排除，并将室内温度、洁净度、室内压力、气流速度与气流分布、噪声振动及照明、静电控制在某一需求范围内，而给予特别设计的房间。亦即不论外在的空气条件如何变化，其室内均具有维持原先设定的洁净度、温湿度及压力等性能特性。

154. 洁净室中央空调与普通中央空调怎么区别？

（1）空气过滤。普通中央空调系统采用一级粗效过滤器，最多采用两级过滤，并且过滤器不设在风口的末端，没有亚高效以上的空气过滤器；而洁净室中央空调系统必须设置三级以上空气过滤，风口的末端必须设置亚高效或高效空气过滤器。因此，两个系统的室内含尘浓度至少差几十倍。

（2）气流组织。普通中央空调系统是乱流气流形式，以较小的通风尽可能达到提高室内温湿度场均匀的目的；而洁净室中央空调系统是尽量限制和减少尘粒的扩散，降低二次气流和涡流，至于单向流（即垂直层流或水平层流）的气流形式是普通中央空调系统所没有的。

（3）室内压力控制。洁净室中央空调系统洁净室（区）要求室内为正压或相对负压，最小压差在5～10Pa，这就要求供给一定的补充新风量或给予一定的排风；而普通中央空调系统，对室内正压没有明确要求。

（4）风量能耗。普通中央空调系统只有10次/h以下的换气次数，而洁净室中央空调系统要在12次/h以上，甚至十几倍于普通中央空调系统的换气次数，故此，洁净室中央空调系统的每平方米耗能是普通中央空调系统的10～20倍。

（5）洁净室中央空调系统的投资造价比普通中央空调系统高很多。

155. 洁净室中央空调怎么分类？

洁净室中央空调按构造不同可分为：整体式洁净室、装配式洁净室、局部净化洁净室、局部净化与全面净化结合性洁净室；按洁净室内气流组织形式不同可以分为：乱流气流组织形式洁净室和平行流（层流）气流组织形式洁净室。

156. 洁净室乱流气流组织形式是怎样的？

洁净室乱流气流组织形式主要是利用洁净空气非尘粒的稀释作用，使室内的尘粒均匀扩散而被"冲淡"。其送回风方式一般采用顶送下回，气流自上而下，与尘粒的重力沉降方向一致。送风口经常采用带扩散板高效过滤器风口或局部孔板风口。在洁净度要求不高的场合也可采用上侧送风下回风的方式。

157. 洁净室平行流（层流）气流组织形式是怎样的？

洁净室平行流（层流）气流组织形式分垂直和水平两种，其主要特点是在洁净室顶棚的送风侧墙上布满高效过滤器。所以，送入房间的气流充满整个洁净室断面，并且从出风口到回风口气流断面几乎不变。即气流流线几乎平行，没有涡流。气流断面上的流速均匀，可随时把产生的尘粒迅速压至下风侧排走。

158. 洁净室的新风量怎么确定？

洁净室的新风量可按乱流洁净室总风量的10％，平行流洁净室总风量的20％确定，也可按补偿室内排风和保持室内正压值所需的新风量确定，还可按保证洁净室内每人每小时新风量不小于 40m³ 确定。

第三节　中央空调的加湿、去湿及加热设备

✎ 159. 环境空气加湿的意义是什么？

适当的空气湿度能给人舒适的感受，同时还能提高工业生产中的效率和产值。对提高人的生活舒适度来说，空气加湿具有以下意义：

（1）提升生活舒适度和健康。空气湿度除了对生活舒适度有影响外，过低的空气湿度还会引起皮肤干裂和瘙痒。

（2）防止静电产生。当空气湿度低于 40％时，就会产生静电。

（3）加快伤口愈合速度。当空气湿度过低时，会造成伤口处皮肤水分蒸发而导致伤口愈合缓慢。

（4）消除异味。当房间内的空气湿度高于周围的空气湿度时，房间内的异味会加快消失，但具有挥发性的物质除外。

（5）空气加湿还能抑制尘土飞扬，提高空气品质。

✎ 160. 中央空调系统按空气处理方式加湿怎么分类？

中央空调系统根据对空气的处理方式不同可分为集中式加湿器和局部式加湿器两种。

（1）集中式加湿器。就是在集中空气处理室中对空气进行加湿的设备。

（2）局部式加湿器。就是在空调房间内补充加湿处理的设备，也称为补充式加湿器。

✎ 161. 中央空调系统按加湿方法怎么分类？

中央空调按空气加湿的方法可分为水加湿器、蒸汽加湿器和雾化加湿器三种。

（1）水加湿器。水加湿器是在经过处理的空气中直接喷水或让空气通过水表面，通过水的蒸发来使空气被加湿的设备。

（2）蒸汽加湿器。通过加热、节流和电极加热等方法，使水变成水蒸气，对被调节空气进行加湿的设备。

（3）雾化加湿器。利用超声波或加压喷射的方法将水雾化后喷入空调系统的风道中，对被调节空气进行加湿的设备。

✎ 162. 蒸汽喷气管式加湿器是怎样加湿的？

蒸汽喷管加湿器是在喷管上开有若干个直径为 2～3mm 的小孔，在压力的作用下，蒸汽从小孔中喷出，与被调节空气混合，从而达到加湿

的目的,但蒸汽喷管喷出的水蒸气往往夹杂有水滴,这会影响加湿的效果。

163. 干式蒸汽加湿器加湿是怎么工作的?

干式蒸汽加湿器的基本结构如图2-8所示。

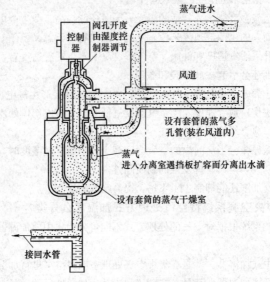

图2-8 干式蒸气加湿器

干式蒸汽加湿器的工作原理是:蒸汽先进入喷管外套,加热管壁,再经挡板进入分离室,由于蒸汽流向的改变,通道面积的增大,蒸汽流速的降低,所以有部分冷凝水析出。分离出冷凝水的干蒸气,由分离室顶部的调节阀节流降压后进入干燥室,第二次分离出冷凝水,处理后的干蒸气经消声腔进入喷管,由小孔喷出,对被调节空气进行加湿。分离出的冷凝水由疏水器排出。

164. 电极式加湿器怎么加湿?

电极式加湿器工作原理如图2-9所示。

电极插入水槽中,通电后,电流从正极流向负极,水被电流加热产生水蒸气,由排出管送入空调房间中,水槽中设有溢水孔,可通过调节溢水孔位的高低调节水位,并通过控制水位控制蒸汽的产生量。

165. 电热式加湿器怎么加湿?

电热式加湿器结构如图2-10所示。

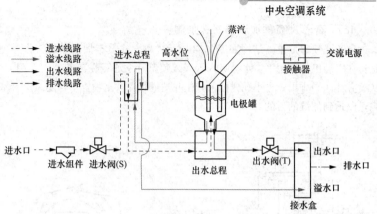

图 2-9　电极式加湿器工作原理

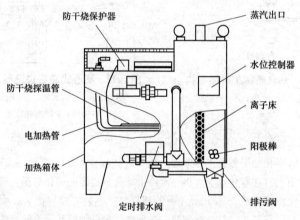

图 2-10　电热式加湿器结构

管状加热器直接加热水,产生水蒸气,由短管喷入被调节的空气中,对空气进行加湿。

✎ 166. 回转式喷雾加湿器怎么加湿?

回转式喷雾加湿器结构如图 2-11 所示。水进入转盘中心并随转盘一起转动,在离心力的作用下水被甩向转盘四周,经分水牙飞出,在与分水牙的碰撞中,水被粉碎成细小雾滴,在风机的作用下,送入房间。不易吹走的大水滴落回集水盘,沿排水管流出。

167. 离心式喷雾加湿器怎么加湿？

离心式喷雾加湿器结构如图 2-12 所示。离心式喷雾加湿器的工作原理是：在电动机的作用下，水被吸入管吸入喷雾环中心；在离心力的作用下，从喷雾环四周排出；与小孔碰撞，雾化并被继续提升至喷雾口，随风送入室内，以达到加湿的目的。

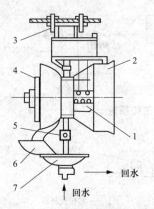

图 2-11　回转喷雾加湿器结构

1—电动机；2—风扇；3—转动圆盘；
4—固定架；5—集水盘；6—回水漏斗；
7—喷水量调节阀

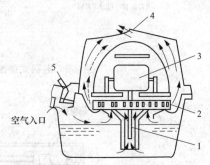

图 2-12　离心式喷雾加湿器结构

1—吸入管；2—喷雾环；3—电动机；
4—喷雾口；5—调节开关

离心式雾化加湿器的工作原理是离心式转盘在电动机作用下高速转动，将水强力甩出打在雾化盘上并再一次经由雾化盘边缘的雾化格栅，破碎成细微水粒，把水雾化成 $5\sim10\,\mu m$ 左右的超微粒子颗粒后喷射出去。吹到空气中后，通过空气与水微粒热湿交换，达到空气充分加湿和降温的目的。

168. 超声波加湿器怎么加湿？

超声波加湿器的加湿过程是利用电子设备高频振动产生每秒 170 万次的高频振荡脉冲，通过换能器将电能转换为机械能，以克服水分子的凝聚力，将水雾化成 $1\sim5\,\mu m$ 的超微粒子，再通过风动装置将水雾化，并可通过图 2-13 所示的中央空调送风系统扩散到整个空调区域内，从而达到加湿的目的。

169. 中央空调系统怎么除湿？

根据空气去湿设备工作原理的不同，空气去湿方法可分为：

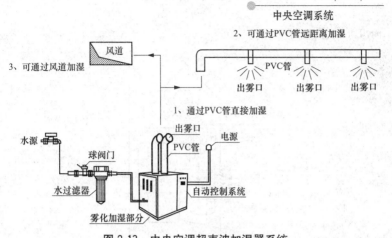

图 2-13 中央空调超声波加湿器系统

（1）加热通风去湿。在空气含湿量不变的情况下，对空气加热，使空气相对湿度下降，以达到减湿的目的。

（2）机械除湿。利用电能使压缩机产生机械运动，使空气温度降低到其露点温度以下，析出水分后经加热送出从而降低了空气的含湿量和相对湿度，达到去湿的目的。

（3）吸附式去湿。利用某些化学物质吸收水分的能力而制成的除湿设备。

170. 加热通风式除湿机怎么除湿？

加热通风式除湿机由加热器、送风机、排风机组成。其工作原理是：将室内相对湿度较高的空气排出室外，而将室外空气吸入并加热后送入室内，以达到对室内空气去湿的目的。这种方法设备简单、运行费用较低，但受自然条件限制，工作可靠性差。

171. 机械式除湿机结构及怎么除湿？

机械除湿机结构如图 2-14 所示。

机械除湿机由制冷系统、通风系统及控制系统组成。制冷系统采用单级蒸气压缩制冷，由压缩机、冷凝器、毛细管、蒸发器等实现制冷剂循环制冷，并使蒸发器表面温度降到空气露点温度以下。

机械除湿机工作原理是：当空气在通风系统的作用下经过蒸发器时，空气中的水蒸气就凝结成水而析出，空气的含湿量降低。而后，空气又经冷凝器，吸收其散发的热量后温度升高，使其相对湿度下降后经通风系统返回室内达到去湿的目的。

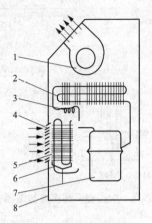

图 2-14　机械除湿机结构

1—风机；2—冷凝器；3—毛细管；4—空气过滤器；
5—蒸发器；6—集水盘；7—压缩机；8—机壳

172. 抽屉式硅胶除湿机怎么除湿？

抽屉式硅胶除湿机的核心部件结构如图 2-15 所示。其工作原理是：空气在风机的作用下由分风隔板进入硅胶层除湿，除湿后的干燥空气由风道送入房间。硅胶的吸水能力有一定限制，当硅胶失效后，应取出抽屉，更换新硅胶。

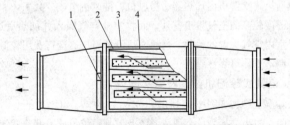

图 2-15　抽屉式硅胶除湿机的核心部件结构

1—外壳；2—抽屉式除湿层；3—分风隔板；4—密封门

抽屉式除湿机使用的硅胶没有吸收水分时，其颜色为淡紫色颗粒，随着水分吸收量的增加，颜色逐渐变为淡粉色，最终失去吸水能力。对于失去吸收水分能力的硅胶，可放入专用的烘干箱中进行烘干，再生使用。

173. 固定转换式硅胶除湿机怎么除湿?

固定转换式硅胶除湿机结构如图 2-16 所示。其工作原理是:两个硅胶筒轮流进行吸水工作。室内需要除湿的空气经室内湿空气入口 6、风机 7 及转换开关 8 进入左边的硅胶筒吸水后经转换开关 2 排出后由风道送入室内;同时室内空气还经由风机 4 吸到加热器 3 中,经加热器升温后进入右边的硅胶筒给硅胶加热使其再生,吸收了水分的湿热空气经转换开关 8 排到室外。其转换过程,可通过人为操作的开关控制完成。

174. 电加热转筒式硅胶除湿机怎么除湿?

电加热转筒式硅胶除湿机结构如图 2-17 所示。

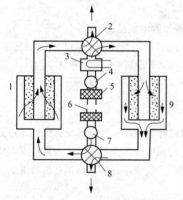

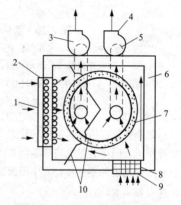

图 2-16　固定转换式硅胶除湿机结构

1、9—硅胶筒;2、8—转换开关;

3—加热器;4、7—风机;

5—空气过滤网;6—湿空气入口

图 2-17　电加热转筒式硅胶
除湿机结构

1—湿空气进口;2—电加热器;

3、5—离心式风机;4—干空气出风口;

6—箱体;7—硅胶转筒;8—室内

空气过滤网;9—再生空气进口;

10—密闭隔风板

电加热转筒式硅胶除湿机工作原理是:硅胶转筒缓慢转动,由密闭隔风板分成再生区和除湿区。空气经蒸发器降温后进入除湿区,除湿后由风机送入室内。与此同时,再生区的硅胶则被加热而恢复吸水能力后再转到除湿区进行除湿。

175. 氯化锂液体除湿机怎么除湿?

氯化锂液体除湿机是配合毛细管空调系统的除湿设备,其结构如图 2-18

所示。

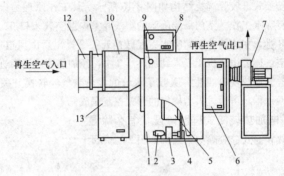

图 2-18　氯化锂液体除湿机结构

1—机壳；2—电动机；3—减速器；4—传动装置；5—转芯；6—除湿空气用过滤器
（楔形、泡沫塑料）；7—再生风机；8—电器控制箱；9—电加热器指示灯；
10—调风阀；11—再生空气用过滤器（板式，泡沫塑料）；12—再生空气入口；
13—动力配电箱

　　氯化锂除湿机也可采用转轮式。它的除湿系统由吸湿转轮、风机、过滤器等组成。吸湿转轮是将吸湿剂和铝均匀地吸在两条石棉纸上，再将纸卷成具有蜂窝通道的圆柱体，其中吸湿剂是用来吸收水分的，而铝是将吸湿剂固定在石棉纸上。

　　其再生系统由电加热器、风机和隔板组成隔板将转轮分成再生区和吸湿区。

176. 氯化锂转轮除湿机怎么除湿？

　　氯化锂转轮除湿机的工作原理如图 2-19 所示。

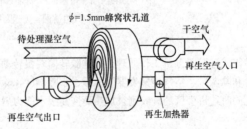

图 2-19　氯化锂转轮除湿机的工作原理图

需要除湿的空气在风机的作用下进入吸湿转轮，失去水分后送入空调房间。再生空气在再生风机的作用下进入再生区，经加热器加热至120℃后，将转轮内水分汽化后带出箱外并排出室外，可连续地取得干燥空气。

177. 裸线式电加热器的特点是什么？

裸线式电加热器结构如图 2-20 所示。

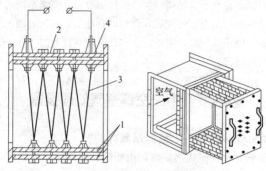

图 2-20　裸线式电加热器结构

1—绝缘端板；2—绝缘瓷珠；3—电阻丝；4—接线端子

裸线式电加热器具有热惰性小、加热迅速、结构简单等优点；但因电加热器的电阻丝直接外露，使其安全性较差。另外，由于裸线式电加热器的电阻丝在使用时表面温度太高，会使粘附在电阻丝上的杂质分解，产生异味，影响空调房间内空气的质量。

178. 管式电加热器的特点是什么？

管式电加热器结构如图 2-21 所示。

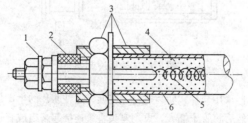

图 2-21　管式电加热器结构

1—接线端子；2—绝缘端头；3—紧固件；4—氧化镁；5—电阻丝；6—金属套管

管式电加热器的电阻丝在管内，在管与电阻丝之间填充有导热而不导电的氧化镁。管式电加热器具有寿命长、不漏电、加热均匀等优点，但其热惰性较强。

管式电加热器元件有 380V 和 220V 两种，最高工作温度可达 300℃左右。

中央空调系统中使用的空气电加热设备，一般安装在系统末端。因此，其安装位置周围应装有不宜燃烧且耐热的保温材料。空调系统的风机必须与空气电加热设备在控制上实行连锁，在启动程序上，应先启动风机再启动空气电加热设备；停止运行时，应先停止空气电加热设备的工作，过一段时间后，在停止风机运行。

第四节　中央空调空气处理设备

179. 表面冷却器的基本结构是怎样的？

表面冷却器又称表面式换热器，由肋管、联箱和护板组成，如图 2-22 所示。

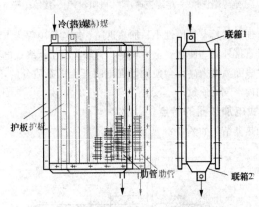

图 2-22　表面冷却器

表面冷却器采用套片式肋片进行热交换。这种肋片的生产是在肋片上冲好相应的孔，然后将管子插入，再用弯头将管连接起来组成套片式表面空气换热器。肋管采用液压扩管，所以肋片和管子结合紧密，具有传热效率高、空气阻力小、节省材料、性能稳定等特点。

180. 表面冷却器是怎么工作的?

如图 2-22 所示，表面冷却器的工作过程是：冷媒进入联箱 1 以后，均匀地流过肋管，然后经联箱 2 流出。而空气则在肋管外流过。根据空气处理的要求不同，可选用不同的肋管排数。根据水温升的要求和吸收（放出）热量的不同，联箱和肋管可有不同的排列方式和联结方法。

181. 干式冷却过程是什么?

干式冷却过程是指用表面冷却器或直接蒸发式表冷器对空气进行冷却时，如果表冷器的表面温度低于空气温度，但又没达到露点温度而使空气冷却降温，而保持其含湿量不变，使表冷器上没有凝露水出现，这一过程称为干式冷却过程。

182. 空调系统的喷淋室是怎么分类的?

中央空调系统的喷水室分类方式大致有三种，即按放置形式分类、按空气流动速度分类和按喷水室的级数分类等。

（1）按空气流动方向分类。

1）立式。空气垂直流动且与水流流动的方向相反，这种方式换热效果较好，但空气处理量较少，适用于小型空调系统。

2）卧式。空气水平流动，与喷水方向相同或相反。

（2）按空气的流动速度分类。

1）低速喷水室。空气流速为 $2\sim3m/s$，应用较广。

2）高速喷水室。空气流速为 $3.5\sim6.5m/s$。

（3）按喷水室数量分类。

1）单级喷水室。被处理空气和冷冻水进行一次热交换，为普通喷水室。

2）双级喷水室。将两个卧式单级喷水室串联起来即可充分利用深井水等天然冷源或人工冷源，达到节约用水的目的。这样，空气与不同温度的水可连续进行两次热交换。

（4）按喷水室外壳材料分类。

1）金属外壳喷水室。用钢板制作喷水室的外壳。

2）非金属外壳喷水室。采用玻璃钢、钢筋混凝土或砖砌喷水室。

183. 喷水室是怎么处理空气的?

喷水室由均匀分布的喷嘴喷水系统和喷嘴前后设置的挡水板构成用水处理空气的小室。根据喷水温度不同，用其处理空气可能实现的空气状态变化过程有冷却减湿、等温冷却、减焓加湿、绝热加湿、增焓加湿、等温加湿和升温加湿等过程。

184. 喷水室基本结构是什么？

喷水室基本结构如图2-23所示，由外壳、喷水排管及喷嘴、挡水板、底池、溢水器、滤水器、补水浮球阀、冷水管、供水管、溢水管、循环水管、补水管、泄水管、密闭门和防水灯等组成。

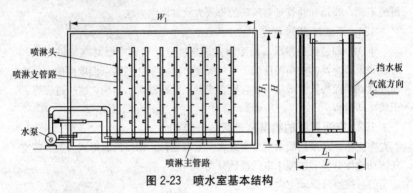

图2-23 喷水室基本结构

185. 单级卧式喷水室结构是什么？

单级卧式喷水室的基本结构如图2-24所示。被处理的空气经前挡水板进入喷水室进行热交换后，经后挡水板排出。

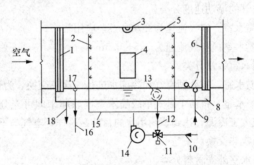

图2-24 单级卧式喷水室的基本结构

1—前挡水板；2—喷嘴与排管；3—防水灯；4—检查门；5—喷水室；6—后挡水板；
7—浮球阀；8—蓄水池；9—自动补水管；10—冷媒水供水管；11—三通混合阀；
12—循环水管；13—滤水器；14—水泵；15—喷嘴供水管；16—溢水管；
17—溢水口；18—排污管

186. 单级卧式喷水室是怎么工作的？

单级卧式喷水室工作时冷媒水由冷水管进入三通阀，在水泵的作用下进入排管，由喷嘴喷出，与空气进行热交换。热交换后的水滴落入底池，经滤水器过滤掉杂质后经循环水管被水泵抽回再利用。

在夏季，随着被处理空气温度的降低，空气中的水蒸气冷凝成水也落入底池，底池中的水就会逐渐增多，到达一定位置后，就会通过溢水管被水泵吸回冷水机组，重新冷却后再利用。

在冬季，喷水室常用来给加热后的空气进行加湿。那么，底池中的水就会逐渐减少，当减少到一定程度时，浮球阀开启，向底池中重新补水。补到一定程度，浮球阀自动关闭，以保证底池中水位的一定。在底池底部还开有一个泄水管，目的是为了清洗、检修方便，在进行上述操作时，将底池中的水排空。

187. 单级喷水室的参数有哪些？

单级喷水室用于冷却去湿时，通常采用两排对喷；喷大水量时，采用三排或四排；仅用于加湿时，通常采用一排。喷嘴直径 $d_o \leq 5.5mm$ 和风量 $L \leq 10 \times 10000 m^3/h$ 时，排间距可采用 600mm；风量大时，排间距宜采用 $1000 \sim 1200mm$。对于两排喷水室，一般采用对喷（第一排顺喷，第二排逆喷）；采用三排喷水室，第一排顺喷，第二、三排逆喷。喷水管距整流栅和挡水板的距离一般为 $200 \sim 300mm$。喷水压力宜保持 $100 \sim 150kPa$，不宜大于 250kPa。

188. 喷水室的外壳有哪些形式？

喷水室的外壳一般有两种形式，即拼装式和土建式。拼装式一般采用 $1.5 \sim 2mm$ 厚的双层钢板制成，内夹心为玻璃棉、聚苯乙烯或聚氨酯保温材料层。土建式一般采用砖及混凝土砌成，或用 $80 \sim 100mm$ 的钢筋混凝土现场浇制。喷水室外壳不论采用何种形式，其共同特点是都具有良好的防水和保温措施。近年来在材料上，也有采用玻璃钢体内嵌保温材料一次成型的喷水室外壳。

189. 喷水室的水池结构特点是什么？

水池在喷水室的底部，是为了收集喷雾水之用。水池的容积按总喷水量的 $3\% \sim 5\%$ 计算。正常运行时，水池储存有一定的水位，以确保喷水量稳定。水池一般装有自来水自动补充机构，即浮球阀，并设有溢流口、排污口及过滤器口。

喷水室的横断面一般为矩形，大小根据通过的风量和风速确定。而喷水室的长度则应根据喷嘴排管的数量、排管间距及排管与前后挡水板的距离确定。

为了便于检修、清洁和测量，喷水室外壳还设有观测孔，两排喷嘴之间设有一个 400mm×600mm 的密封检修门，并装有防水灯。

190. 喷水室底池中的管道是怎么设置的？

通常在喷水室底池的管道一般设置有四个。

(1) 循环水管道。作用是将底池中的水通过过滤后循环使用，如冬季进行绝热加湿，夏季可用来改变喷水温度。

(2) 溢流水管道。溢流水管道与溢水器相连，用于排出夏季空气中冷凝下来的水和由于其他原因带给底池中的水，使底池中的水面维持在一定高度。

(3) 补水管道。空调系统冬季进行绝热加湿时，要用喷淋室底池中水进行循环喷淋，对空气进行加湿处理，为了维持底池中水的高度不低于溢水器，需要通过向底池补水来实现水位的稳定。喷淋室底池补水由浮球阀自动控制。

(4) 泄水管道。泄水管道是用来在空调系统在进行检修、清洗或防冻时将底池中的水排泄走的管道。

191. 双级喷水室的基本结构是什么？

双级喷水室的基本结构如图 2-25 所示。被处理空气先进入 I 级喷水室，进行热交换后再进入 II 级喷水室。而冷冻水或深井水先进入 II 级喷水室交换热量后落入底池，由水泵带动进入 I 级喷水室喷出。这样被处理过的空气温度变化较大，相对单级喷水室而言，双级喷水室可节约用水。

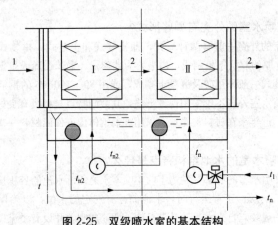

图 2-25　双级喷水室的基本结构

1—进风；2—出风

192. 喷水室基本参数是什么？

通过低速喷水室断面的空气质量流速，宜取 2.5～3.5kg/(m² · s)；通过高速喷水室断面的空气质量流速，一般可取 3.5～6.5kg/(m² · s)。

喷水室终喷水段前后应分别设置整流栅和挡水板，挡水板与空调器壁间应密封，并应考虑挡水板后气流中的带水量对处理后空气参数的影响。常用的折板形挡水板。其局部阻力系数为 10.4～11.4。挡水板的过水量不应超过 0.4g/kg。

冷水温升一般采用 3～5℃。据实测，目前国产空调机组，二排喷水室最大焓降可达 37.7kJ/kg，最大进回水温差可达 6.5℃，三排喷水室最大焓降可达 41.9kJ/kg。

喷水室补充水量可按水量的 2‰～4‰考虑。

制冷系统采用螺旋管式或直立管式蒸发器时，喷水室的回水应利用重力流回到蒸发器的水箱中。

193. 喷嘴是怎么工作的?

喷嘴的工作过程是：喷淋时，当具有一定压力的水流以较高的流速，沿切线方向进入喷嘴时，旋转180°，借助离心力，沿喷孔喷出，形成以喷孔为顶点的中空锥形水膜。由于水的表面张力及空气流速的作用，水膜很快破裂，形成小水滴。

194. 喷水式表面冷却器有什么好处?

表面空气换热器由于不能对空气进行加湿处理，并且对空气不能进行净化，使其应用受到了较大的限制。而喷水式表面冷却器兼有喷水室和表冷器的双重作用，其结构如图 2-26 所示。

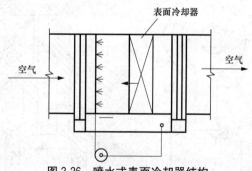

图 2-26 喷水式表面冷却器结构

喷水式表面冷却器与普通表面冷却器不同的是在表冷器前设置了喷嘴，将水喷在表冷器外表面形成一层水膜，使空气通过与水膜进行热、湿交换来达到加湿和净化的目的。

195. 喷水室喷嘴是怎么分类的?

喷嘴以喷孔直径的大小可分为粗喷、中喷和细喷三类。

(1) 粗喷。粗喷是指喷嘴孔径在 4～6mm、喷水压为 $0.5\times10^6\sim1.5\times10^6$ Pa,这种喷嘴喷出的水滴较大,在与空气接触时,水滴温升较慢,不易蒸发。因而广泛应用于夏季的降温、去湿处理。冬季时常用于喷循环水加湿空气。

(2) 中喷。中喷喷嘴的孔径为 2.5～3.5mm,水压为 2.0×10^6 Pa,适用于空气的冷却干燥处理过程。

(3) 细喷。细喷喷嘴的孔径为 2.0～2.5mm,水压大于 2.5×10^6 Pa,这种喷嘴喷出的水滴较细,在与空气接触时,水滴温升较快,易蒸发,适用于空气的加湿过程。但由于喷嘴孔径较小,易造成堵塞,对水质要求较高。

196. 喷嘴制作材料有哪些?

喷水室用喷嘴进行喷水,所以喷嘴是喷水室的重要部件,它的制作材料要求耐磨和防腐,常用黄铜、塑料、尼龙、陶瓷制成。其中黄铜耐磨性最好,但价格较高,而陶瓷最易损坏。所以目前常用尼龙喷嘴或铝喷嘴。这两种喷嘴的盖为铜制,而喷嘴本身用尼龙或铜制成。

197. Y-1型喷嘴基本结构是什么?

国内目前最常用的是 Y-1 型离心式喷嘴,其基本结构如图 2-27 所示。

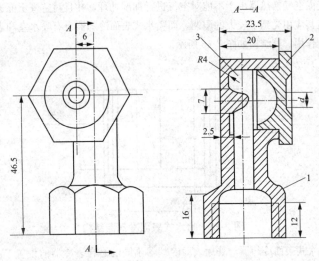

图 2-27 Y-1型离心式喷嘴基本结构

1—喷嘴本体;2—顶盖;3—小室

198. BTL 型喷嘴的结构是怎样的?

目前,国内还采用一种喷水量大的 BTL 型喷嘴,其喷水孔径较大,不易堵塞,射程和喷水量都比 Y-1 型大。其基本结构如图 2-28 所示。

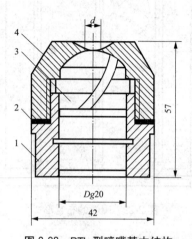

图 2-28 BTL 型喷嘴基本结构
1—喷嘴座;2—螺旋体;3—喷嘴帽;4—橡皮垫

199. 喷水室中喷嘴布置形式是什么?

喷嘴排管一般采用上分式和下分式,当喷水室面积较大时可采用中分式或环式。排管可安装成一排、两排或三排。若按空气流动方向排列,可分一排逆喷、两排对喷及三排一顺二逆,这保证了喷出的水滴能尽量均匀地布满整个喷水室。为了使空气与水充分接触,最好采用图 2-29 所示的梅花形布局。对于大型喷水室,也可排列成方格形且布置成上密下疏,使水滴在喷水室内能均匀分布。

200. 挡水板及主要用途是什么?

挡水板是组成喷水室的部件之一,它是由多个直立的折板(呈锯齿形)组成的。折板一般可用 0.75~1.0mm 的镀锌钢板加工制成,也有的用塑料板组成。

挡水板的主要用途是防止悬浮在喷水室气流中的水滴被带走,同时还有使空气气流均匀的作用。

挡水板为直立的折板或波形板,一般可分为前挡水板和后挡水板。

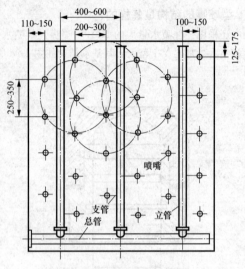

图 2-29　喷嘴的布置形式

201. 挡水板的工作原理是怎样的?

当气流在两片挡水板之间做曲折前进时，其所夹带的水滴因惯性作用来不及改变运动方向而和挡水板相碰后沿挡水板流入底池。这样挡水板就起到了气水分离和阻止水滴通过的作用。为了防止附流之水再被空气带走，在折角处往往做成 5mm 宽的折边。

有些集中式空调系统在后挡水板上方安装一根淋水管，以加大空气中水滴及附流水滴的自重，使之迅速流入喷水室水池中。挡水板形式如图 2-30 所示。

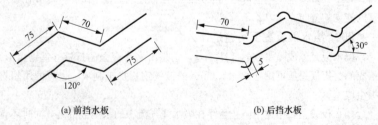

(a) 前挡水板　　　　　　　(b) 后挡水板

图 2-30　挡水板形式

在一般情况下，采用双排喷水可获得不大于 3.76812×10^4 J/kg 的焓降，采用三排喷水可使空气达到不大于 $4.1868×10^4 J/kg$ 的焓降。喷水终点温度可比喷水初温低 3～5℃。喷水终温在一般的喷水室中比实际的空气终温低 1.0～1.5℃。

202. 喷水室前挡水板作用是什么？

喷水室挡水板一般有 2～3 折，折角为 120°～150°，挡水板间距为 25～50mm，设置在喷嘴之前，目的是防止水滴溅到喷水室之外，同时也起到使进入喷水室的空气均匀分布的作用。喷水室的前挡水板又称为分风板，其作用是：防止悬浮在喷水室气流中的水滴被带走，使气流均匀进入喷水空间，防止前加热器的辐射作用。

203. 喷水室后挡水板的作用是什么？

喷水室后挡水板一般有 4～6 折，折角为 90°～120°，挡水板间距为 25～50mm，设置在喷水室后端，用于阻止混合在空气中较大的水滴进入空调房间。

喷水室的后挡水板的作用是：防止悬浮在喷水室气流中的水滴被带走，收集空气中夹带的水滴，以减小过水量，净化空气。

204. 挡水板是怎样影响挡水效果的？

挡水板的折角、折数、折板的间距、通过挡水板的空气流速大小以及挡水板的安装质量等因素都会影响挡水效果。

如果挡水板的折角小、折数多、折板的间距小时，则过水量少，即挡水效果好；但挡水板的空气阻力增加，风机的耗功增大。如果降低空气通过挡水板时的流速，也减少过水量，但必须增加挡水板的迎风面积，从而引起空气处理设备的截面积增大，设备初投资提高。

205. 用喷水室怎样实现湿式冷却过程？

用喷水室实现湿式冷却过程是指用表冷器或喷水室处理空气时，若表冷器表面温度或喷水温度接近或达到空气的露点温度时，空气中的水蒸气就会凝结在表冷器的表面或喷水的水珠上而被析出，这一过程称为湿式冷却过程。

206. 喷水室和表面式换热器优缺点是什么？

喷水室优点能实现多种空气处理过程（减湿冷却、等湿冷却、减焓加湿、等焓加湿、增焓加湿、等温加湿、增温加湿），冬夏季工况可共用，具有一定的净化空气能力，金属耗材量小、容易加工制作；缺点是对水质要求高、占地面积大、水系统比较复杂、耗电量较大。

表面式换热器的优点是构造简单、体积小、使用灵活、用途广、可使用的介质多；缺点是只能实现等湿冷却、等湿加热和冷却减湿三种空气处理过程。

第五节　空调系统风管及阀门

207. 空调系统风管的制作材料是什么？

空调系统风管的材料多用薄钢板、铝合金板或镀锌钢板制。在某些体育馆、影剧院也用砖或混凝土预制风道。在新型空调中，也有用玻璃纤维板或两层金属间加隔热材料的预制保温板做成的风道，但造价较高。

208. 空调系统风管有哪些形式？

中央空调的风管常做成圆形和矩形两种形式。其中，矩形风管容易和建筑配合，但保温加工较困难。圆形风管阻力小、省材料、保温制作方便。还有一种椭圆形风管，它兼有矩形和圆形风管的优点，但需专用设备进行加工，造价较高。

209. 为什么空调系统的风管要做保温？

我国绝大多数空调系统采用单风道系统，冬季供暖，夏季供冷。为了减少管道的能量损失，防止管道表面产生结露现象，并保证进入空调房间的空气参数达到规定值。在风道外部做保温有两个目的：①冬季供暖保温；②夏季供冷保温、防潮。

210. 空调系统的风管保温层怎么做？

常用的保温结构由防腐层、保温层、防潮层、保护层组成。

空调系统风管的保温与防腐层的做法为：防腐层一般为一至两道防腐漆。保温层目前为阻燃性聚苯乙烯或玻璃纤维板，以及较新型的高倍率独立气泡聚乙烯泡沫塑料板，其具体厚度应参阅有关手册进行计算。保温层和防潮层都要用铁丝或箍带捆扎后，再敷设保护层。保护层可用水泥、玻璃纤维布、木板或胶合板包裹后捆扎。设置风管及制作保温层时，应注意其外表的美观和光滑，尽量避免露天敷设和太阳直晒。

211. 空调系统的风管保温防潮层国内区域怎么划分？

在空调系统的风管保温、防潮的做法上将全国划分为三个区，北京代表Ⅰ区、长沙代表Ⅱ区、广州代表Ⅲ区。推荐选用的室内空调系统风管的保温层厚度见表2-1。

表 2-1　　推荐选用的室内空调系统风管的保温层厚度

保温材料	A 硬质聚氨酯泡沫塑料			B 聚乙烯泡沫塑料			C 玻璃棉			D 岩棉		
区属	Ⅰ	Ⅱ	Ⅲ	Ⅰ	Ⅱ	Ⅲ	Ⅰ	Ⅱ	Ⅲ	Ⅰ	Ⅱ	Ⅲ
保温厚度（mm）	10	10	10	10	10	15	10	10	20	10	15	20

对于空调系统的凝水管做适当即可。一般情况下，对于 $\lambda \leqslant 0.4W/(m \cdot K)$ 的保温材料，其保温厚度取 $\delta = 6mm$ 即可。

212. 空调系统风管保温材料特点是什么？

（1）自熄聚苯乙烯泡沫塑料。具有较好的综合保温性能，但最高使用温度为 70℃，与冬季空调供水设计温度（60～65℃）接近，不宜做空调系统的水系统保温材料，可做风道系统的保温材料。

（2）岩棉。防火、抗老化性能良好，但防水性较差，施工中应注意做好防潮处理。

（3）阻燃聚乙烯泡沫塑料。质地较轻、导热系数小、防水性能好，其材料的型材厚度一般为 6～40mm，便于在工程中选用。

（4）硬质聚氨酯泡沫塑料。质地较轻，导热系数小，吸水率低，使用温度一般可在 −20～100℃ 范围，是目前空调系统使用较理想的保温防潮材料。

213. 空调系统的风量调节阀有哪几种形式？

中央空调通风系统的风量调节阀分为两种形式：①用于进行系统风量平衡时使用的纯手动风阀，其作用是依靠调节空气通过此处风的阻力来实现对各风管支路或通风机出入口处风量的调节；②需要经常调节的阀门，如新风阀门、一次回风阀门、二次回风阀门或排风阀门等，分为电动和手动两种方式。

214. 离心式通风机圆形瓣式起动调节阀结构特点是什么？

离心式通风机圆形瓣式起动调节阀结构如图 2-31 所示，主要由外壳、叶片、滑杆、定位板、手把（或执行机构连杆）等组成。

离心式通风机圆形瓣式起动调节阀的叶片一般为铝片，其轴承一般使用青铜制作。可用于风机的起动阀门或风量调节阀门。

215. 矩形风管三通调节阀的结构特点是什么？

矩形风管三通调节阀结构如图 2-32 所示，主要用于矩形直通三通管和Y 形三通管的节点处，用于调节风量的分配。在操作方法上，矩形风管三通调节阀有手动和电动两种形式。

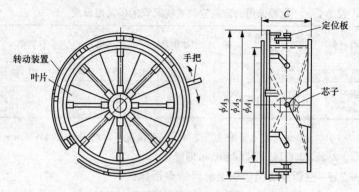

图 2-31　离心式通风机圆形瓣式起动调节阀结构

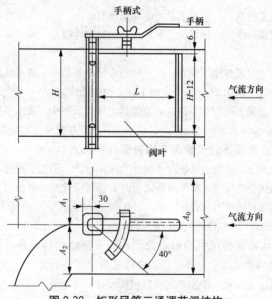

图 2-32　矩形风管三通调节阀结构

216. 密闭式对开多叶调节阀的结构特点是什么？

密闭式对开多叶调节阀结构如图 2-33 所示。叶片为菱形双面叶片，其起闭转动角度为 90°。阀门为密闭结构，完全关闭时漏风量为 20％左右，主要用于风量调节或风机启动风阀使用。在操作方法上密闭式对开多叶调节阀有手动和电动两种形式。

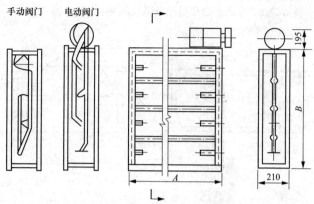

图 2-33　密闭式对开多叶调节阀结构

217. 空调系统开关阀作用是什么?

空调系统的开关阀在空调系统起风道的开关作用,一般用于新风或风机启动控制阀门。开关阀的基本要求是开启时阻力要小,关闭时要严密。

218. 空调系统的风道开关阀基本结构是怎样的?

空调系统风道的开关阀有拉链式碟阀、矩形碟阀和圆形碟阀三种基本形式。

(1)拉链式碟阀。空调系统风道拉链式碟阀的基本结构如图 2-34 所示。

(2)矩形碟阀。空调系统风道矩形碟阀的基本结构如图 2-35 所示。

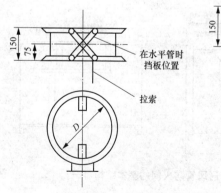

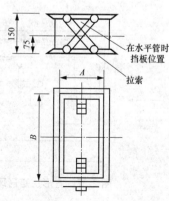

图 2-34　拉链式碟阀的基本结构　　　图 2-35　矩形碟阀的基本结构

（3）圆形碟阀。空调系统风道圆形碟阀的基本结构如图 2-36 所示。

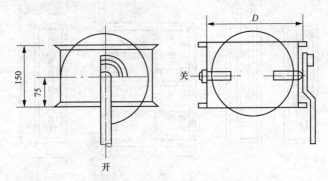

图 2-36　圆形碟阀的基本结构

219. 空调系统安全阀的作用是什么？

中央空调系统的安全阀主要是指防火阀。防火阀在性质上属于常开型阀门，其作用是一旦空调系统发生火灾时，用于切断风道内的空气流动，防止火焰扩大蔓延。

220. 空调系统安全阀有怎样的结构？

空调系统的安全阀主要有方形、矩形风管和圆形风管防火阀。

（1）方形、矩形风管防火阀。基本结构如图 2-37 所示，常用于一般通风系统和中央空调系统中。

（2）圆形风管防火阀。圆形风管防火阀的基本结构如图 2-38 所示。

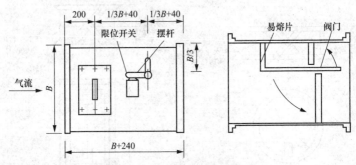

图 2-37　方形、矩形风管防火阀的基本结构（一）

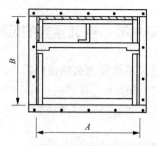

图 2-37　方形、矩形风管防火阀的基本结构（二）

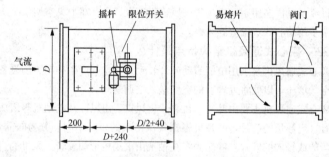

图 2-38　圆形风管防火阀的基本结构

　　圆形风管防火阀的工作机理与方形、矩形风管防火阀一样，区别是一个用于方形、矩形风道，一个用于圆形风道。

221. 空调系统防火阀的作用是什么？

　　空调系统防火阀的作用是一旦通风系统和中央空调系统发生火灾时，用于切断风道内的空气，防止火焰扩大蔓延。当方形、矩形风管防火阀用于水平气流的方形、矩形风管风道中时，在其中装有一套信号和动作连锁装置，当通风系统和中央空调系统发生火灾时，风道内的温度达到了信号装置中易熔片的熔点时，易熔片熔断，防火阀自动关闭，动作连锁装置控制风机停止运转并发出报警信号。

222. 空调系统防火阀安装是怎么要求的？

　　当方形、矩形风管防火阀安装在垂直气流的方形、矩形风管风道中时，其信号装置中易熔片的一端必须向关闭方向倾斜 5°安装，以便阀门下落时能关闭风道。

第六节　空调系统的风机

223. 中央空调通风系统是怎么组成的？

中央空调通风系统由送风机、排风机、风道系统、风口以及风量调节阀、防火阀等配件组成。中央空调系统通风系统的送风机为离心式风机，排风机为轴流式风机。

224. 中央空调通风机按作用怎么分类？

在中央空调系统中根据风机的作用可分为离心式、轴流式和贯流式三种。贯流式风机多用于风机盘管、风幕机等设备中。在中央空调系统送排风设备中多用离心式、轴流式风机。

225. 离心式通风机结构特点是什么？

离心式通风机是利用电能带动叶片转动，对空气产生推动力的设备。它能使空气增压，以便将处理后的空气送入空调房间。

离心式通风机主要由叶轮、机壳、进风口、出风口及电动机等组成。叶轮上有一定数量的叶片，叶片可根据气流出口的角度不同，分为向前弯的、向后弯的或径向的叶片。叶轮固定在轴上由电动机带动旋转。风机的机壳为一个对数螺旋线形蜗壳，如图 2-39 所示。

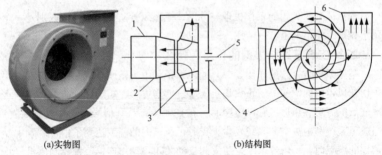

(a)实物图　　　　　　　　　　　(b)结构图

图 2-39　离心式通风机

1—电动机；2—电动机外壳；3—叶轮；4—蜗壳；5—进风口；6—出风口

离心式风机的特点是风压高、风量可调、相对噪声较低，可将空气进行远距离输送，适用于要求低噪声、高风压的场合。

226. 离心式风机怎么工作？

离心风机工作时空气流向垂直于主轴，气体经过进气口轴向吸入，然后气体约折转 90°，流经叶轮叶片构成的流道间，而蜗壳将被叶轮甩出的气体集中、导流，从通风机出口或出口扩压器排出。当叶轮旋转时，气体在离心风机中先为轴向运动，后转变为垂直于风机轴的径向运动，当气体通过旋转叶轮的叶片间时，由于叶片的作用，气体随叶轮旋转而获得离心力。在离心力作用下，气体不断地流过叶片，叶片将外力传递给气体而做功，气体则获得动能和压力能。

227. 轴流式通风机结构特点是什么？

轴流式通风机在工作时，空气流向平行于主轴，它主要由叶片、圆筒形出风口、钟罩形进风口、电动机组成。叶片安装在主轴上，随电动机高速转动，将空气从进风口吸入，沿圆筒形出风口排出。其优缺点是：噪声相对较大、耗电少、占地面积小、便于维修。

228. 轴流式风机送风特点是什么？

轴流式风机的出风方向就是输出与风叶轴同方向的气流（即风的流向和轴平行）。

轴流式风机用于系统局部通风（如空调系统排风装置），通风换气效果明显。轴流式通风机的送风特点是风压较低、风量较大，

229. 轴流式风机怎么工作？

当叶轮旋转时，气体从进风口轴向进入叶轮，受到叶轮上叶片的推挤而使气体的能量升高，然后流入导叶。导叶将偏转气流变为轴向流动，同时将气体导入扩压管，进一步将气体动能转换为压力能，最后引入工作管路。

230. 贯流式通风机的结构和特点是什么？

贯流风扇应用在中央空调风幕机组中，其作用是将被调节房间内的空气与室外空气阻断，以保证空调房间内的空气参数。

贯流风扇叶轮结构如图 2-40 所示。它的叶片一般为前向式，叶轮两端封闭，外形细长呈滚筒状。工作时，空气不是从两端轴向吸入，而是沿叶轮径向流入，再从叶轮另一侧径向流出，即空气气流两次通过叶轮的叶片。

贯流式风扇的特点是叶轮直径小、长度大、风量大、风压低、转速低、噪声小，故适用于分体式空调器的室内机。

231. 贯流风扇是怎么工作的？

如图 2-41 所示，贯流式风扇运转过程中横截面上的一部分流道吸入空气，而另一部分流道排出空气。

贯流风扇工作时空气由前面板的格栅进风口和顶部的进风口进入，经过

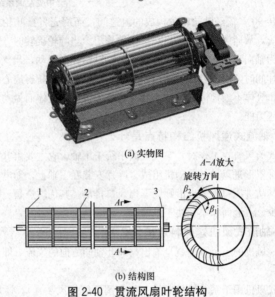

(a) 实物图

(b) 结构图

图 2-40 贯流风扇叶轮结构

1—左轮盖；2—叶轮；3—右轮盖；β_1—叶片进口角；β_2—叶片出口角

蒸发器流入贯流风扇，其流向以箭头表示。贯流风扇在室内机中旋转时，空气产生旋涡，旋涡核心偏离风扇的轴心。因而造成沿贯流风扇圆周各处的压力分布不同，形成吸入区域和排出区域。

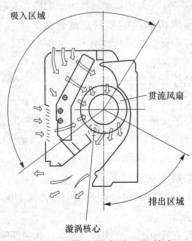

图 2-41 贯流风扇的工作状态

第七节 风 机 盘 管

232. 什么是风机盘管？

风机盘管机组简称风机盘管。它是由小型风机、电动机和盘管（空气换热器）和过滤器等组成的空调系统末端装置之一。盘管内流过冷媒水或热媒水时与管外空气换热，使空气被冷却、除湿或加热来调节室内的空气参数。它是常用的供冷、供热末端装置。习惯上将使用风机盘管机组做末端装置的空调系统称为风机盘管空调系统。

233. 风机盘管机组的结构是怎样的？

风机盘管机组是由风机、电动机、盘管、空气过滤器、凝水盘和箱体等部件构成，如图 2-42 所示。

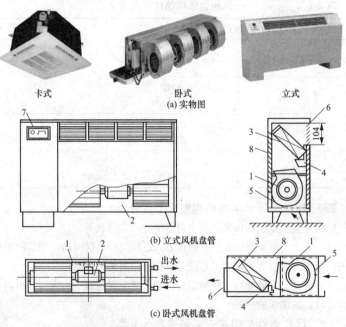

图 2-42　风机盘管构造图

1—离心风扇；2—电动机；3—盘管；4—凝水盘；5—空气过滤器；

6—出风格栅；7—控制器；8—箱体

234. 风机盘管机组型号和代号意义是怎样的？

风机盘管机组型号由大写汉语拼音字母和阿拉伯数字组成，具体表示方法如下：

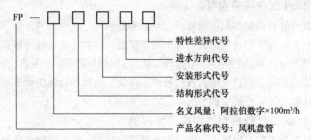

风机盘管机组代号及含义见表 2-2。

表 2-2　　　　　　　　风机盘管机组代号及含义

项目		代号
结构形式	立式 卧式	L W
安装形式	明装 暗装	M A
进水方向	右进水 左进水	Y Z
特性差异	组合盘管 有静压	Z Y

235. 风机盘管机组按结构形式怎么分类？

风机盘管机组按结构形式分类可分为立式和卧式两种。

(1) 立式。暗装时可安装在窗台下，出风口向上或向前；明装时可放在室内任何适宜的位置上，出风口向上、向前或向斜上方均可。

(2) 卧式。一般要与建筑物结构协调，暗装在建筑结构内部，出风口一般向下或左右偏斜。

236. 风机盘管机组按安装形式怎么分类？

风机盘管机组按安装形式分类可分为：

(1) 立式明装。一般将风机盘管机组直接摆放在空调房间内的地面上，送风口位于上方或斜上方。

78

（2）立式暗装。一般将风机盘管机组置于墙内，外加装饰板。

（3）卧式明装。一般将风机盘管机组吊装在顶棚下，送风口位于前方，回风口位于下部或后部。

（4）卧式暗装。一般将风机盘管机组吊装在顶棚中，送风口位于前方，回风口位于下部或后部。

（5）卡式。一般将风机盘管机组吊装在顶棚正中，送风口位于四周，回风口位于中间。

237. 风机盘管按低静压型与高静压型怎么分类？

GB/T 19232—2019《风机盘管机组》中规定风机盘管机组根据机外静压分为低静压型与高静压型两类。

（1）低静压型机组。在额定风量时的出口静压为 0 或 12Pa，对带风口和过滤器的机组，出口静压为 0；对不带风口和过滤器的机组，出口静压为 12Pa。

（2）高静压机组。在额定风量时的出口静压不小于 30Pa。

238. 风机盘管机组按安装形式怎么分类？

（1）低矮式明装型。将风机盘管机组直接放置到室内适宜的地面上。

（2）低矮式暗装型。将风机盘管机组放置到室内低矮的窗台下。

（3）立柱式明装型。将风机盘管机组放置房间拐角处。

（4）立柱式暗装型。将风机盘管机组放置房间墙体内。

239. 风机盘管机组按进水方向怎么分类？

风机盘管机组按进水方向形式分类可分为左进水和右进水两种。

左进水风机盘管机组的入水口在左侧。右进水风机盘管机组的入水口在右侧。

240. 风机盘管机组按调节方式怎么分类？

风机盘管机组按调节方式分类，可分为风量调节和水量调节两种。

（1）风量调节。是指通过调节风机盘管机组风机的转速，达到调节风机盘管制冷量的目的。

（2）水量调节。是指通过调节风机盘管中冷媒水的水流量，达到调节风机盘管制冷量的目的。

241. 风机盘管风量怎么调节？

为适应房间的负荷变化，风机盘管的调节一般使用风量调节与水量调节两种方法。

风量调节是指风机盘管机组是利用风量调节来实现其负荷调节的，是使用最为普遍的方法。它是通过风机盘管机组上风扇电动机的挡位变化来实现的。当空调房间内的冷（或热）负荷发生变化时，导致室内温、湿度发生变化，使用者可通过改变风扇电动机的转速，来改变通过风机盘管机组的空气处理量，实现空调房间内温湿度调节的目的。随着技术的不断进步，目前，风机盘管机组在调节风量时也有用无级调速方法的。

242. 风机盘管水量怎么调节？

水量调节是指当空调房间内、外条件发生变化时，为了维持空调房间内一定的温、湿度条件，可通过安装在风机盘管机组供水管道上的直通或三通调节阀进行调节。即室内冷负荷减少会减少进入盘管内的冷媒水量，使盘管中的冷媒水吸收热量的能力下降，以适应冷负荷减少的变化；反之，室内的冷负荷增加会加大盘管中冷媒水的流量，使冷媒水吸收热量的能力增加。

243. 风机盘管使用的风扇电动机是怎样的？

风机盘管机组使用的风扇电动机一般采用单相电容运转式电动机，通过调节电动机的输入电压来改变风机电动机的转速，使风机具有高、中、低三挡风量，以实现风量调节的目的。国产 FP 系列风机电动机均采用含油轴承，在使用过程中不用加注润滑油，可连续运行一万小时以上。

风机盘管机组使用的风扇风量为 250～2500m³/h。风机叶轮材料有镀锌钢板、铝板或工程塑料等，其中以使用金属材料作为叶轮的占大多数。

244. 风机盘管机械式温控器怎么工作的？

风机盘管机械式温控器电器特性是：使用范围 10～30℃；感温元件：控温膜盒；电气性能：控温元件为 24～277V、50/60Hz；开关：6A（阻性负载）、4A（感性负载），24～277V 50/60Hz；使用环境温度：0～50℃；存储环境温度：－30～50℃；适用线径：直径 1mm 或 18AWG。

机械式温控器内的温控器具有通/断两个工作位置，可装设于其温度需加以控制的场所内。温控器的通断可控制电动阀的开闭，使室内温度保持在所需的范围（温控的设定温度在 10～30℃可调）。

夏天，对盘管供应冷冻水，当室温升至超过设定温度时，温控器触点 1 和 2 接通，系统对室内提供冷气，当开关所拨在"OFF"挡时，电动阀 MV-1 因失电而关闭，风机电源亦同时被切断。

245. 风机盘管机械式温控器控制原理及接线方式是怎样的？

三速开关装在温度需要调节的房间内，它具有高、中、低（或称 3、2、1）及关 4 个位置，可直接控制系统的开启与关闭。其接线图如图 2-43 所示。

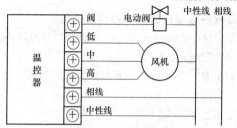

图2-43 温控器接线图

当三速开关拨在3、2、1位置时,可通过控制电动阀的开启与关闭来调节房间温度。

电动阀的动作受三速开关的直接控制,当三速开关拨至"ON"位置的3、2、1上时,电动阀得电,阀门开启,向盘管供应冷水或热水;三速开关拨在"OFF"位置时,电动阀失电,阀门关闭。

当三速开关拨在"ON"位置的3、2、1上时,三速开关可通过另外一组转换开关对风机进行高、中、低三挡调速。

246. 风机盘管机械式温控器是怎么操作的?

温度控制器装在温度需要调节的房间内,它具有ON/OFF两个通断位置,可直接控制系统的开启与关闭。

温度控制器外壳上有温度设定旋钮,温度范围在10～30℃内可调,在温控器内有两对触点,夏季运行时,将温控器选择开关拨在"COOL"挡,风机盘管供应冷水,当房间温度下降到旋钮设定值时,其中一对触点断开,电动阀失电,阀门关闭;当房间温度高于旋钮设定值时,另一对触点闭合,电动阀得电,阀门打开。

冬季运行时,将温控器选择开关拨在"HEAT"挡,风机盘管供应热水,当房间温度上升到旋钮设定值时,其中一对触点断开,电动阀失电,阀门关闭;当房间温度低于旋钮设定值时,另一对触点闭合,电动阀得电,阀门打开,从而使房间温度在冬夏季保持在设定范围之内。

247. 风机盘管液晶温控器的作用是什么?

风机盘管液晶温控器采用8位微电脑处理芯片,通过高精度感温器件及时检测房间温度,并和设定温度值及时比较,控制中央空调风系统的冷热风阀门、风机或用来控制风机盘管运行调节,从而使房间温度恒定在一个感觉舒适的温度值。

248. 风机盘管液晶温控器技术指标是什么？

（1）工作电压。交流 220（1±10）V％工作电压范围内（也可根据客户要求定制特殊电压范围产品）。

（2）温度控制范围为 5～35℃（也可根据客户要求特殊定制）。

（3）温度显示范围为—9～65℃。

（4）温度显示偏差为±1℃

（5）温控器带负载能力 2A（经专业检测，常用风机的工作电流为 0.33～0.55A）。

249. 风机盘管液晶温控器是怎么接线和工作的？

风机盘管液晶温控器典型接线方式如图 2-44 所示。

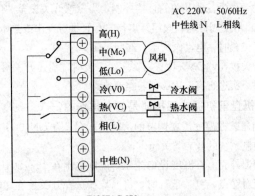

图 2-44　液晶温控器典型接线方式

风机盘管控制器使用标准的 220V 电压通过内部继电器直接控制风机盘管的风机以及水阀达到控制温度的功能。图 2-44 是采用了 4 管制的空调系统，所以分为热水阀跟冷水阀，一般国内普遍使用两管制的空调系统，所以只有一个水阀，冬天时室外主机输出热水到各个房间，夏天时室外主机输出冷水到各个房间，然后各个房间通过温控器控制各个房间风机盘管的风机以及水阀的开关达到控制温度的目的。

250. 风机盘管液晶温控器是怎么工作的？

液晶温控器通过温度探头或热电偶反馈的电信号，温控器将得到的电信号转化成温度值，根据设定的温度值，控制加热器的接通和断开来达到控制温度范围的目的。

液晶显示风机盘管温控器的工作原理是：温度探头或热电偶受温度变化时，会产生微弱的电流；温控器接收到温度探头或热电偶传来的电信号时，会根据其电流大小，将电流信号转换成温度值的高低；为了控制温度范围，在温控器上设定一个温度范围，温控器就会根据从温度探头或热电偶传来的电信号转换出的温度，达到温控器设定的上限值时，温控器会断开控制加热器的控制电路电源，使加热器停止加热，当温度值下降到温控器设定的下限值时，温控器就会接通控制加热器的控制电路电源，使加热器工作进行加热，只要温控器不断电，这个过程就会周而复始的循环下去。

总之，风机盘管液晶显示温控器是通过温度探头或热电偶反馈的电信号，温控仪将得到的电信号转化成温度值，根据设定的温度值，控制加热器的接通和断开来达到控制温度范围的。

251. 风机盘管中盘管的特点是什么？

风机盘管机组使用的盘管一般采用的材料为紫铜管，用铝片作为其肋片（又称为翅片）。铜管外径一般为 10mm，壁厚 0.5mm 左右，铝片厚度为 0.15～0.2mm，片距 2～2.3mm。在制造工艺上，采用胀管工艺，这样既能保证管与肋片（翅片）间的紧密接触，又提高了盘管的导热性能。盘管的排数有二、三排和四排等类型。

252. 影响风机盘管制冷量变化因素是怎样的？

当风机盘管的风量及供水温度一定而供水量变化时，制冷量随供水量的变化而变化，根据对部分风机盘管产品性能统计，当供水温度为 7℃，供水量减少到 80% 时，制冷量为原来的 92% 左右，说明当供水量变化时对制冷量的影响较为缓慢。

当风机盘管供、回水温差一定，供水温度升高时，制冷量随着减少，据统计，供水温度升高 1℃ 时，制冷量减少 10% 左右，供水温度越高，减幅越大，除湿能力下降。

风机盘管进、出水温差增大时，水量减少，换热盘管的传热系数随着减小。因此，风机盘管的制冷量随供回水温差的增大而减少，据统计当供水温度为 7℃，供、回水温差从 5℃ 提高到 7℃ 时，制冷量可减少 17% 左右。

253. 风机盘管空调机组主要部件的作用是什么？

（1）风机。它起着输送空气的作用，同时，又是造成盘管中强迫对流换热，增强换热能力的动力。风机盘管中采用的风机有多叶式离心风机和贯流式风机两种形式。

（2）盘管。盘管是一个热交换器，大多采用铜管串铝片，经机械涨管以消除接触热阻；也有采用轧片管制作的，一般为二排管或三排管。

（3）空气过滤器。其过滤材料采用粗孔泡沫塑料或纤维织物制作，可清洗或更换。

（4）风机电动机。一般采用电容式电路和含油轴承，平时不加油。注意，如不是含油轴承则应定期加油，通常具有三挡变速，以调节风量，风量调节范围在 50% 左右。

（5）箱体。暗装式的箱体通常由镀锌铁板制作。明装的箱体表面要喷涂漆或塑料，喷涂之前铁板要经过酸洗、磷化等处理。箱体内部必须要有良好的保温措施，使机组在湿工况运行时，能保持良好的保温效果，以免外壳结露。

254. 风机盘管机组空气过滤器材质及使用是怎么要求的？

风机盘管空气过滤器的作用，就是对室外新风或是回风空气进行净化和滤尘。空气过滤器一般采用粗孔泡沫塑料、纤维织物或尼龙编织物等材料制作。一般机组连续工作时，应每半月清洗一次空气过滤器，一年更换一次即可。

255. 风机盘管机组空气怎么处理？

风机盘管的工作过程是：当盘管内通过冷媒（空调冷冻水）或热媒（空调热水）的不断循环，以风机作为动力将室内空气从进风口吸进通过盘管换热器表面及肋片间隙进行热交换，使室内空气被冷却降温或加热升温后经送风口再送回室内，风机不断地使室内空气循环而达到降温和升温的目的。

当系统在夏季运行时，因冷冻水的温度（一般在 7~9℃）比较低，其盘管换热器管表面的温度低于其周围空气露点温度时，盘管外壁会产生凝结水滴，水滴不断落入盘管下部的凝结水盘内，水盘内的凝结水被管道导出风机盘管机外的泄水系统。

256. 风机盘管系统怎样自然渗入新风？

风机盘管空调系统采用房间缝隙自然渗入供给新风的方式如图 2-45（a）所示。风机盘管处理的只是空调房间中的循环空气，而空调房间需要的新鲜空气则通过空调房间的房门或窗户的开启或缝隙渗入房间。采用此种空气处理方法，可使风机盘管空调系统的初投资和运行费用都比较低，但空调房间内空气的卫生要求难以保证。受无组织自然渗入风的影响，空调房间内空气的温湿度分布很不均匀。因此，这种新风供给方式只适用于室内人员较少的空调房间。

257. 风机盘管从墙洞怎样引入新风？

从风机盘管背面墙洞引入新风是指从空调房间的墙洞引入室外新风，直接进入风机盘管的方式，如图 2-45（b）所示。将风机盘管靠外墙安装，在外墙上开一适当的洞口，用风道与风机盘管相连接，从室外侧直接引入新风。新风口做成可调节的形式。在冬夏季按最小新风量运行，在春秋过渡季节加大新风量的供给。这种方式虽然能保证新风量，但室内空气参数的稳定性将受外界空气参数影响，会增大室内空气污染和噪声的程度，所以此种方式只适应用于 4～5 层以下的建筑使用。采用此种方式时，要做好风机盘管风口的防尘、防噪声、防雨水和冬季防冻等措施。

258. 风机盘管独立新风系统是怎么工作的？

风机盘管空调系统采用独立的新风系统供给新风，是把来自室外的新风经过处理后，通过送风管道送入各个空调房间，使新风也负担一部分空调负荷，其方式如图 2-45（c）、（d）所示。

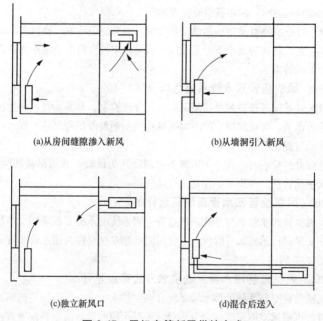

(a)从房间缝隙渗入新风　　　　(b)从墙洞引入新风

(c)独立新风口　　　　(d)混合后送入

图 2-45　风机盘管新风供给方式

采用独立的新风供给系统时，多数做法是将风机盘管的出风口和新风系统的出风口并列，外罩一个整体格栅，如图 2-45 中的（c）所示，使新风与风机盘管的循环风先混合，然后再送入空调房间内。图 2-45（d）所示的做法是将处理后的新风先送入风机盘管内部，使新风与风机盘管的回风混合后再经过盘管。此时新风与回风混合的效果比机外混合的效果要好，是一种比较理想的空气处理方式。但这种方式会增加风机盘管的负荷，排管的数目要相应增多。

风机盘管采用独立的新风供给系统时，在气候适宜的季节，新风系统可直接向空调房间送风，以提高整个空调系统运行的经济性和灵活性。新风经过处理后再送入房间，使风机盘管的负荷减少。这样，在夏季运行时，盘管大量结露的现象可得到改善。我国近年新建的风机盘管空调系统大都采用独立的新风供给方案。

259. 风机盘管双水管系统是怎么工作的？

双水管系统是指风机盘管空调系统的水路系统采用一根水管供水、一根水管回水的水路系统，称为双水管系统。这种供回水系统在夏季，供水管向空调房间内的风机盘管送冷水，供满足其制冷工况的需要；在冬季，供水管向风机盘管送热水，满足其供暖工况的需要。

双水管系统特点是结构简单、投资少，但系统供冷水、供热水的转换比较麻烦，尤其是在过渡季节，不能同时满足朝阳的房间需要制冷而背阴的房间需要供暖的需求。

260. 风机盘管双水管系统怎样分区控制？

双水管系统可按建筑物房间朝向进行分区控制。其方法是：通过区域热交换器的调节，向建筑物中的不同区域提供不同温度的冷（热）媒水，来满足各区域对温度的需求。

进行分区控制时，在一个区域中由制冷转为供暖，或由供暖转为制冷，可采取手动转换，或用集中控制的自动转换。

261. 风机盘管四水管系统是怎样的？

风机盘管四水管系统是指风机盘管空调系统的水路系统采用：冷媒水一管供、一管回；热媒水一管供、一管回的水路系统，称为四水管系统，其系统如图 2-46 所示。

262. 风机盘管四水管系统供水方式特点是什么？

风机盘管空调系统的四水管系统有两种供水方式：①向同一组风机盘管供水时，可根据空调房间的调节需要，由温度控制装置决定是向盘管内送冷水还是热水；②将风机盘管中的盘管分为两组，一组为冷水盘管，一组为热水盘管，根据空调房间的调温要求，提供冷水或热水。其控制方法和盘管的连接方式如图 2-47 所示。

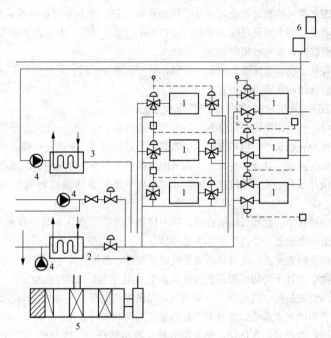

图 2-46　四水管系统

1—风机盘管；2—压缩机的蒸发器；3—蒸汽—水换热器；

4—水泵；5—表冷器；6—膨胀水箱

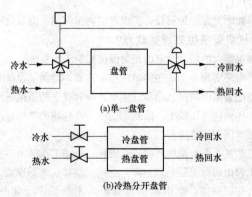

图 2-47　四水管系统和盘管的连接方式

263. 四水管风机盘管系统有哪些优点？

四水管风机盘管系统优势是采用四水管系统，可全年使用冷水和热水，从而灵活地调节空调房间的温度，设备的运行费用更低；但是四水管系统的初投资较大，管道占用的建筑空间较大。

若从节能和功能兼备的角度考虑，对于需要全年运行的风机盘管空调系统，应选用四水管系统为宜。

264. 风机盘管空调系统有哪些优点？

（1）各空调房间内可分别进行调节。通过高、中、低三挡风速开关可进行风量的有级调节；也可通过风机盘管供水量的调节，来满足空调房间内负荷变化的需要。其具有进行个别调节的灵活性，各个空调房间内的风机盘管可单独开或停，而不影响其他房间，有利于节省整体建筑物的空调运行费用。

（2）在中、低挡风速运行时，噪声较低，不会干扰人们的工作和休息，能创造一个宁静、舒适工作和生活环境。

（3）布置灵活，既可和新风系统联合使用，也可分开单独使用。在同一建筑物中的各个房间可根据其各自的需求采用不同形式的风机盘管。

（4）安装在空调房间内，采用就地回风方式进行空气调节，只需要安装新风管和供回水系统，节省了大量的建筑空间和安装费用。

（5）生产采用规格化，使选型方便；机组体积小、质量轻、使用简单，布置和安装都方便，是目前被广泛使用的空调系统末端装置。

（6）可根据季节变化和房间朝向，对整个建筑物内的空调媒（热）媒供水系统进行分区控制。

（7）可单独配置温度控制器，实现对空调房间的室温自动控制。

265. 风机盘管机组有哪些缺点？

（1）在散湿量大的场合，室内相对湿度控制不易精确。

（2）由于需要实现各个房间的单独控制装置，增加了设备的初投资。

（3）需要配置集中的冷、热源及供水系统和独立的新风系统。

（4）由于风机的静压较小，因此不能使用高性能的空气过滤器，使用风机盘管的空调房间空气洁净程度不高。

（5）分散布置在各空调房间内，给维护、修理工作带来不便。若风机盘管机组或供水管道的保温层处理不好，会产生凝露水泄漏现象。

（6）没有加湿功能，所以风机盘管机组不能用于全年有湿度要求的场所。

（7）由于受噪声指标要求的限制，所以风机的转速不能太高，风机盘管的空气余压较小，使空调房间的气流分布受到限制。

266. 对风机盘管冷媒水系统是怎么要求的？

（1）对季节运行的冷媒水系统，一般采用两管制闭式系统；对于全年运行系统的技术经济指标比较合理时，易采用四管制闭式系统。

（2）两管制冷媒水系统的竖向分区，应根据设备和管道及附近的承压能力确定。两管制系统应按建筑物朝向分区布置。为使用水量分配比较均匀，对压差悬殊的环路应设置平衡阀。

（3）风机盘管用于高层建筑时，其冷媒水系统应采用闭式循环，膨胀管应接在回水管上。

（4）对冷热两用的冷媒水系统，循环水和补给水宜采用锅炉软化水。

（5）冷媒水系统水平管段和盘管接管最高点处应设排气装置，最低点应设排污泄水阀。

（6）为了防止盘管、水泵和水管堵塞，应在水泵入口和风机盘管供水管道上装设水过滤器；在冲洗冷媒水系统干管时，污水不准通过盘管。

（7）为了对风机盘管进行检修和对系统水量进行初调平衡，应在每一水平环路的供回水平管、垂直供回水主管的两端、机组供回水支管上装设调节阀门。

（8）风机盘管安装时，应考虑凝结水盘的泄水管坡度，其坡度要大于0.01 为宜。

267. 风机盘管机组对冷媒（热）水水质有哪些要求？

冷媒水一般为闭式系统，一次投药可维持较长的时间，中央空调冷（热）水水质参数要求见表 2-3。

表 2-3 中央空调冷（热）媒水水质参数要求

项目	单位	冷媒水	热媒水
pH		$8.0\sim10.0$	$<8.0\sim10.0$
总硬度	kg/m^3	<0.2	<0.2
总溶解度	kg/m^3	<2.5	<2.5
浊度	(NTU)	<20	<20
总铁	kg/m^3	$<2\times10^{-3}$	$<2\times10^{-3}$
总铜	kg/m^3	$<2\times10^{-4}$	$<2\times10^{-4}$
细菌总数	$/m^3$	$<10^9$	$<10^9$

268. 风机盘管机组冷媒（热）水水质怎么处理？

中央空调冷（热）媒水对处理药剂参数要求见表2-4。

表2-4 中央空调冷（热）媒水对处理药剂参数要求

项目	单位	冷媒水	热媒水
钼酸盐（MoO_4 计）	kg/m³	$(3\sim5)\times10^{-2}$	$(3\sim5)\times10^{-2}$
钨酸盐（WoO_4 计）	kg/m³	$(3\sim5)\times10^{-2}$	$(3\sim5)\times10^{-2}$
亚硝酸盐（NO_2 计）	kg/m³	$\geqslant0.8$	$\geqslant0.8$
聚合磷酸盐（PO_4^{3} 计）	kg/m³	$(1\sim2)\times10^{-2}$	$(1\sim2)\times10^{-2}$
硅酸盐（SiO_2 计）	kg/m³	<0.12	<0.12

269. 风机盘管使用是怎么要求的？

（1）风机盘管机组的进水冷水温度不应低于5℃，否则可能会引起机组凝露；进水热水温度不应高于80℃（常用60℃），否则可能引起机组换热器的铜管腐蚀。

（2）风机盘管机组的运行环境温度。供冷时为16～36℃，供热时为10～30℃。空气相对湿度不大于90％。

（3）风机盘管机组只作为舒适性空调使用，不适于用在工艺性空调等特殊场合。

（4）不能将风机盘管安装于有腐蚀性气体的区域。

270. 风机盘管对工艺性空调系统有哪些影响？

风机盘管空调系统由于结构的制约，一般不能用于工艺生产中对空气环境质量的要求。如某些工艺生产的工序对温、湿度环境要求极高，温、湿度条件不仅直接影响生产工序的正常进行，而且还影响着产品的产量和质量。因为风机盘管空调系统没有精确处理空气的能力，因此不能使用在如纺织生产、精密仪器生产和药物生产等对空气环境质量要求极高的场所。

271. 风机盘管系统怎么消除有害气体？

空调房间若产生二氧化碳或存在卫生间的不良气味，生产车间产生存在有毒、有味等有害气体，以及大量散发出热量和湿量的场所，若使用风机盘管空调器，应配置相应的新风系统和排风系统，用以满足对室内空气环境质量要求。

272. 风机盘管怎么选型？

风机盘管有两个主要参数：制冷（热）量和送风量，故有风机盘管的选择有如下两种方法：

（1）根据房间循环风量选。房间面积、层高（吊顶后）和房间换气次数三者的乘积即为房间的循环风量。利用循环风量对应风机盘管高速风量，即可确定风机盘管型号。

（2）根据房间所需的冷负荷选择。由单位面积负荷和房间面积，可得到房间所需的冷负荷值。利用房间冷负荷对应风机盘管高速风量时的制冷量即可确定风机盘管型号。

确定型号以后，还需确定风机盘管的安装方式（明装或暗装），送回风方式（下送下回，侧送下回等）以及水管连接位置（左或右）等条件。

例如：对于一般的住宅和办公建筑，房间面积为 $20m^2$ 以下时，可选用 FP-3.5 型风机盘管空调器；若房间面积在 $25m^2$ 左右时，可选用 FP-5.0 型风机盘管空调器；若房间面积在 $30m^2$ 左右时，可选用 FP-6.3 型风机盘管空调器；若房间面积在 $35m^2$ 左右时，可选用 FP-7.1 型风机盘管空调器。

房间面积较大时应考虑使用多个风机盘管，房间单位面积负荷较大，对噪声要求不高时可考虑使用风量和制冷量较大的风机盘管。

第八节　诱导器与末端装置

273. 什么是诱导器空调系统？

诱导器空调系统是采用诱导器作为末端装置的半集中式空调系统。诱导器是分设于各房间或走廊顶棚的局部设备（或称末端装置），如图 2-48 所示，它由外壳、热交换器（盘管也称二次盘管，也有的不设盘管）、喷嘴、静压箱和一次风管连接组成。

274. 诱导器按冷却盘管怎么分类？

诱导器系统根据诱导器内是否设置盘管分类如下：

（1）全空气诱导器系统。空调房间的全部余热、余湿均由空气（一次风）负担的系统，又称为"简易诱导器"，其实物如图 2-49 所示。

（2）空气—水诱导器系统。空调房间的余热、余湿一部分由空气（一次风）承担，另一部分由水（水在诱导器内盘管处理的二次风）承担，其实物如图 2-50 所示。

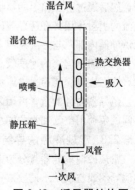

图 2-48　诱导器结构图

图 2-49　全空气诱导器　　　图 2-50　空气-水诱导器

275. 诱导器一次风与二次风是怎么定义的？

诱导器的一次风是指由送风管送入房间空气诱导器的空气。二次风是指由于空气诱导作用通过房间空气诱导器再循环房间内的空气。诱导式空调系统的一次风采用高速送风的方式，送风风道的横截面积为普通全空气系统的1/3，从而达到节省建筑空间的目的。

276. 诱导器的喷嘴与静压室有哪些作用？

诱导器的喷嘴是一种流体流过装置，它包括有一段通道，作用是使流经它的流体速度增加，从而使静压变为动压。一般诱导器喷嘴风速越高，诱导比越大，但会引起诱导器噪声过大。诱导器喷嘴的材质有金属、橡胶、塑料、尼龙等。

诱导器的静压室是保持一定压力，并带有一个或多个与管道或喷嘴相连接的引出口的空气密闭室。它的作用是：使诱导器内有一个保持一定压力的空气密闭室。

277. 诱导器是怎么工作的？

诱导器的工作原理是：经过集中处理的一次风首先进入诱导器的静压箱，然后通过静压箱上的喷嘴以很高的速度（20～30m/s）喷出。由于喷出气流的引射作用，在诱导器内部造成负压区，室内空气（又称二次风）被吸入诱导器内部，与一次风混合成诱导器的送风，被送入空调房间内。

由于喷出气流的速度较高，使诱导器内部形成局部负压，于是室内的空气（称二次风）便通过进风栅被吸入诱导器，这种吸入现象称为"诱导"。

诱导器内部的盘管可用来通入冷、热水，用以冷却或加热二次风，空调房间的负荷由空气和水共同承担。因此，诱导器也是典型的空气—水系统。

278. 常规冷源诱导器特点是什么？

常规冷源诱导器常分为带盘管和不带盘管两类。带盘管的诱导器称为冷热诱导器或空气—水诱导器。这种系统的一部分夏季室内冷负荷由集中空气处理箱处理得到的一次风负担，另一部分由水（通过二次盘管加热或冷却二次风）负担。

不带盘管的诱导器称为简易诱导器或全空气诱导器。简易诱导器不能对二次风进行冷热处理，但可减小送风温差，加大房间的送风次数。采用简易诱导器，室内所需的冷负荷全部由空气（一次风）负担，其实际上是一个特殊的送风装置。它能诱导室内一定量的空气达到增加送风量和减少送风温差的作用。

279. 冰蓄冷低温送风系统末端诱导器怎么送风？

冰蓄冷低温送风系统末端诱导器是：低温送风空调系统送风温度一般在4～10℃，比常规空调系统的送风温度低 10℃左右，因此可减少风量，节约投资和运行耗能，具有很高的实用价值。

低温送风系统常采用的送风方式是将一次空气直接送入诱导混合箱，在混合箱内一次空气与室内空气混合，再通过若干散流器送入室内。

280. 诱导器二次水系统是怎么分类的？

诱导器二次水系统的设计可分为双水管（一供一回冷热媒转换）、三水管（一管供冷水、一管供热水、一管回水）系统和四水管（冷、热水各有独立的供回水管）系统。后两种系统的计算与调节较双水管系统简单。目前在冰蓄冷制冷系统中常采用投资较省的双水管系统。

281. 冰蓄冷双水管诱导器系统是怎么工作的？

冰蓄冷双水管诱导器系统工作原理如图 2-51 所示，对于室内余热负荷

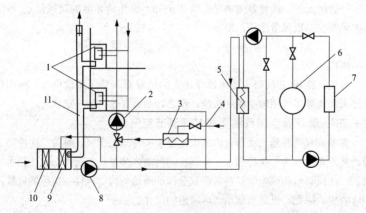

图 2-51　冰蓄冷双水管诱导器系统工作原理

1—诱导器；2—二次水泵；3—热交换器；4—热媒；5—板式隔离换热器；

6—储冰罐；7—蒸发器；8—一次水泵；9—冷却器；10—加热器；11—一次风管

较小时，经处理来的一次水首先进入一次风箱，温升后的冷水，一部分进入二次水环路与二次盘管来的回水经三通混合阀达到二次盘管要求的供水温度，另一部分与二次盘管的回水一起进入板式隔离换热器。采用这种方案时可使二次水温较高（不低于室内空气的露点），从而使二次盘管实现等湿冷却。这样易于调节使室内参数，而且可省去冷凝水管路，空调房间内的所有冷水管可不用保温处理。对于室内余热负荷较大时可采用一次水同时进入一次空气处理箱和二次盘管，这样二次盘管可按湿工况进行。

282. 诱导器有哪些工况参数？

房间空气的进口温度 23.9℃，冷媒水进口温度 10℃，一次风的进口温度 10～13.2℃（干球）。

为了确保盘管表面干燥，房间空气的露点温度应比冷媒水的进口温度低 0.56℃，喷嘴出口压力 37.5Pa，水流量 0.09L/s。

283. 诱导器的诱导比是什么？

诱导器工作时吸入的二次风量与供给一次风量的比值，称为诱导比，诱导比是评价诱导器的主要性能指标之一

$$n = \frac{q_{m2}}{q_{m1}}$$

式中：n 为诱导比；q_{m1} 为诱导器喷嘴送出的一次风量，kg/h；q_{m2} 为诱导器吸入的二次风量，kg/h。

一般情况下，诱导器的诱导比取 2.5～5。由于诱导器的送风量 q_m 等于一次风量与二次风量之和，即

$$q_m = q_{m1} + q_{m2} = q_{m1} + nq_{m1} = q_{m1}(1+n)$$

所以　　　　　　　　　　$$q_{m1} = q_m/(1+n)$$

可见，在 q_{m1} 相同时，使用诱导比大的诱导器，其送风量也大。使用诱导比大的诱导器可用较少的一次风，反之，则需要较大的一次风。

284. 诱导器空调系统夏季怎样调节空气？

夏季，在诱导器二次盘管内通以冷媒水来冷却二次风，称为二次冷却处理，其冷媒水称为二次冷却水。空调房间内的大部显热负荷由二次冷却水承担。一次风只承担剩余的显热负荷和全部的潜热负荷，这样一次风的风量可相应减少，因此，可适当缩小送风风道的尺寸。

二次冷却装置根据冷却盘管表面有无凝露现象，可分为干式冷却（又称为二次风等湿冷却）和湿式冷却（又称为二次风减湿冷却）。干式冷却要求在运行过程中将盘管表面温度控制在二次风的露点温度以上，使空气处理过

程中在冷却盘管表面无凝露现象。湿式冷却则要求在运行过程中将盘管表面温度控制在二次风的露点温度以下，使空气在冷却盘管表面出现凝露现象，达到给室内处理的空气去湿的目的。一般情况下，诱导式空调系统均为湿式冷却系统，其盘管内冷却水的水温约在 10~14℃。

285. 诱导器空调系统冬季怎样调节空气？

冬季，在诱导器二次盘管内通入热媒水来加热二次风，称为二次加热处理，其热水称为二次加热水。一般情况下，冬季供暖时，加热盘管内的二次加热水的温度约在 70~80℃。

286. 诱导器有哪些优点？

诱导器空调系统作为一次风的新鲜空气一般可满足卫生要求，二次风通过诱导器在室内循环，不用回风道，从而避免了各空调房间之间的空气相互干扰。由于诱导器内静压箱压力较高，喷嘴速度也较大，输送空气系统采用高速送风，使其风道断面仅为普通系统的三分之一，节省了建筑空间。特别有利于旧建筑物需加设中央空调系统时予以采纳。对于空气—水系统的诱导器，一部分室内负荷由二次盘管负担，从而可大大减小空气处理量，缩减集中空气处理箱尺寸，减小风道断面尺寸，更有利于节省建筑空间。

287. 诱导器有哪些缺点？

诱导器系统只能对一次风进行集中净化处理，对二次风仅进行粗过滤，所以该系统不能用于净化要求较高的房间。诱导器喷嘴风速大，有噪声，因而应加消声装置，在噪声标准要求严格的房间不宜采用诱导器系统。诱导器系统的机房设备和风道系统的初投资虽比普通集中式系统低，但诱导器本身价格较高，所以应做经济比较。

此外，由于诱导器系统风量小、风压高，其耗电量与普通集中式系统相差不多。诱导器系统新风量一般固定不变，不如普通集中式系统那样在有利的季节能最大限度地利用新风冷量并改善卫生条件。

288. 诱导器空调系统适用条件是什么？

（1）将诱导式空调系统的一次风作为新鲜空气送入空调房间，一般可满足对空气的卫生要求；其二次风通过诱导器在室内循环，因此系统不用回风风道，从而消除了各空调房间空气的相互干扰。

（2）诱导式空调系统的一次风一般采用高速送风的方式，其送风风道的横截面积为普通全空气系统的 1/3，从而节省了建筑空间，很适宜旧建筑物改造，加装空调系统时采用。

（3）诱导式空调系统冬季不使用一次风时，将盘管内通入热水就成了自然对流的散热器。

（4）诱导式空调系统的二次风，只能采取粗过滤方式，否则将影响其诱导比，因而不适于用在净化要求高的空调场所使用。

（5）诱导式空调系统由于诱导器中喷嘴处的风速比较大，因此运行中有一定的噪声，不适合用在噪声标准要求严格的空调场所。

289. 节流型末端装置的结构是怎样的？

用风门调节送风口开启大小的方法来改变空气流通截面积的末端装置，称为节流型末端装置。

典型的节流型末端装置如图 2-52 所示。

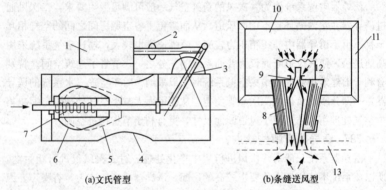

图 2-52　典型的节流型末端装置

1—执行机构；2—限位器；3—刻度盘；4—文氏管；5—压力补偿弹簧；
6—锥体；7—定流量控制和压力补偿时的位置；8—间隔板；9—皮囊；
10—静压箱；11、12—吸声材料；13—顶棚

290. 文氏管型末端装置怎么工作的？

文氏管型的节流型末端装置有一个称为文氏管型的筒体，筒体的内部装有带弹簧的锥形体构件，可在筒体中移动。文氏管有两个独立的动作部分：①随室内负荷变化、由室内温控器控制的电动或气动执行机构，用来带动锥形体中心的阀杆，使锥形体在文氏管内移动，调节锥形体与管道间的通流面积，从而达到改变风量的目的；②定风量机构，所谓"定风量"，是指机构能自动克服某一风口因风量调节造成风道内静压变化而引起的风量再分配（即风量失调）的影响。定风量机构依靠调整锥形体内的弹簧来达到定风量的目的。当风道内静压变化时，可使其内部的弹簧伸缩而使锥形体沿阀杆位移，以平衡管内压力的变化，锥形体与文氏管之间的开度再次得到调节，因

而克服了因静压变化而引起风量失调的影响，维持了空调房间所需求的风量。定风量机构通风量的范围是 $0.021 \sim 0.56 \text{m}^3/\text{s}(75 \sim 2000 \text{m}^3/\text{h})$，筒体直径有 $150 \sim 300 \text{mm}$ 等多种。当风道上游气体压力在 $75 \sim 750 \text{Pa}$ 变化时，文氏管都有维持定风量的能力。

291. 条缝送风末端装置是怎样工作的？

条缝送风节流型末端装置的送风口呈条缝形，并可串联在一起与建筑结构相配合，使送风气流贴于顶棚，即使送风量减少时，气流也不会直接下落。它的变风量与定风量作用是依靠其内部的一个橡皮囊来完成的。当室内负荷减少时，在室内温度控制器的作用下使其皮囊充气膨胀，减少了流通空气的截面积，从而达到了变风量的目的。

292. 对节流型末端装置运行时是怎么要求的？

节流型变风量末端装置主要是通过改变空气流通面积来改变通过末端装置的风量。节流型末端装置一般要满足下述要求：①能根据负荷变化自动调节风量；②能防止系统中其余风口进行风量调节而导致的管道内静压变化，从而引起风量的重新分配；③能避免风口节流时产生的噪声及对室内气流分布产生不利的噪声。

在每个房间送风管上安装有节流型末端装置。每个末端装置都根据室内恒温器的指令使末端装置的节流阀（风量调节阀）动作，改变空气的流通面积从而调节该房间的送风量。当送风量减少时，则干管内的静压就会升高，通过装在干管上的静压控制器调节风机的电动机转速，使系统的总送风量减少；同时送风温度敏感元件通过调节器调节通过空气处理室中表面冷却器（或淋水室）的水量（或水温），从而保持送风温度一定，即随着室内显热负荷的减少，送风量减少。

293. 旁通型末端装置结构是怎样的？

用分流的方法来改变送往空调房间空气流量的末端装置，称为旁通型末端装置。典型的旁通型末端装置结构如图 2-53 所示。

294. 旁通型末端装置是怎样工作的？

旁通型末端装置的工作原理是：在送风量不变的情况下，进入空调房间的风量是可根据负荷变化进行改变的。旁通型末端装置设在旁通风口与送风口上的风阀，与电动或气动执行机构相连接，控制送入空调房间内的空气量和直接作为回风，返回风道的气流量的比例，可根据空调房间内负荷的变化，随时改变送风量。这样，既节省了系统的能量，又满足了空调房间对送风量的要求。

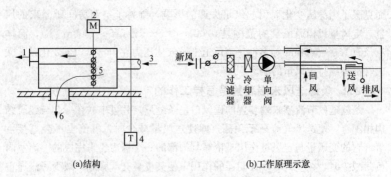

(a)结构　　　　　　　　　(b)工作原理示意

图 2-53　旁通型末端装置

1—进风；2—送风；3—回风；4—执行机构；5—温度控制器；6—风门

295. 节流型和旁通型末端装置有哪些特点？

节流型和旁通型末端装置，各有其自身的特点。总体来讲，节流型末端装置不但能节省系统二次加热的热量，还能节省系统风机的能耗，因而运行效益较好。但是由于系统内的静压变化较大，因此在节流量过大时将产生较大的噪声。旁通型末端装置与节流型末端装置相比，只有节省二次加热量的功能，而无法节省风机的耗电量，相比之下运行的经济效益较差。但是旁通型末端装置的内静压变化不大，也不会产生噪声，很适用于使用直接蒸发式表冷器的空调系统。

296. 变风量机组是怎样工作的？

变风量空调机组是由高效换热器和低噪声变风量离心通风机、框架、面板及板式初效过滤器，采用铝板网或锦纶凹凸网的滤料等部件组成。由冷冻站提供的冷媒水或由热力站提供的热媒水在水泵的作用下，在换热器内循环流动并与被处理的空气进行热交换，经过热交换的空气经降温、减湿或加热等处理后，由风机加压后经送风管送入空调房间。

变风量空调机组分可分为如图 2-54 所示的卧式、立式两种安装方式。

变风量空调机组实际上是一个大型的风量可变的风机盘管机组。机组送风机可采用低噪声变风量无级调速的离心式通风机。送风机的电动机，一般可采用调压器调速、变频调速、变极调速方法进行无级调速，由室温控制器根据室内温度传输给控制设备，改变电动机的输入电压，调节风机电动机的转速，达到变风量的目的，从而达到调节机组冷热负荷的目的。

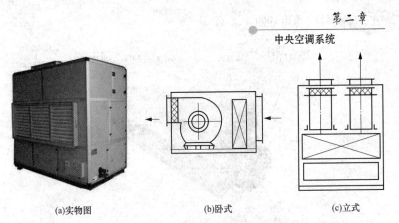

(a)实物图　　　　　(b)卧式　　　　　(c)立式

图 2-54　变风量空调机组安装方式

297. 变风量空调机组冷热源是怎么供给的?

变风量空调机组的冷热源供给方式为：冷（热）媒水流动方向采用下进、上出的安装方法，即下面是冷（热）媒水进水管，上面是出水管，在机组的最下面还有一根冷凝水排水管。进、出水管应装有橡胶软接头、阀门、水过滤器，用以防震及调节水流量和机组维修切断水源。送风管接于送出端。新风管、回风管接于回风口上。风管的长短、大小需根据计算系统的阻力、压力降，采用相匹配的机组。

298. 变风量空调系统末端装置作用是什么?

变风量空调系统的末端装置又称为变风量箱，其基本作用是：

（1）接受房间温度控制器的指令，根据室温的高低自动调节送风量。

（2）当空调系统压力升高时，能自动维持房间送风量不超过设计最大值。

（3）当房间内负荷降低时，能保证最小送风量，以满足最小新风量和室内气流组织的要求。

（4）具有一定的消声功能。

（5）当系统不使用时，能完全关闭。

299. 单风管型末端装置是怎样工作的?

单风管型末端装置如图 2-55 所示。它由进风圆筒、风量传感器、电控箱、出风口、壳体等组成。

夏季当室温升高时，需要供冷量增加，通过温度控制器的作用使风阀机构将风阀由小开大，增加送入室内的风量；当室温降低时，需要减少供冷量，通过温度控制器的作用使风阀机构将风阀由大关小，减少送入室内的风量，从而达到调整室温的目的。

图 2-55 单风管型末端装置

300. 单风管再热型变风量末端装置是怎样的？

这种形式主要用于空调区域建筑物的外区部分，其结构如图 2-56 所示。

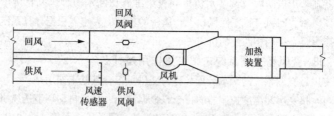

图 2-56 单风管再热型变风量末端装置结构

单风管再热型变风量末端装置的特点，就是增加了一个空气加热器，这个加热器既可以是蒸汽加热器，也可以是电加热器。它为空调房间提供一个独立的加热装置，可不受整个中央空调系统空气参数变化的影响，独立向空调房间提供热源。

301. 风机动力型变风量型末端装置是怎样的？

风机动力型变风量末端装置结构如图 2-57 所示。

风机动力型变风量末端装置由温度控制器根据室温变化的情况控制风阀的开启度，以调节向空调房间供应的风量。其主要特点是送风量可保持不变，确保室内气流组织的稳定，适合用于低温送风的空调场所。

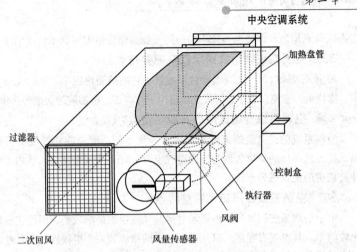

加热盘管

过滤器

控制盒

执行器

风阀

二次回风

风量传感器

图 2-57 风机动力型变风量末端装置结构

第九节 空调系统的风口及送风方式

302. 空调系统侧送风口有怎样的形式?

在空调房间内横向送出气流的风口称为侧送风口。侧送风口中用得最多的是百叶风口,百叶风口中的百叶做成活动可调形式,既能调节风量,也能调节方向。为了满足不同的调节性能要求,可将百叶做成多层,每层有各自的调节功能。

侧送风口除了有百叶风口外,还有格栅送风口和条缝送风口。格栅送风口和条缝送风口可与建筑物装饰很好地配合。

303. 空调系统散流器风口有哪些形式?

散流器是安装在顶棚上的送风口,自上而下送出气流。散流器的形式很多,有盘式散流器,气流呈辐射状送出,形式为贴附射流;有片式散流器,设有多层可调散流片,使送风呈辐射状或锥形扩散;也有将送回风口结合在一起的送、吸式散流器;另外,还有适用于净化空调系统用的流线型散流器。

304. 空调系统孔板送风口有哪些特点?

空气经过开有若干小孔的孔板进入房间,这种送风口形式称为孔板送风口。孔板送风口的最大特点是送风均匀,气流温度直线衰减快,适用于要求工作区气流均匀，区域温差较小的房间，如高精度恒温室和平行流洁净室。

305. 空调系统喷射式送风口有哪些特点?

喷射式送风口是一个减缩锥台形短管。它的减缩角很小、风口无叶片阻挡、噪声低、紊流系数小、射程长，适用于体育馆、电影院等大型公共建筑。

306. 空调系统旋流送风口有哪些特点?

空调系统的送风经旋流叶片切向进入集尘箱，形成旋转气流由栅格送出。旋流送风口的送风气流与室内空气混合较好，速度衰减快，适用于电子计算机房的地板送风系统。

307. 空调系统回风口有哪些特点?

由于空调系统回风口的汇流场对房间气流组织影响较小，因此它的形式比较简单。其形式有在回风口处设一金属网格或装一个格栅或一个百叶，并与建筑物装饰相互配合。

回风口的形状和位置根据气流组织要求而定，若设在房间下部时，为避免灰尘和杂物吸入，风口下缘离地面至少为 0.15m。

308. 空调系统侧送风口有哪些特点?

侧送侧回气流组织形式：侧送风口布置在房间的侧墙上部，空气横向送出，回风口布置在送风口同侧或另一侧。

侧送风是目前最常用的气流组织形式。风道位于房间上部，沿墙敷设，在风道的一侧或两侧开送风口。根据房间跨度的大小，可上送风、上回风；也可上送风、下回风；又可布置成单侧送、单侧回或双侧送、双侧回。

侧送风方式的特点是风口贴顶布置，形成贴附射流，侧送风方式送风的风速一般为 2~5m/s。冬季送热风时，调节百叶窗使气流向斜下方射出。

侧送风方式空调区域内的气流处于回流区，温度场和速度场均匀；气流的射流射程较长，射流可充分衰减，送风温差可达 10℃以上。由于送风温差的加大，系统送风量就可以相应地减少，既降低了通风机的能耗，又缩小了送风管道的尺寸，节省了空调设备的一次性投资。

309. 上送风、下回风的气流组织形式是怎样的?

上送下回的气流组织形式是利用空调房间顶棚上面的空间作为静压箱。常用的送风口是散流器和孔板送风口。空气在压力的作用下，通过散流器或孔板上的小孔进入室内，回风口设在房间的下部。

上送风下回风气流组织的特点是：气流在流动过程中，不断将室内空气混入，进行热湿交换。散流器和孔板送风口具有很好的扩散性，送入的气流能与室内空气进行充分混合，保证了空调区域内参数要求。

310. 上送风、上回风的气流组织形式是怎样的？

上送风、上回风的气流组织形式是把送风口和回风口叠加在一起，布置在房间上部，气流从上部送风口送下，经过工作区后回流向上进入回风口。上送上回的方式的特点是：适用于房间下部不宜布置回风口的场合，但其缺点是易发生气流短路现象。

311. 中送风、上下回风的气流组织形式是怎样的？

中送风、上下回风的气流组织形式对于大空调场所来说，一般将空调分为上下两个区域，下部为工作区，上部为非工作区。中送风、上下回风方式的特点是：进行空气调节时采用中间送风，上部和下部同时排风，形成两个气流区，保证下部工作区达到空调设计要求，而上部气流区负担排走非空调区的余热量。

312. 下送风、上回风气流组织形式是怎样的？

气流组织形式是由下部（如地板或侧墙下部）送风，由空调房间上部回、排风。此种气流组织形式的送风口布置在房间下部，回风口则布置在上部。下送上回方式的特点是：适合空调房间余热量大和热源靠近顶棚的计算机房、演播大厅、影剧院舞台等场合使用。

为了防止对人体产生吹冷风的感觉，下送风方式的送风温差较小，一般不大于 $2\sim3^{\circ}\mathrm{C}$；送风风速也较低，一般不大于 $0.5\sim0.7\mathrm{m/s}$。

第十节　空调系统噪声测试与处理设备

313. 什么是噪声？

噪声是指各种不同频率和声强的声音无规律地组合在一起即为噪声。从环保角度讲，妨碍人们工作，学习，休息，以及干扰人们所要听的声音即可称为噪声。

314. 噪声污染对人体健康有哪些影响？

噪声级为 $30\sim40\mathrm{dB}$ 是比较安静的正常环境，超过 $50\mathrm{dB}$ 就会影响睡眠和休息。由于休息不足，疲劳不能消除，人的正常生理功能会受到一定的影响。$70\mathrm{dB}$ 以上干扰谈话，造成人们心烦意乱，精神不集中，影响工作效率，甚至发生事故。长期工作或生活在 $90\mathrm{dB}$ 以上的噪声环境，会严重影响听力和导致其他疾病的发生。

315. 什么是声级计？

声级计是测量噪声的常用仪器。声信号通过传声器把声压转换成电压信号经放大后，通过计权网络，在声级计的表头上显示出分贝值。在声学测量仪器中，根据等响曲线，通常设置 A、B、C 三种计权网络。因为 A 网络对高频声敏感，对低频声不敏感，与人对噪声的频率响应特性一致，所以常以 A 网络测得的声级来代表噪声的大小，称 A 声级，记做 dB(A)。

声级计 A、B、C 三挡的读数特点是：

$L_A \approx L_B \approx L_C$　　噪声的频谱以高频为主。

$L_C \approx L_B > L_A$　　噪声的频谱以中频为主。

$L_C > L_B > L_A$　　噪声的频谱以低频为主。

316. 声级计是怎样工作的？

声级计外形如图 2-58 所示。其工作原理是：由传声器将声音转换成电信号，再由前置放大器变换阻抗，使传声器与衰减器匹配。放大器将输出信号加到计权网络，对信号进行频率计权（或外接滤波器），然后再经衰减器及放大器将信号放大到一定的幅值，送到有效值检波器（或外按电平记录仪），在指示表头上给出噪声声级的数值。

图 2-58　声级计外形

317. 空调房间对噪声的允许值是怎样的？

空调房间对噪声的允许标准见表 2-5。

表 2-5　　　　　　　　　空调房间内噪声允许标准

建筑物类型	声级计 A 挡读数
播音室、音乐厅、剧场、会议室	25～35
体育馆	45～55
车间（根据不同用途）	50～70
客房、宴会厅	35～45
酒店大厅、休息室	40～50
办公楼大会议室、主要办公室	30～40
办公楼小会议室、接待室	40～50
计算机房	55～65
医院特殊病房	30～40
手术室、病房、诊室	35～45
医院检查室、候诊室	40～50

318. 空调系统中主要噪声源有哪些?

(1)通风机的噪声和通风机叶片形式、片数、风量、风压等参数有关,空调系统所用的通风机,其噪声主要是在低频范围。

(2)风道内的气流压力变化引起护板的振动而产生的噪声。高速风道内的噪声可忽略不计。

(3)出风口风速过高引起的噪声。因此,应适当限制出风口的风速。

319. 噪声在风道中自然衰减原因有哪些?

空调系统通风机产生的噪声在经过风道传播的过程中,一是由于流动空气对风道壁的摩擦,使部分声能转换成了热能;另一部分是由于在箱体部件(风道变截面、支路、弯头等)处有部分声能被反射,因此,噪声会有衰减。

320. 什么是空调风道消声器?

空调风道中的消声器是一种在允许气流通过的同时,又能有效阻止或减弱声能向外传播的装置。其基本原理是利用声的吸收、反射、干涉等原理,降低通风与空调系统中气流噪声的装置。根据消声原理的不同可分为阻性、抗性、共振型和复合型等。一个性能好的消声器,可使气流噪声降低20~40dB(A)。

321. 阻性型消声器是怎样工作的?

阻性消声器主要是利用多孔吸声材料来降低噪声的。把吸声材料固定在气流通道的内壁上,或使之按一定的方式排列在管道中,就构成了阻性消声器。

当声能入射到吸声材料上,一部分被吸声材料吸收,这是由于吸声材料的松散性和多孔性,当声波进入孔隙,引起孔隙中空气和材料细致的振动,由于摩擦力和黏滞力,使一部分声能转化为热能而被吸收。吸声材料大都是松散而多孔的孔隙贯穿材料,常用的有超细玻璃棉、开孔型聚氨酯泡沫塑料、微孔隙声砖、木丝板等。有管式、片式、蜂窝式(格式)、折板式、声流式、室式(迷宫式)等形式消声器和消声弯头、消声静压箱等。

比较典型的折板式阻性消声器如图 2-59 所示。

322. 抗性型消声器是怎样工作的?

抗性型消声器又称膨胀性消声器,如图 2-60 所示。抗性型消声器由管和小室相连而成,由于通道截面突变,使沿通道传播的声波反射回声源方向,达到消声的目的。

图 2-59　折板式阻性消声器

图 2-60　抗性型消声器

抗性型消声器的膨胀比（大小断面积比）大于 5，不需要使用吸声材料，对中、低频噪声消除效果好，但其空气阻力大、占用空间大。

323. 共振型消声器是怎样工作的？

共振型消声器如图 2-61 所示，工作原理是：管道开孔与共振腔相连，当外界噪声的频率和共振吸声结构的固有频率相同时，引起小孔孔径处空气柱强烈共振，空气柱与颈壁剧烈摩擦，消耗声能，起到消声作用。共振型消声器不需要消声材料，一般用于消除低频噪声。

图 2-61　共振性消声器

324. 复合型消声器有哪些特点?

把阻性消声器中对消除中、高频效果显著的特点与抗性或消声器对消低频声效果显著的特点进行组合,设计成一种如图 2-62 所示的复合式消声器,有阻抗复合式、阻抗与共振复合式等,在较宽的频率范围内具有良好的消声效果。

325. 空调系统的消声器一般使用什么材料?

空调系统的吸声材料大都是疏松或多孔的物质,如玻璃棉、矿渣棉、泡沫塑料、工业毡、石棉绒、加气微孔吸声砖、加气混凝土、水泥膨胀珍珠岩板、核木丝板等。

326. 什么是空调系统管式消声器?

图 2-63 所示的管式消声器是一种最简单的消声器,它仅在管壁内贴上一层吸声材料,故又称"管衬"。特点是制作方便、阻力小,但只适用于较小的风道,直径一般不大于 400mm 风管。管式消声器仅对中、高频率吸声有一定的消声作用,对低频性能很差。

图 2-62　复合式消声器　　　　图 2-63　管式消声器

327. 空调系统片式和格式消声器怎样消声?

管式消声器对低频性能很差,对中、高额率噪声又易直通,并且当管道段面积较大时,会影响对高频噪声的消声效果,这是由于高频声波(波长短)在管内以窄束传播,当管道面积较大时,声波与管壁吸声材料接触减少,从而使高频声的消声量减少,因此对断面较大的风管可将断面分成几个格子,形成片式及格式消声器。

如图 2-64 所示的片式消声器和格式消声器要保证有效断面积不小于风道断面,因而体积较大,每格的尺寸宜控制在 200mm×200mm 左右。片式消声器的片间距一般在 100～200mm，片间距增大时，消声量会相应地下降。

图 2-64　片式和格式消声器

第十一节　室内空气的质量要求及处理方法

🖋 328. 室内空气的净化标准是什么？

室内空气的净化标准是以含尘浓度来划分的，一般民用和工业建筑的空调房间净化标准大致分为三类：

（1）一般净化。对空气含尘浓度无具体要求，只要对进入房间的空气进行一般净化处理，保持空气清洁即可。

（2）中等净化。对室内空气含尘浓度有一定要求，一般给出质量浓度指标。这种系统的洁净度等级可达 10000 级，有的可达 1000 级。

（3）超净净化。对室内空气含尘浓度提出严格要求。一般以洁净度等级表示。表 2-6 为 GB 50073—2013《洁净厂房设计规范》规定的空气洁净度等级标准，该标准与国际通用的标准一致。

表 2-6　　　　　　　　　空气洁净度等级

洁净度等级	每立方米(L)空气中≥0.5μm 尘粒数	每立方米(L)空气中≥5μm 尘粒数
100 级	≤35×100(3.5)	
1000 级	≤35×1000(35)	≤250(0.25)
10000 级	≤35×10000(350)	≤2500(2.5)
100000 级	≤35×100000(3500)	≤25000(25)

空气洁净度等级说明：表中所列的含尘浓度值为限定的最大值，例如，1000 级的洁净度等级，要求在每升空气中，粒径不小于 5μm 的尘粒数不能多于 0.25 个，而粒径大于 0.5μm 的尘粒数不能多于 35 个，而实际测量时，

则是取连续测定一段时间所测结果的平均值。

329. 空气中含尘浓度怎么表示？

空气的含尘浓度是指单位体积的空气中含有的灰尘量。它有三种表示方法：

（1）质量浓度。单位体积空气中所含的灰尘质量（kg/m^3）。

（2）计数浓度。单位体积空气中含有的灰尘颗粒数。

（3）粒径颗粒浓度。单位体积空气中所含的某一粒径范围内的灰尘颗粒数。

一般的室内空气允许含尘标准采用质量浓度，而洁净室的洁净标准（洁净度）采用计数浓度，即每升空气中不小于某一粒径的尘粒总数。

330. 空气中污尘怎样分类？

空气中的污尘根据它们的性质，可分为：

（1）粉尘。粒径一般小于 $100\mu m$。

（2）烟气。粒径一般小于 $1\mu m$。

（3）烟尘。粒径一般小于 $1\mu m$。

（4）雾。粒径一般为 $15\sim35\mu m$。

有机粒子主要有细菌（$0.2\sim0.5\mu m$）、花粉（$5\sim150\mu m$）、真菌孢子（$1\sim20\mu m$）及病毒孢子（远小于 $1\mu m$）。

一般情况下，空气净化处理所提出的含尘浓度是指粒径小于 $10\mu m$ 的污尘浓度。

331. 空调房间换气次数是怎么要求的？

空调房间换气次数是指单位时间内流经被空调房间送风量（按体积计）与房间容积的比值。空调房间换气次数的要求有两个：

（1）最小换气次数的要求。即在空调系统中换气次数受到空调精度的制约，其值不宜小于表 1-12 所列数值。

（2）各类建筑物中换气次数要求见表 2-8。

表 2-8 建筑物中换气次数

建筑物	换气次数（次/h）
图书馆、厂房	1~2
公共场所、百货商场	3~4
办公室、实验室	4~6

建筑物	换气次数（次/h）
银行大厅、停车场、浴室、旅馆	6
卫生间（排风）、医院	6~8
影剧院	6~10
餐厅	8~12
舞厅	10~12
宴会厅、洗衣店、厨房（排风）	10~15
锅炉房、发电室	15~30

332. 空调房间新风量是怎么要求的？

空调房间新风量的要求见表2-9。

表2-9　　　　　　　空调房间每人新风量标准

应用场所		吸烟程度	风量（m³/h）		单位地板面积 m³/(hm²)
			推荐	最小	
办公室	一般	少许	25.5	17	—
	个人	无	42.5	25.5	4.7
	个人	颇重	51.0	42.5	4.7
会议室		极重	85	51	23
银行		偶然	17	12.8	—
小会议室		极重	85	51	—
吧台		重	51	42.5	—
公寓	一般	少许	34	25.5	—
	豪华	少许	51	42.5	6
饭店房间		重	51	42.5	6
百货商场		无	12.8	8.5	0.9
餐厅	自助式	颇重	20.4	17	—
	常规式	颇重	25.5	20.4	—
医院	手术室	无	全新风	全新风	36
	特别病房	无	51	42.5	6
	一般病房	无	34	25.5	—
影剧院		无	12.8	8.5	
		少许	25.5	17	

333. 什么是空气过滤器？

空气过滤器是指空气过滤装置，一般用于洁净车间、洁净厂房、洁净手术室、实验室及洁净室，或用于电子机械通信设备等的防尘。

334. 空气过滤器按性能怎么分类？

按性能类别，可将过滤器分为五类：初效过滤器、中效过滤器、亚高效过滤器、$0.3\mu m$ 级高效和 $0.1\mu m$ 级高效过滤器（又称超高效过滤器）。空调器的分类及主要性能指标见表 2-10。

表 2-10　　　　　空气过滤器的分类及主要性能指标

类别	有效的捕集粒径（μm）	计数效率	阻力（Pa）
初效过滤器	>10	<20	≤3
中效过滤器	>1	20～90	≤10
亚高效过滤器	<1	90～99.9	≤15
$0.3\mu m$ 级高效过滤器	≥0.3	99.91	≤25
$0.1\mu m$ 级高效过滤器	≥0.1	99.99	

335. 空气过滤器按形式怎么分类？

空气过滤器按滤芯构造可分为四类：平板式过滤器、折褶式过滤器、袋式过滤器、卷绕式过滤器。

336. 空气过滤器按滤料更换方式怎么分类？

空气过滤器按滤料更换方式可分为两种：①可清洗或可更换式；②一次性使用式。

337. 空气过滤器按滤尘机理怎么分类？

空气过滤器按滤尘机理可分为以下两种：

（1）黏性填料过滤器。黏性填料过滤器的填料有金属网格、玻璃丝（直径约 $20\mu m$）、金属丝等，填料上浸涂黏性油。当含尘空气流经填料时，沿填料的空隙通道进行多次曲折运动，尘粒由于惯性而偏离气流方向，碰到黏性油即被粘住而捕获。

（2）干式纤维过滤器。干式纤维过滤器的滤料是玻璃纤维、合成纤维、石棉纤维以及由这些纤维制成的滤纸或滤布。滤料由极细微的纤维紧密错综排列，形成一个具有无数网眼的稠密过滤层，纤维上没有任何黏性物质。

338. 空气过滤器型号怎么表示？

过滤器的基本规格以额定风量表示，以每 1000m³/h 为 1 号，增加

500m³/h时递增0.5号，增加不足500m³/h时代号不变。

空气过滤器的型号规格表示方法如下：

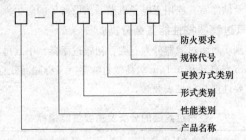

防火要求
规格代号
更换方式类别
形式类别
性能类别
产品名称

339. 空气过滤器产品代号含义是什么？

空气过滤器代号及其含义见表2-11，与国外通用标准基本接近。

表2-11　　　　　　　　空气过滤器代号及其含义

序号	项目名称	含义		代号
1	产品名称	空气过滤器		K
2	性能类别	初效过滤器 中效过滤器 亚高效过滤器 高效过滤器		C Z Y G
3	型式类别	平板式 折褶式 袋式 卷绕式		P Z D J
4	更换方式	可清洗、可更换 一次性使用		K Y
5	规格型号	额定风量	1000m³/h 1500m³/h 2000m³/h 25000m³/h 3000m³/h 以下类推	1.0 1.5 2.0 2.5 3.0 以下类推
6	要求防火	有		H

注　过滤器的外形表示方法，以气流通过方向截面垂直长度为高度，水平长度为宽度，气流通过方向为深度。

340. 什么是金属网格浸油过滤器？

金属网格浸油过滤器属于初效过滤器，它只起初步净化空气的作用。其滤料通常由一片片滤网组成块状结构，每片滤网都由波浪状金属丝做成网格，如图2-65（a）所示。但每片滤网的网格大小不同，一般是沿气流方向，网格逐渐缩小。片状网格组成块状单体〔见图2-65（b）〕，滤料上浸有油，可粘住被阻留的尘粒。

(a)块状结构   (b)块状单体

图 2-65   金属网格和块状单体

这种过滤器的优点是容尘量大，但效率低。在安装时，把一个个的块状单体做成"人"字形安装或倾斜安装，其安装方式如图2-66所示，可适当提高进风量，部分弥补由于效率低所带来的不足。

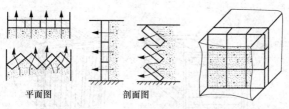

平面图   剖面图

图 2-66   两种安装方式

341. 什么是可移动式滤芯金属网格过滤器？

金属网格浸油过滤器由于滤料浸油，需要时常清洗或更换滤网，给维护工作带来一定的不便。为减少这种不便，有的浸油式过滤器设置了能自动移动的滤芯〔见图2-67（a）、（b）〕，通过滤芯的移动，可在油槽内自行清洗，因而可连续工作，只需定期清洗油槽内的积垢即可。

342. 什么是干式过滤器？

干式过滤器的应用范围很大，可用于从初效到高效的各类过滤器。用于初效过滤器时，滤料采用比较粗糙的纤维和粗孔泡沫塑料。由于初效过滤器需人工清洗或更换，为减少清洗过滤器的工作量，可采用卷绕式滤芯［见图 2-67（c）］。当滤芯的滤料用完后，可更换一卷新的滤料，使更换周期大为延长。

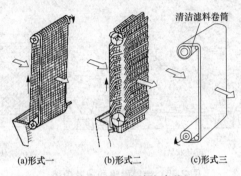

清洁滤料卷筒

(a)形式一　　　(b)形式二　　　(c)形式三

图 2-67　可移动式滤芯

中效过滤器的滤芯选用玻璃纤维、中细孔泡沫塑料和无纺布制作。所谓无纺布，就是由涤纶、丙纶、腈纶合成的人造纤维。无纺布式过滤器一般做成袋式（见图 2-68），纤维则需更换。

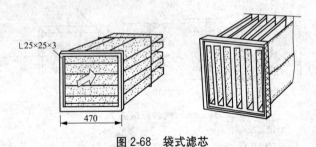

L25×25×3

470

图 2-68　袋式滤芯

343. 什么是高效过滤器？

高效过滤器的滤料为超细玻璃纤维、超细石棉纤维，纤维直径一般小于 $1\mu m$。滤料一般加工成纸状，称为滤纸。为了减小空气穿过滤纸的速度，即采用低滤速，这样就需要大大增加滤纸面积，因而高效过滤器经常做成折叠状。常用的带折纹分隔片高效过滤器如图 2-69 所示。

344. 什么是静电过滤器？

以图 2-70 所示蜂巢式高压静电空气净化装置为例，净化原理为：

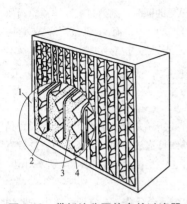

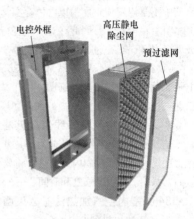

图 2-69　带折纹分隔片高效过滤器

1—滤纸；2—分隔片；

3—密封胶；4—木外框

图 2-70　蜂巢式高压静
电空气净化装置

蜂巢式高压静电空气净化装置必须制造出两个电场，一个电场使空气中尘埃荷电，称为荷电电场；另一个电场使荷电尘粒分离收集，称为分离电场。一般荷电场的放电极（金属针）连接高压直流电源的正极，分离电场的集尘极（蜂巢状）接地为负极。接通电源以后，阴极和阳极之间就建立了一个非均匀的电场，阳极的周围电场大。当放电极周围的空气全部电离后，产生了电晕。放电极（金属针）电晕范围通常只是周围几毫米处。由于电晕区的范围很小，只有负离子进入电晕内区，少量的尘粒在电晕内区通过，获得负电荷，沉积在电晕极上。正离子进入电晕外区，与电晕外区通过尘粒的碰撞，使空气中的尘粒带正电荷，捕捉到集尘板上，达到净化空气的目的。

345. 空气过滤器使用的材料是什么？

一般在净化空调系统中，所使用的初效空气过滤器采用无纺布或粗孔泡沫塑料为滤材，不得使用浸油式过滤器；中效空气过滤器使用无纺布、玻璃纤维或合成纤维为滤料；而高效空气过滤器，大多采用玻璃纤维滤纸为滤料。

346. 室内空气过滤法怎么灭菌？

细菌单体大小约为 $0.5\sim5\mu m$，细菌大小约为 $0.003\sim0.5\mu m$，它们在空气中不是以单体，而是以群体存在。这些微小的群体（范围大约 $1\sim\mu m$）大多附着在尘粒上，因此在对空气进行净化的同时，细菌也被除掉了。例如玻璃纤维纸高效过滤器，其穿透率为 0.01%；而对细菌，穿透率为 0.0001%；对病毒，穿透率为 0.0036%。所以通过高效过滤器的空气基本上是无菌的。被过滤掉的细菌，由于缺乏生存条件，也不可能生存和繁殖。因此，过滤法对于消灭室内的细菌和病毒，是十分有效的。

347. 室内空气紫外线怎么灭菌？

紫外线具有较强的灭菌能力，凡紫外线所照之处，细菌都不能存活。具体方法是：在确保房间内无人后，将紫外线灯泡放在房间或风道内，进行直接照射杀菌。照射的强度和时间，可根据空气污染的程度和细菌类别来确定。

348. 室内空气加热法怎么灭菌？

当空气被加热到 $250\sim300℃$ 时，细菌就会死亡。在空调系统中一般用电加热器加热，但是由于使空气再冷却的费用高，故较少采用。

349. 室内空气喷药法怎么灭菌？

喷药法直接在室内或送风管中喷杀菌剂灭菌。氧化乙烯等杀菌剂灭菌效果较好，但杀菌剂本身具有强烈的刺激性气味，对人体健康不利，而且还会腐蚀金属，使用时要特别注意。

350. 室内空气通风法怎么除臭？

通风法以无臭味空气送入室内来冲淡或替换有臭味的空气。例如在厨房、休息室设置排风设施，使卫生间内保持负压，避免臭味散入其他房间。

351. 室内空气洗涤法怎么除臭？

洗涤法在空调工程中，用喷水室对空气进行热湿处理，即可除去有臭味的气体或尘粒。

352. 室内空气吸附法怎么除臭？

吸附法主要靠吸附剂来吸附臭味或有毒气体、蒸气和其他有机物质。常用的吸附剂是活性炭，它主要用椰壳等有机物通过加热和专门的加工制成。活性炭内部有很多极细小的孔隙，从而大大增加了与空气接触的表面面积，1g 活性炭（体积约 $2cm^3$）的有效接触面积约为 $1000m^2$。在正常情况下，所吸附的物质质量是其本身质量的 15%～20%，达到这种程度后，就需要更换新的活性炭。活性炭的吸附性能见表 2-12。

表 2-12 活性炭的吸附性能

序号	名称	分子式	吸附保持量（%）
1	氨	NH_3	少量
2	二氧化硫	SO_2	10
3	氯	Cl	15
4	二硫化碳	CS_2	15
5	臭氧	O_3	能还原为氧气
6	二氧化碳	CO_2	少量
7	一氧化碳	CO	少量
8	吡啶（烟草燃烧生成）	C_5H_5N	25
9	丁苯酸	$C_5H_{10}O$	35
10	苯	C_6H_6	24
11	烹调味		30
12	浴厕味		30

353. 活性炭的一般使用寿命和用量是怎样的？

活性炭的一般使用寿命和使用量见表 2-13。

表 2-13 活性炭的一般使用寿命和使用量

用途	使用寿命	$1000m^3/h$ 风量的使用量（kg）
居住建筑	2 年或 2 年以上	10
商业建筑	1～1.5 年	10～12
工业建筑	0.5～1 年	16

354. 常用活性炭的型号、性能和用途是怎样的？

常用活性炭的型号、性能和用途参见表 2-14。

表 2-14 常用活性炭的型号、性能和用途

型号	DX-15	DX-30	ZX-15	ZX-40	ZL-30	ZH-30
粒径（mm）	$\phi1.5$	$\phi3.0$	$\phi1.5$	$\phi4.0$	$\phi3.0$	$\phi3.0$
水分（%）	$\leqslant3$	$\leqslant3$	$\leqslant5$	$\leqslant5$	$\leqslant5$	$\leqslant5$
强度（%）	$\geqslant85$	$\geqslant90$	$\geqslant85$	$\geqslant90$	$\geqslant90$	$\geqslant90$
CCl_4 吸附率（%）	$\geqslant60$	$\geqslant60$	对苯的防护时间$\geqslant40min$			$\geqslant54$

续表

型号	DX-15	DX-30	ZX-15	ZX-40	ZL-30	ZH-30
碘值/(mg/g)				≥700		
硫含量/(mg/g)					≥800	
用途	装填各种防毒面具和过滤器			净化污染物	净化硫化氢及其他硫化物	净化苯、醚、三氯甲烷、碳氢化合物

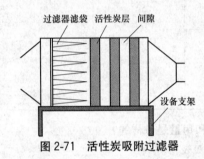

图 2-71　活性炭吸附过滤器

过滤器滤袋　活性炭层　间隙

设备支架

355. 过滤器中的活性炭怎么设置?

活性炭在中央空调系统中使用时,被加工定型,作为滤料放置在吸附过滤器内,如图 2-71 所示。为防止活性炭被尘粒堵塞,在其前面应设置其他过滤器给予保护。

356. 室内空气离子化是怎么处理的?

室内空气的离子化处理原理为:大气由于宇宙射线和地球上放射元素的放射线作用,经常含有带正电或负电的气体离子。带电的水滴和尘埃是重离子,带电的气体分子是轻离子。新鲜空气中轻离子多、重离子少;肮脏空气中轻离子少、重离子多。

科学研究表明:新鲜空气对人体健康有利的原因之一就是其中含有大量的轻负离子。它们对人体有良好的生理调节作用,如缓解高血压、风湿、烫伤等症,抑制哮喘。在空调系统中,由于对空气进行加热加湿、过滤、冷却等处理,使离子数急剧减少。这对除去重离子是有利的,但同时也减少了轻离子数。为改善房间内空气的品质,需要对空气进行离子化处理。

空气离子化是指为改善空气的品质,用人工方法使空气增加带电微粒的过程。

空气离子化就是用人为方法向空调房间释放轻负离子的方法是电晕放电法,其原理如图 2-72 所示,利用针状电极与平板电极之间在高电压作用下产生的不均匀电场,使流过的空气离子化。

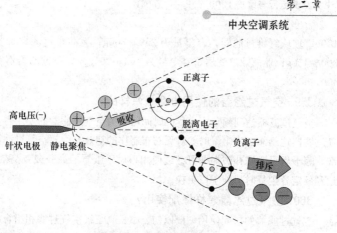

图 2-72 电晕放电法

357. 怎样衡量空气过滤器通过风量的能力？

衡量空气过滤器通过风量的能力可用面风速或滤速来表示，滤速反应滤料的通过能力，特别反映滤料的过滤性能。采用的滤速越低，将使空气过滤器获得较高的效率（这是因为低滤速的情况下颗粒更容易被粘住而达到过滤目的）；而空气过滤器允许的滤速越低，则说明空气过滤器滤料的阻力较大。

衡量过滤器通过风量的能力可用面速或滤速来表示

$$u = Q/(3600F)$$
$$v = 0.028Q/f$$

式中：u 为过滤器断面上通过气流的速度，m/s；v 为滤料面积上通过气流的速度，cm/s；Q 为风量，m³/h；F 为空气过滤器截面积即迎风面积；f 为滤料净面积，即去除粘结等占去的面积。

阻力：纤维使气流绕行，产生微小阻力。无数纤维的阻力之和就是空气过滤器的阻力。空气过滤器阻力随气流量的增加而提高，通过增大空气过滤材料面积，可降低穿过滤料的相对风速，以减小空气过滤器阻力。

358. 什么是空气过滤器容尘量？

空气过滤器的容尘量是指过滤器的最大允许积尘量，当积尘量超过此值后，过滤器阻力会变大，过滤效率下降。所以，一般规定过滤器的容尘量是指在一定风量作用下，因积尘而阻力达到规定值（一般为初阻力的 2 倍）时的积尘量。

当风量为 1000³/h 时，一般折叠形泡沫塑料过滤器的容尘量为 200～

400g；玻璃纤维过滤器，容尘量为250～300g；无纺布过滤器，容尘量为300～400g；亚高效过滤器，容尘量为160～200g；高效过滤器，容尘量为400～500g。

359. 空气过滤器的使用寿命是怎样的？

空气过滤器达到额定容尘量的时间可作为空气过滤器的使用寿命。当空气过滤器达到额定容尘量时，对无纺布制作的初效、中效空气过滤器进行清洗，晾干后只要修补破损即可继续使用；对于纸质的高效或亚高效过滤器，达到额定容尘量时只能予以更换。

360. 空气过滤器怎样搭配使用？

空气过滤器的搭配使用一般以初、中、高三级空气过滤相组合的方式进行，一般用于10万级到100级的洁净室。对于1万级到100级的洁净室，其净化空调系统可使用初效、中效、亚高效、高效四级空气过滤的组合方式。在四级空气过滤器的组合中，增加的第三级中效或亚高效空气过滤器的目的是为了提高净化空调系统的送风洁净度，延长末端空气过滤器的使用寿命，减少其更换的次数。

第十二节 洁 净 空 调 室

361. 洁净空调系统是怎么定义的？

为了使洁净室内保持所需要的温度、湿度、风速、压力和洁净度等参数，最常用的方法是向室内不断送入一定量经过处理的空气，以消除洁净室内外各种热湿干扰及尘埃污染。为获得送入洁净室具有一定状态的空气，就需要一整套设备对空气进行处理，并不断送入室内，又不断从室内排出一部分来，这一整套设备就称为洁净空调系统。

362. 洁净空调系统是怎么构成的？

洁净空调系统基本由下列设备构成：①加热或冷却、加湿或去湿以及净化设备；②将处理后的空气送入各洁净室并使之循环的空气输送设备及其管路；③向系统提供热量、冷量、热源、冷源及其管路系统。

363. 洁净空调系统按洁净度怎么命名？

净化空调系统是以空气净化处理为主的空调系统，是使空调房间内的空气洁净度达到一定级别要求的空调系统，一般按系统内各洁净室的洁净度来命名系统，如称之为100级净化空调系统，1000级净化空调系统等。有时也按系统末级过滤器的性质来区分，分高效空气净化系统、亚高效空气净化系统和中效空气净化系统。

364. 洁净室空调怎么分类？

（1）集中式洁净空调系统。在系统内单个或多个洁净室所需的净化空调设备都集中在机房内，用送风管道将洁净空气配给各个洁净室。

（2）分散式洁净空调系统。在系统内各个洁净室单独设置净化设备或净化空调设备。

（3）半集中式洁净空调系统。既有集中的净化空调机房，又有分散在各洁净室内的空气处理设备，是一种集中处理和局部处理相结合的洁净空调系统。

365. 集中式洁净空调系统的特点是什么？

集中式洁净空调系统主要有特点是：①在机房内对空气集中处理，进而送进各个洁净室；②由于设备集中于机房，对噪声和振动较容易处理；③集中处理后的洁净空气送入各洁净室，以不同的换气次数和气流形式来实现各洁净室内不同的洁净度。

366. 集中式洁净空调系统基本形式有哪些？

集中式洁净空调系统适用于工艺生产连续、洁净室面积较大、位置集中、噪声和振动控制要求严格的洁净厂房，一般有如下三种形式：

（1）直流式。系统所处理的空气全部来自室外，处理后送入室内，然后又全部排出室外。该系统方式冷、热量消耗最大，工程投资和运行费用较高，当洁净室内散发大量的有害气体，而局部排风不能解决时，采用该方式。

（2）封闭式。该系统所处理的空气全部来自空调房间本身，循环往复。当洁净室内无人长期逗留，仅为存放或为保证精密仪器正常运行，或一些无需从外界获得新鲜空气的特殊场合，可采用封闭式系统。封闭式系统没有室外新风，系统消耗冷、热量最少，但卫生条件最差。

（3）混合式。该系统不仅吸取一部分室外新风，而且还利用一部分回风，根据回风形式，有一次回风系统和二次回风系统。这种系统既能满足卫生要求，又经济合理，应用最为广泛。

367. 半集中式洁净空调系统是怎么定义的？

半集中式洁净空调系统是一种把空气集中处理和局部处理结合的系统形式，它既有分散式系统那样，能将各洁净室就地回风而避免往返输送，又能像集中式系统那样按需要供给各洁净室经空调处理到一定状态的新风，有利于洁净空气参数的控制。

368. 洁净室具有热、湿处理能力的末端装置怎么选用?

当洁净室为下列情况时,可考虑选用具有热、湿处理能力的末端装置:①当系统的洁净室内热、湿负荷较大;②各洁净室间负荷差异较大;③各洁净室使用时间不一;④各洁净室间避免互相污染。

由于室内机组具有热、湿处理能力,室内温湿度可根据要求调节。例如,在医院中使用该系统,可避免各手术室之间的交叉感染,满足各自不同的无菌要求。手术室内的温湿度,视手术性质、医生要求和病人感觉自行调节末端装置,但是这样的空调系统控制精度不高且温、湿度场以及浓度场均匀性也较差。对于较大型的末端装置,也可将一次风直接送入风机盘管内,它与回风混合后经盘管进入室内。由于室内只有一个送风口,避免了一次风对末端装置局部平行流区域的干扰。

369. 单纯净化作用的末端装置怎么选用?

具有单纯净化作用的末端装置系统,在半集中洁净空调系统中应用最多。大多数改建工程都采用这种形式。当对原有普通空调系统进行净化改造时,在原空调系统内增设过滤设备,如可在送风管的适当位置增设过滤箱,在各室送风口增设过滤器,或更换原系统过滤器等,这样就形成了单纯净化作用的末端装置系统。末端装置在室内起自循环、自净化作用,对室内洁净度是一种辅助手段。当调节末端装置的风量或改变开启末端装置台数时,可使室内实现不同的洁净度。

370. 什么是分散式洁净空调系统?

对于一些生产工艺单一,洁净室分散,不能或不宜合为一个系统,或各个洁净室无法布置输送系统和机房等场合,应采用分散式洁净空调系统,在分散式洁净空调系统中把机房、输送系统和洁净室结合在一起,称为分散式洁净空调系统。

371. 分散式洁净空调系统特点是什么?

在分散式洁净空调系统中,在各个洁净室或邻室内就地安装净化和空调设备或净化空调设备。净化空调设备可以是一个定型机组产品,它具有净化功能,但处理的风量较少,往往不能满足较高洁净度的洁净室所需风量,分散式洁净空调系统处理过程为一次回风系统。

372. 分散式洁净空调系统设备怎么放置?

洁净室的热湿负荷通常比普通空调室小,但需风量却比一般空调室大,在分散式净化空调系统中,可将风机与过滤器单元等局部净化设备放在洁净室内，或设置于邻室、套间，顶棚内等处而与洁净室相连或利用邻室、套间，顶棚等作为静压箱，并在内设置普通空调机组，以作为混风段和空气处理用，其处理过程可看作二次回风。

373. 分散式洁净空调系统制冷设备的特点是什么？

分散式净化空调系统冷源通常采用压缩式制冷机组，热源在容量不大和要求灵活性大时可采用电热。空气处理设备主要是制冷机的蒸发器、电加湿器及电加热器。当洁净室温度、湿度全年的控制精度要求较高，可采用恒温恒湿机组。它能自动调节空气温湿度，以维持室内一定温度、湿度。当洁净室仅要求夏季舒适性空调，即仅在夏季降温去湿，可采用冷风机组。它与恒温机组主要区别在于没有自动控制（采用手动控制），电加湿器和电加热器。

374. 洁净空调系统是怎么净化空气的？

洁净空调系统的净化原理是：来自室外的新风经过滤器对尘埃杂物过滤后，与来自洁净室的回风混合，通过初效过滤器过滤后，再分别经过表冷段、加热段进行恒温除湿后经过中效过滤器过滤；然后经加湿段加湿后进入送风管道，通过送风管道上的消声器降噪后送入管道最末端，以高效过滤器后进入房间。部分房间设有排风口，由排风口排出室外，其余的风通过回风口和回风管道与新风混合后进入初效过滤器继续循环。

洁净空调设备包括：空气过滤器、过滤器送风口及风机过滤器单元、洁净工作台、自净器、净化单元、装配式洁净空、空气吹淋室、净化空调机、空气处理机组、净化新风机组等。

375. 什么是洁净室？

洁净室是指将一定空间范围空气中的微粒子、有害空气、细菌等污染物排除，并将室内温度、洁净度、室内压力、气流速度与气流分布、噪声振动及照明、静电控制在某一需求范围内的房间。

376. 什么是单向流（层流）洁净室？

单向流（层流）洁净室是指：在洁净室内，从送风口到回风口，气流流经途中的断面几乎没有什么变化，加上进风静压箱和高效过滤器的均压均流作用，全室断面上的流速比较均匀，在工作区内流线单向平行，没有涡流。

377. 什么是乱流洁净室？

乱流洁净室是从来流到出流之间气流的流通截面是变化的，洁净室截面比送风口截面大得多，因而不能在全室截面或在全室工作区截面形成匀速气流。乱流洁净室的作用原理是：当一股干净气流从送风口送入室内时，迅速向四周扩散、混合，同时把差不多同样数量的气流从回风口排走，这股干净气流稀释着室内污染的空气，把原来含尘浓度很高的室内空气冲淡了，一直达到平衡。

378. 什么是洁净室内气流乱流？

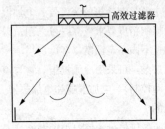

图 2-73 乱流洁净室

乱流主要是利用洁净空气对空气中尘粒的稀释作用，使室内尘粒均匀扩散而被"冲淡"。一般采用顶送下回的送、回风方式，使气流自上而下，与尘粒重力方向一致，如图 2-73 所示。送风口经常采用带扩散板或不带扩散板的高效过滤器风口，或局部孔板风口，在洁净度要求不高的场合，也可采用上侧送风、下侧回风的方式。

乱流由于受到风口形式和布局的限制，室内空气的换气次数不可能太大，也不能完全避免涡流，室内工作区的洁净度等级一般为 1000～100000。

乱流的优点是洁净室构造简单、施工方便，投资和运行费用也较低，因此应用较为广泛。

379. 什么是洁净室内气流平行流？

平行流分为水平平行流和垂直平行流两种。其运行特点是：在洁净室的顶棚或送风侧墙上满布高效过滤器，使送入房间的气流从出风口到回风口，流线几乎平行，气流横截面积也几乎不变，流线的分布空间近似一个柱体（见图 2-74、图 2-75），可有效避免涡流。此外，由于送风静压箱和高效过滤器的均压均流作用，而使"气流柱"更加均匀，将室内随时产生的尘粒迅速压到下风侧，然后排走。由于平行流要求室内气流横截面上具有一定风速，因而室内每小时换气次数可达数百次，可获得 100 级或更高的洁净度。而且平行流洁净室的自净时间（指初次运行时使房间达到洁净度要求所需的时间）也短，仅 1～2min。

380. 洁净室内怎么保持正压？

为防止室外空气渗入洁净室，污染室内空气，洁净室必须保持一定的正压。可控制系统风量分配，使送风量大于回风量与排风量之和，以获得室内正压。正压值越高，越有利于防止室外空气渗入，但同时新风量也会增大，缩短高效过滤器的使用寿命，还会使房间难以开启。因此，室内正压值不宜太高，保持 10～20Pa 的正压即可。

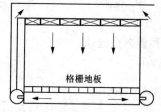

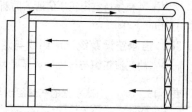

图 2-74 垂直平行流洁净室图 图 2-75 水平平行流洁净室

在非工作时间，净化空调系统停止运行时，依然要防止室外新风经由回风管进入室内。做法是：将净化系统的新风量减少到维持值班正压的要求，并可停止使用回风。如净化要求较高，可在系统内并联值班风机。如果再次使用时，所需自净时间约半小时且工件无污染可能性时，也允许在非工作时间停止送风。为防止室外空气自排风系统回灌，可设置逆止阀，一般选用水（液）阀或密封阀门。

由于维持室内要求的正压值，用调节送、回风量的方法易于得到；同时为使系统中风机压力不致太高，可采用双风机系统，其正压值可在 5～10Pa 范围内。

维持洁净室正压的具体方法有：

（1）安装余压阀。即在洁净室的下风向侧的墙下安装，预先调整余压阀维持室内正压值的开启度，通过余压阀开启、关闭调整维持正压值，采用余压阀时应注意长期使用会关闭不严。

（2）送风量大于回风量的方法维持室内正压。

（3）通过安装在回风口或支风管道上的对开式多叶调节阀来维持室内止值。这种方法简单方便，但精确度不如余压阀高。

（4）在回风口处安装空气阻尼层，阻尼层材料有尼龙纱、尼龙筛网（孔眼＞100 目）、在碱液中浸泡过的中细孔泡沫塑料、无纺布等，即通过回风阻尼层阻力逐渐增加而使室内正压增加。这种方法只适用于走廊或套间回风方式。

（5）要求洁净室（区）外围护结构密封性能良好。

381. 净化空调系统新风量是怎么要求的？

由于对室外新风进行过滤所需的投资和运行费用很大，净化空调系统要尽量减少新风量。但洁净室内应保证供有一定的新风，其数值应取下列风量中的最大值：乱流洁净室总送风量的 10%，平行流洁净室总送风量的 2%，

125

补偿室内排风和保持室内正压值所需的新风量，保证室内每人每小时新风量不少于 $40m^3$ 。

382. 洁净空调系统气流组织与送风量怎么选择？

洁净室的气流组织与送风量选择见表 2-15。

表 2-15　　　　　洁净室的气流组织与送风量选择

洁净度等级	气流组织			送风量	
	气流流型	送风主要方式	回风主要方式	房间断面风速（m/s）	换气次数（次/h）
100级	垂直平行流	顶棚满布高效过滤器顶送（高效过滤器占顶棚面积≥60%）。 侧布高效过滤器，顶棚设全孔板或阻尼层送风	格栅地板回风（满布或均匀布置）。 相对两侧墙下部均匀布置回风口	≥0.25	—
100级	水平平行流	送风墙满布高效过滤器水平送风。 送风墙局部布置高效过滤器水平送风（高效过滤器占送风墙面积≥40%）	回风墙满布回风口。 回风墙局部布置回风口	≥0.35	—
1000级	乱流	孔板顶送。 条形布置高效过滤器顶送。 间隔布置带扩散板高效过滤器顶送	相对两侧墙下部均匀布置回风口。 洁净室面积较大时，可采取地面均匀布置回风口	—	≥50
10000级	乱流	局部孔板顶送。 带扩散板高效过滤器顶送。 上侧墙送风	单侧墙下部布置回风口。 走廊集中或均匀回风	—	≥25
100000级	乱流	带扩散板高效过滤器顶送。 上侧墙送风	单侧墙下部布置回风口。 走廊集中或均匀回风	—	≥15

第三章 Chapter3

制冷剂与制冷原理

第一节 制冷基础知识

383. 怎么实现制冷？

实现制冷的途径有两种，天然冷却和人工制冷。天然冷却利用天然冰或深井水冷却介质，但其制冷量（即从被冷却物体取走的热量）和可能达到的制冷温度往往不能满足人们的需求。人工制冷是利用制冷设备加入能量，使热量从低温物体向高温物体转移的一种热力学过程。

384. 制冷是怎么定义的？

制冷是指采用人工的方法，在一定时间和一定空间内将某物质或流体冷却，使其温度降到环境温度以下，并连续维持这一温度过程的科学技术。

385. 制冷量是怎么定义的？

制冷量是指制冷设备运行时在单位时间内从密闭空间、房间或区域内移去热量的总和。单位为千焦/小时（kJ/h）或瓦（W）、千瓦（kW）。

386. 瓦特含义是什么？

瓦特（W）是国际单位制的功率单位，定义是 1 焦耳/秒（1J/s），即每秒转换、使用或耗散的（以焦耳为量度的）能量的速率。kW 即千瓦，也是功率单位，1kW=1000W

387. 名义制冷量是怎么定义的？

名义制冷量是指机组在规定的试验条件下运行时，由循环冷水带出的热量。单位为：kW。一般情况下，实际制冷量要比名义制冷量低 5%～8%。

388. 冷吨是怎么定义的？

冷吨（RT）是指 1t（吨）0℃的冰在 24 小时内变成 0℃水所吸收的热量。冷吨（RT）作为制冷量单位，通常用来标称功率较大的中央空调制冷机组的制冷量。1 冷吨（RT）可换算为 3.86kJ/s。中央空调制冷设备用到冷吨这个单位时，一般是指美国冷吨，即 1USRT＝3517W。

389. 制热量及单位是怎么定义的？

制热量是指空调装置进行制热运行时，单位时间内送入密闭空间、房间或区域内的热量总和，单位是瓦（W）、千瓦（kW）。

390. 显热是怎么定义的？

显热是指物体吸收或放出热量时，物体只有温度的升高或降低，而状态却不发生变化，这时物体吸收或放出的热量叫做显热。

用"显"这个词来形容热，是因为这种热可用触摸而感觉出来，也可用温度计测量出来。例如：20℃的水吸热后温度升高至 50℃，其吸收的热量为显热；反之，50℃的水降温到 20℃时，所放出的热量也为显热。

391. 潜热是怎么定义的？

潜热是指物体吸收或放出热量时，物体只有状态的变化，而温度却不发生变化，这时物体吸收或放出的热量叫做潜热。

潜热因温度不变，所以无法用温度计测量。物体相变时所吸收或放出的热量均为潜热，分别称为汽化潜热、液化潜热、溶解潜热、凝固潜热、升华潜热和凝华潜热。例如：在常压下，水加热到沸点 100℃后，如果继续加热，水将汽化为水蒸气，汽化过程中温度仍为 100℃不变，这时吸收的热量为汽化潜热（又称蒸发潜热）；反之，高温的水蒸气冷却到 100℃后再继续降温，水蒸气将冷凝为水，冷凝过程中温度保持 100℃不变，这时放出的热量为液化潜热（又称冷凝潜热）。

制冷系统中的制冷剂一般选用蒸发潜热数值大的物质，这是因为制冷剂在蒸发器中主要是利用由液态吸热变为气态的相变过程来达到制冷目的，这个热就是蒸发潜热。

392. 饱和温度是怎么定义的？

饱和温度是指制冷剂液体和蒸气处于动态平衡状态即饱和状态时所具有的温度。制冷剂处于饱和状态时，液体和蒸气的温度相等。饱和温度一定时，饱和压力也一定；反之，饱和压力一定时，饱和温度也一定。温度升高，会在新的温度下形成新的动态平衡状态。制冷剂的某一饱和温度必对应于某一饱和压力。

393. 压力是怎么定义的？

在制冷系统中，大量制冷剂气体或液体分子垂直作用于容器壁单位面积上的作用力叫做压力（即物理学中的压强），用 P 表示。

394. 大气压力及单位是怎么定义的?

空气对地球表面所产生的压力叫做大气压力,简称大气压,用符号 B 表示。

我国大气压一般采用国际单位制表示。

国际上规定:当 $1m^2$ 面积上所受到的作用力是 $1N$ 时,此时的压力为 $1Pa$, $1Pa = 1N/m^2$。在实际应用中,因帕的单位太小,还常采用兆帕 (MPa) 作为压力单位,$1MP = 10^6Pa$。

395. 什么是大气压力工程制单位?

工程制单位是制冷工程上常用的单位,一般采用千克力/厘米^2 (kgf/cm^2) 作单位

$$1kgf/cm^2 = 735.6mmHg \approx 0.1MPa$$

396. 标准大气压是怎么定义的?

标准大气压是指 $0℃$ 时,在纬度为 $45°$ 的海平面上,空气对海平面的平均压力。标准大气压用 atm 表示,即 $1atm = 760mmHg$。一个标准大气压近似等于 $0.1MPa$,即 $1atm \approx 0.1MPa$。

397. 绝对压力与表压力及二者关系是什么?

绝对压力是指容器中气体的真实压力称为绝对压力,用 $P_绝$ 表示。当容器中没有任何气体分子时,即真空状态下,绝对压力值为零。

表压力是指在制冷系统中,用压力表测得的压力值称为表压力,又称为相对压力,用 $P_表$ 表示。

当压力表的读数为零值时,其绝对压力为当地、当时的大气压力。表压力并不是容器内气体的真实压力,而是容器内真实压力 ($P_绝$) 与外界当地大气压力 (B) 之差,

绝对压力与表压力关系为

$$P_绝 = P_表 + B$$

398. 真空与真空度是怎么定义的?

真空与真空度不是一回事。真空是指当容器中的压力低于大气压力时,把低于大气压力的部分叫做真空,即凡压力比大气压力低的容器里的空间都称为真空。

真空度是指当容器中气体处于真空状态下的气体稀薄程度。从真空表所读得的数值称真空度。真空度数值是表示出系统压强实际数值低于大气压强的数值,即

真空度＝大气压强－绝对压强。

399. 制冷循环是怎么定义的？

制冷循环是通过制冷工质（制冷剂）将热量从低温物体（或环境）移向高温物体（如大气环境）的循环过程，从而将物体冷却到低于环境温度，并维持此低温。

400. 制冷循环状态术语有哪些？

(1) 饱和状态。制冷剂在汽化过程中，气液两相处于平衡共存的状态。

(2) 饱和温度。在某一给定压力下，气液两相达到饱和时所对应的温度。

(3) 饱和压力。在某一给定温度下，气液两相达到饱和时所对应的压力。

(4) 饱和液体。温度等于其所处压力下对应饱和温度的液体。

(5) 湿蒸气。处于两相共存状态下的气液混合物。

(6) 过热。将蒸气的温度加热到高于相应压力下饱和温度的过程。

(7) 过热蒸气。温度高于其所处压力下对应饱和温度的蒸气。

(8) 过热度。过热蒸气温度与其饱和温度之差。

(9) 过冷度。液体的温度冷却到低于相应压力下饱和温度的过程。

(10) 液体。温度低于其所处压力下对应饱和温度的液体。

(11) 干度。湿蒸气中，饱和蒸气与湿蒸气质量之比。

(12) 气液混合物。处于平衡或非平衡状态下单一物质的气相和液相的混合物。

401. 制冷剂的比焓是怎样定义的？

焓是工质在流动过程中所具有的总能量。在热力工程中，将流动工质的内能和推动功之和称为焓。

单位质量工质所具有的焓称为比焓，用符号 h 表示，单位是 kJ/kg。

402. 制冷剂的比熵是怎么定义的？

熵是表征工质在状态变化时与外界进行热交换的程度。单位质量工质所具有的熵称为比熵，用符号 s 表示，单位是 kJ/(kg·K)［或 kcal/(kg·K)］。

403. 制冷剂蒸发温度与蒸发压力关系是怎样的？

(1) 制冷剂蒸发温度。制冷剂液体（流体）汽化时候的温度。通常所说的制冷剂蒸发温度，用 t_0 表示，是制冷剂在一个标准大气压下汽化时的温度。

(2) 制冷剂蒸发压力。是指制冷剂液体在蒸发器内汽化时所具有的压力，通常用 P_0 表示。

制冷剂的蒸发温度与蒸发压力有着对应关系，即一定蒸发压力对应着一定的蒸发温度。在制冷机组调试时，可用调节蒸发压力的方法得到所需要的蒸发温度。

404. 制冷剂冷凝温度与冷凝压力关系是怎样的？

制冷剂冷凝温度是指物质（制冷剂）状态由气态转变为液态的临界温度，在制冷技术中通常用 t_k 来表示。制冷剂液化时的压力叫做冷凝压力，通常用 P_k 表示。

制冷剂冷凝温度与冷凝压力有着对应关系，即一定冷凝压力对应着一定的冷凝温度。在制冷机组测试时，可用调节冷凝压力的方法，得到所需要的冷凝温度数据。

第二节　制冷剂与润滑油

405. 制冷剂是怎么定义的？

制冷剂又称制冷工质，即在制冷系统中不断循环，并通过自身的状态变化以实现制冷的工作物质。

制冷剂在制冷系统蒸发器内吸收被冷却对象的热量而蒸发，在冷凝器内将热量传递给周围的自然介质（空气或水），从而被冷凝成液体。制冷系统借助制冷剂的这一特性，实现制冷目的。

406. 氟里昂制冷剂名称来源是什么？

氟利昂，名称源于英文 Freon，它是一个由美国杜邦公司注册的制冷剂商标。我国对氟利昂一般将其定义为饱和烃卤代物的总称。

407. 氟利昂制冷剂是怎么分类的？

（1）氯氟烃类。简称 CFCs，主要包括 R11、R12、R113、R114、R115、R500、R502 等，由于对臭氧层的破坏作用以及最大，被《蒙特利尔议定书》列为一类受控物质。

（2）氢氯氟烃类。简称 HCFCs，主要包括 R22、R123、R141b、R142b 等，臭氧层破坏系数仅是 R11 的百分之几，因此，目前 HCFC 类物质被视为 CFC 类物质最重要的过渡性替代物质。在《蒙特利尔议定书》中 R22 被限定 2020 年淘汰，R123 被限定 2030 年。

（3）氢氟烃类。简称 HFCs，主要包括 R134A（R12 的替代制冷剂）、R125、R32、R407C、R410A（R22 的替代制冷剂）、R152 等，臭氧层破坏系数为 0，但是气候变暖潜能值很高。在《蒙特利尔议定书》没有规定其使用期限，在《联合国气候变化框架公约》京都议定书中定性为温室气体。

408. 制冷剂按使用温度范围怎样分类？

根据制冷剂使用的温度范围分类，可分为高温、中温、低温三大类。

（1）高温制冷剂。又称低压制冷剂，其蒸发温度高于 0℃，冷凝压力低于 0.3MPa，如 R11、R21 等，适合使用于离心式压缩机的空调系统。

（2）中温制冷剂。又称中压制冷剂，其蒸发温度为 −50～0℃，冷凝压力为 1.5～2.0MPa，如 R12、R22、R502 等。其适用范围较广，适用于活塞式压缩机的电冰箱、食堂小冷库、空调用制冷系统、大型冷藏库等制冷装置中。

（3）低温制冷剂。又称高压制冷剂，其蒸发温度低于 −50℃，冷凝压力在 2.0～4.0MPa 范围内，如 R13、R14 等，主要用于低温的制冷设备中，如复叠式低温制冷装置中。

409. 共沸制冷剂是怎么定义的？

共沸制冷剂是由两种（或两种以上）互溶的单纯制冷剂在常温下按一定的比例相互混合而成。它的性质与单纯制冷剂的性质一样，在恒定的压力下具有恒定的蒸发温度且气相与液相的组分也相同。共沸制冷剂在编号标准中规定 R 后的第 1 个字母为 5，其后的两位数字按实用的先后次序编号，目前已被正式命名的共沸制冷剂有 R500、R501、R503、R504、R505、R506、R507、R508 和 R509，其组成及有关参数见表 3-1。

表 3-1　　　　　共沸制冷剂的组成及有关参数

制冷剂代号	组成	各组分的质量（%）	标准蒸发温度（℃）	临界温度（℃）	临界压力（kPa）
R500	R12/R152a	73.8/26.2	−33.5	105.5	4423
R501	R22/R12	75.0/25.0	−41.0		
R502	R22/R115	48.8/51.2	−45.4	82.2	4075
R503	R23/R13	40.1/59.9	−88.7	19.5	4182
R504	R32/R115	48.2/51.8	−57.2	66.4	4758
R505	R12/R31	78.0/22.0	−29.9		
R506	R31/R114	55.1/44.9	−12.3		
R507A	R125/R143a	50/50	−46.7	70.74	3715
R508A	R23/R116	39/61	−122.3		
R508B	R23/R116	46/54	−124.3		
R509A	R22/R118	44/56	−47.1		

410. 非共沸制冷剂是怎么定义的?

由两种以上沸点相差较大的相互不形成共沸的单组分制冷剂溶液组成。其溶液在加热时虽然在相同压力下易挥发比例大,难挥发比例小,使得整个蒸发过程中稳定变化。所以其相变过程是不等温的,能使制冷循环获得更低的蒸发温度,增大制冷系统的制冷量。典型的如 R407C 就是由 R32/R125/R134a 组成。R410a 就是由 R32/R125 组成。

411. 制冷剂代号是怎么规定的?

氟利昂制冷剂的种类繁多,一般常用其分子通式来命名各种氟利昂制冷剂的代号。

氟利昂的分子通式为 $C_mH_nF_xCl_yBr_z$,其中各元素的原子数分别用 m、n、x、y、z 表示。它们是按照下述规定方法来表示的:

(1) R 后面第一位数字表示氟利昂分子中含碳元素的原子数目 m-1。若该值为零时,可省略不写。例如二氟二氯甲烷的分子式为 CP_2Cl_{12},因为 m-1=0,第一位数字可省略不写。

(2) R 后面第二位数字表示氟利昂分子式中含氢元素的原子数目加上 1。如上例中的 n=0,加上 1 后为 n+1=1。

(3) R 后面第三位数字表示氟利昂分子式中含氟元素的原子数目。如上例中的 x=2,则二氟二氯甲烷的代号为 R12。

(4) 若分子式中有溴原子存在,则在最后增加字母 B,并附以表示溴原子数的数字。例如三氟溴甲烷,其分子式为 CF_3Br,可写成 R13B1。

氟利昂类制冷剂化学性能稳定,可燃性低,基本无毒,只是其蒸气在与明火接触时才会分解出剧毒光气。

412. 对制冷剂是怎么要求的?

(1) 工作温度和工作压力要适中。在蒸发温度与冷凝温度一定的制冷系统中,采用不同的制冷剂,就有着不同的蒸发压力与冷凝压力。一般要求是:蒸发压力不低于大气压,以防止空气渗漏;冷凝压力不得过高,一般以不超过 1.5MPa 为宜,以减小对系统密封性能、强度性能的要求。

(2) 要有较大的单位容积制冷量。制冷剂的单位容积制冷量越大,在同样的制冷量要求下,制冷剂使用量就越小,以利于缩小设备尺寸;若在同样规格的设备中,可获得较大的制冷量。

(3) 制冷剂临界温度要高,凝固点要低。当环境温度高于制冷剂临界温度时,制冷剂就不再进行气、液间的状态变化。因此,制冷剂的临界温度高,便于在较高的环境温度中使用;凝固点低,在获取较低温度时,制冷剂不会凝固。

（4）制冷剂的导热系数和放热系数要高。这样可提高热交换的效率，同时减小系统换热器的尺寸。

（5）其他要求。①不燃烧，不爆炸，高温下不分解；②无毒，对人体器官无刺激性；③对金属及其他材料无腐蚀性，与水、润滑油混合后也无腐蚀作用；④有一定的吸水能力；⑤价格便宜，易于购买。

413. 怎么区分氟利昂对大气臭氧层破坏程度？

为区分氟利昂对大气臭氧层的破坏程度，常将 R 分别用 CFC、HCFC、HFC、HC 代替。

（1）CFC。氯氟化碳，含氯、不含氢，公害物，严重破坏臭氧层，禁用。

（2）HCFC。氢氯氟化碳，含氯、含氢，低公害，属于过渡性物质。

（3）HFC。氢氟化碳，不含氯，无公害，可作为替代物。

（4）HC。碳氢化合物，不含氯、不含氟、无公害，可作为替代物。

414. 中央空调系统制冷机组使用哪些制冷剂？

按照离心式制冷压缩机的特性，宜采用分子量比较大的制冷剂，目前离心式制冷机所用的制冷剂有 R134a。活塞式压缩机和螺杆式压缩机中应用最广泛的是 R22。随着环保要求的升级，制冷机组使用的制冷剂也在不断更新与替换。

415. R22 制冷剂有哪些特性？

二氟一氯甲烷（$CHClF_2$）的代号为 R22。R22 不易燃烧、不易爆炸，毒性比 R12 稍大。与 R12 一样，R22 与明火接触时，会分解出有毒的"光气"，因此，在检修制冷机需用明火时，应对制冷系统内部充分换气（吹气）。操作时应对环境进行通风，以防止氧气不足而危害人身安全。在用卤素检漏灯检漏时，也要注意对"光气"的预防。

R22 在钢铁、铜的容器中，能长时间在 135～150℃ 的温度中工作，超过这温度就会逐渐热分解。它与冷冻油起作用，除酸和水外，使油中的碳游离出来，生成积炭。在与铁共存情况下，温升高到 550℃ 时会分解。

R22 的标准沸点为 -40.8℃，比 R12 低，在同一温度下的饱和压力比 R12 高。R22 是中温制冷剂，当用水作冷却介质时，其冷凝压力一般应不超过 1.53MPa；当用风冷却时，其冷凝压力一般应不超过 21.6MPa 为宜。

水在 R22 中的溶解度比 R12 大 10 倍以上，而且温度越低，其含水量的比例越高。因此，要求 R22 中含水量不超过 $40～60×10^{-6}$。

R22 与润滑油是微溶解，在压缩机泵壳内和冷凝器内相互溶解，而在蒸发器内分离，则其溶解度随着温度的变化而变化，温度较高时，油在 R22 液体中的溶解度较大，两者互相溶解，组成均匀的溶液。温度逐渐下降时，溶解度便不断减小，当温度降到某一临界数值以下时，溶液便分为两层。各具有不同的浓度，在上层的主要是润滑油，在下层的主要是 R22。

R22 对金属的作用也与 R12 相同。但对有机物质，则比 R12 有更强的腐蚀性。如对合成橡胶、塑料的溶胀作用较大，但对氯丁橡胶溶胀作用较小。

R22 的渗透性强，比 R12 更易泄漏，因此，其密封性要求更高。

R22 的单位容积制冷量比 R12 大 50％左右。很多使用 R12 的制冷装置都改用 R22，特别是小型空调器的制冷剂，全部选用 R22。

R22 的电气性能良好、绝缘性能优良，只是在液相时的介电常数高，绝缘电阻低。因此，在封闭式系统中使用 R22 时，对电气绝缘材料和杂质要特别注意。

416. R417A 制冷剂的基本特性是什么？

R417A 制冷剂是目前正在推广使用替代 R22 的理想制冷剂，最早是由法国 Rhodia 公司（该制冷剂业务现已被美国杜邦公司收购）研制。美国采暖、制冷与空调工程师学会（ASHRAE）授予的编号是 R417A，其臭氧消耗潜值 ODP 为零，可完全替代 R22 的旧系统和新设备，为目前全世界广泛接受的环保制冷剂。

制冷剂 R417A 能与现有的冷冻油互溶，适合典型的 R22 直接膨胀（DX）系统使用。在一个标准大气压下的蒸发温度是 -41.8℃。它与 R22 的工作压力和效能十分接近，是代替 R22 的长远解决方案，而不需要对设备和系统进行改动，适用于各种使用 R22 的空调设备。

目前，制冷剂 R417A 在欧洲替换制冷剂市场占 80％以上的市场份额，被广泛地用于商场、宾馆饭店和写字楼场所等空调系统制冷剂的替换，其节能、环保、高效和替换简单（不用换压缩机和膨胀阀）等特点，使其已成为欧洲替换 R22 的首选产品。

417. R134a 制冷剂有哪些特性？

（1）R134a 是一种新型环保型制冷剂，它的温室效应潜能很小，对臭氧层几乎无害，是目前替代 R12 较为理想的制冷剂。

（2）R134a 无色、无味、不燃烧、不爆炸，与 R12 的性质很相近，在标准大气压下，沸点为 -26.5℃，凝固点为 -101℃；对臭氧破坏系数为零，化学性质稳定。

（3）R134a的导热系数明显高于R12，传热能力较R12好，热交换气体积可缩小。

（4）当温度在17℃以上时，R134a的饱和压力比R12高；而低于17℃时，R134a的饱和压力则比R12低。

（5）R134a对漆包线的腐蚀性强，对橡胶材料的使用范围也发生了变化。R12适用的橡胶材料主要有：氯丁橡胶和丁腈橡胶。R134a适用的橡胶材料主要有：氯丁橡胶、高丁腈橡胶、尼龙橡胶。

（6）R134a气体比容较大，因此在相同容量的压缩机条件下，R134a系统工质流率较小。

（7）R134a不能与烷烃类润滑油互溶，润滑油应改为与R134a相溶的聚烯烃乙醇（PAG）。

（8）R134a不能用卤素法检漏。

（9）R134a的溶水性与R12相近。

418. R410A 制冷剂有哪些特性？

R410A由R32（CH2F2）/R125（C2HF5）=50/50组成。R410A外观无色、不浑浊、易挥发、无毒、稳定性好、不溶水、与脂类润滑油相溶。在标准大气压下，其沸点是$-51.6℃$，滑移温度仅0.05℃，临界温度72.5℃，临界压力4.95MPa，凝固点$-155℃$。ODP＝0，GWP＝1900。不会破坏臭氧层，但温室效应值较高。

R410A的性质与R22比较，性能系数比R22高，其特性包括：

（1）潜热比R22高7.4%，饱和气体密度比R22高约40%，所以相同排气量的压缩机，其容积能力约为R22的1.5倍。

（2）在平滑管的传热系数比R22高25%，在螺纹管的传热系数比R22高29%。

（3）工作压力约为R22的1.6倍，在压力容器的构造规格上，必须做严格的要求，以确保运转中的安全。

（4）成分中R32具可燃性，空气中体积比例大于13%即有燃烧的危险，应做好其日常安全管理。

419. ODP、GWP 是怎么定义的？

ODP（ozone depression potential）即消耗臭氧潜能值。ODP值越小，制冷剂的环境特性越好。根据目前的水平，认为ODP值不大于0.05的制冷剂是可以接受的。

GWP（Global Warming Potential）即全球变暖潜能值。GWP是一种物

质产生温室效应的一个指数。GWP 是在 100 年的时间框架内，各种温室气体的温室效应对应于相同效应的二氧化碳的质量。二氧化碳被作为参照气体，是因为其对全球变暖的影响最大。

420. TEWI 是怎么定义的？

TEWI（Total Equivalent Warming Impact）是总体温室效应的缩写。用它可评测某种制冷剂在制冷系统中运行若干年而造成对全球变暖的影响。

为了降低 TEWI 值，可从以下几方面着手：

（1）用 GWP 值低的制冷剂。

（2）力求减少制冷系统的泄漏。

（3）降低制冷系统的制冷剂充注量。

（4）在制冷装置维修或废弃时提高制冷剂的回收率。

（5）提高制冷系统的 COP 值以降低能耗。

421. 臭氧是怎样产生的？

臭氧（O_3）又称为超氧，是氧气（O_2）的同素异形体，在常温下，它是一种有特殊臭味的淡蓝色气体。臭氧主要分布在 10～50km 高度的平流层大气中，极大值在 20～30km 高度之间。在常温常压下，稳定性较差，可自行分解为氧气。臭氧具有青草的味道，吸入少量对人体有益，吸入过量对人体健康有一定危害，不可燃，纯净物。氧气通过电击可变为臭氧。

422. 臭氧对地球有什么作用？

地球形成早期，围绕地球的大气是还原性的，主要由氮、氢、甲烷、氨等还原性气体和少量水蒸气构成。后经过亿万年演变，经历了水的不断光解和植物的光合作用，氧的浓度逐渐增高。在紫外光作用下，一部分氧气转变为臭氧。在多种光化学反应的综合作用下，大气中维持着氧和臭氧之间的平衡，形成了人类和万物生存所必需的相对稳定的臭氧层。

臭氧层是指大气平流层中 20～26km（也有说是 20～50km）高度的大气中臭氧浓度较高的部分，其主要作用是吸收短波紫外线。假设将这层臭氧单独分离拿到地面，在绝对温度 273K 和 1 个标准大气压下，可构成一个 2.9mm 厚度的纯臭氧气层。这说明，像"蕾丝窗帘"一样的东西正在保护着地球不受紫外线的伤害。

423. 臭氧为什么是无形杀手？

低浓度的臭氧可消毒，但超标的臭氧则是个"无形杀手"。高浓度的臭氧会对人类造成以下伤害：

（1）它强烈刺激人的呼吸道，造成咽喉肿痛、胸闷咳嗽、引发支气管炎和肺气肿。

（2）臭氧会造成人的神经中毒，头晕头痛、视力下降、记忆力衰退。

（3）臭氧会对人体皮肤中的维生素 E 起到破坏作用，致使人的皮肤起皱、出现黑斑。

（4）臭氧还会破坏人体的免疫机能，诱发淋巴细胞染色体病变，加速衰老，致使孕妇生畸形儿。

（5）复印机墨粉发热产生的臭氧及有机废气更是一种强致癌物质，它会引发各类癌症和心血管疾病。

因此，在日常工作中人们应注意对臭氧伤害的防护。

424. 怎样快速鉴定制冷剂是否含有杂质？

通常是制冷剂种类和纯度的测定，应由化验部门进行，在空调制冷装置场所要判断制冷剂的纯度和种类可用简易方法进行。测定制冷剂中油和杂质含量多少的一般方法为：取一张清洁的白纸，对着倒置制冷剂钢瓶的瓶口，稍微放出一些液体制冷剂，观察它在自然蒸发后留在白纸上的痕迹，不含杂质纯度高的制冷剂，不会留下什么痕迹或痕迹不明显；纯度不高含有杂质的制冷剂，会在纸上留下明显的痕迹。若发现制冷剂含有杂质，应重复再做一次测试，以确认制冷剂的是否含有杂质，若制冷剂含有杂质，纯度太差会对制冷系统的制冷效果有一定的影响，应考虑更换制冷剂或对制冷剂机械再生处理。

425. 制冷剂的储存是怎么要求的？

制冷剂一般都是储存在专用的钢瓶内，储存不同制冷剂的钢瓶其耐压程度不同。为标明盛装不同种类的制冷剂，一般在制冷剂钢瓶上涂以不同的颜色，以示区别（氨瓶黄色，氟瓶为银灰色），同时注明缩写代号或名称，防止用错。

储存不同制冷剂的钢瓶不能互相调换使用。存放制冷剂的钢瓶切勿放在太阳下曝晒和靠近火焰及高温的地方，同时在运输过程中防止钢瓶相互碰撞，以免造成爆炸的危险。

钢瓶上的控制阀常用一帽盖或铁罩加以保护，使用后须注意把卸下的帽盖或铁罩重新装上，以防在搬运中受撞击而损坏。

当钢瓶中制冷剂用完时，应立即关闭控制阀，并在瓶口上装上闷堵，以免漏入空气或水蒸气。对于大型的制冷剂钢瓶还应装好瓶帽，以防在运输过程中碰坏瓶阀。

制冷剂钢瓶在开启过程中应避免人体与制冷剂液体接触，更不能让制冷剂液体触及人的眼睛。

在储存制冷剂房间内若发现制冷剂有大量渗漏时，必须把门窗打开对流通风，以免造成人窒息。

若从系统中将制冷剂抽出压入钢瓶过程中，应用水冲钢瓶，使其得到充分的冷却。制冷剂的充注量只能占钢瓶容积的80%左右为宜，使其在常温下有一定的膨胀余地。

426. 制冷剂钢瓶储存是怎么要求的？

当我们拿到一种制冷剂，对其特性和其钢瓶的安全储存有哪些基本要求不是很熟悉时，只要掌握以下要求，就可以保证其安全使用了。

（1）开、关制冷剂钢瓶的阀门，必须用专用扳手或其他工具。

（2）向系统充注制冷剂时，如需对钢瓶加温，最好使用温度不超过65℃的温水，不得用明火对钢瓶加热。

（3）钢瓶最好直立存放，这样杂质就可留在瓶底，而不致进入排液管。

（4）不得在阳光直射的地方或周围温度超过安全阀规定值的地方存放制冷剂瓶。

（5）制冷剂钢瓶应按规定定期检查，不得使用超过检查期的钢瓶。

（6）不得擅自改变制冷剂瓶上的安全装置。

（7）不得把过量的制冷剂充入制冷剂瓶。

（8）不得自行修理制冷剂瓶。

（9）不得跌倒、敲击、碰撞制冷剂瓶。

（10）不得把不同种类的制冷剂灌入同一个瓶内。

（11）制冷系统充灌制冷剂完毕后，应立即将制冷剂钢瓶移离现场。

427. 制冷剂分装是怎么要求的？

（1）制冷剂分装之前，要对准备分装的小氟里昂钢瓶进行捡漏试验，即向准备分装的小氟里昂钢瓶中打入0.8～1MPa压力的氮气，检查其瓶阀口处有无泄漏现象。

（2）要对准备分装的小氟里昂钢瓶进行清渣处理，即在小氟里昂钢瓶中还有一点压力氮气的情况下，将小氟里昂钢瓶倒立，打开其瓶阀的阀口将瓶中的金属渣子倒出。

（3）用真空泵对小氟里昂钢瓶进行抽真空工作，使小氟里昂钢瓶达到真空要求。

（4）制作一根分装制冷剂的专用加氟装置（即用两根加氟管，中间串联上一个干燥过滤器）。

428. 怎样将大瓶中的制冷剂分装到小瓶中？

（1）如图 3-1 所示，用角铁制作一个倾斜角为 45°，架子的高端高度在 1m 左右，低端在 0.5m 左右的专用支架。

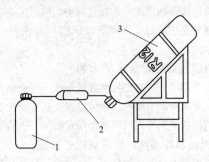

图 3-1 制冷剂分装
1—小制冷剂钢瓶；2—干燥过滤器；3—大制冷剂钢瓶

（2）将大氟里昂钢瓶按瓶底放在高处，瓶口放在低处的方式，将其放到专用支架上。

（3）将已做好真空处理的小氟里昂钢瓶，瓶口朝上放在地砰上，称出其瓶重。

（4）将大氟里昂钢瓶的阀口上装好加氟管，加氟管的另一端与小氟里昂钢瓶的阀口虚接。

（5）用专用工具将大氟里昂钢瓶瓶阀稍微开启一点，待看到小氟利昂钢瓶的阀口虚接处有氟利昂气体的白色气雾喷出时，迅速将加氟管与小氟里昂钢瓶的阀口虚接处拧紧。

（6）打开小氟里昂钢瓶的阀口，使液态制冷剂进入小氟里昂钢瓶中。待达到小氟利昂钢瓶额定充装量的 2/3 时，关闭大氟里昂钢瓶的阀口。2～3min 后，关闭小氟利昂钢瓶的阀口即可。

429. 冷冻油是怎样定义的？

冷冻润滑油是指用于制冷压缩机内各运动部件润滑的油称为冷冻油。在制冷压缩机中，冷冻油主要起润滑、密封、降温及能量调节等功能。

430. 冷冻润滑油在制冷系统中有什么作用？

（1）润滑相互摩擦的零件表面，使摩擦表面完全被油膜分开，降低压缩机的摩擦功、摩擦热和零件的磨损。

（2）带走摩擦热量，降低压缩机摩擦部件的表面温度，使摩擦零件的温度保持在允许范围内。

（3）使活塞环与汽缸镜面间、轴封摩擦面等处密封部分充满润滑油，以阻挡制冷剂的泄漏。

（4）带走金属摩擦表面产生的磨屑。

431. 冷冻润滑油给制冷系统运行带来哪些问题？

冷冻润滑油虽然能给制冷系统正常工作带来保证，但也会引起一些问题，这主要反映在：

（1）冷冻润滑油的黏度对制冷系统的影响。黏度是冷冻润滑油的主要性能指标之一。如果黏度高，会使摩擦功率增大，起动力矩大；黏度过低，则会降低润滑的质量。一般来说，冷冻润滑油黏度随着温度的升高而降低，随着温度的升高而增加。因此，希望润滑油随温度引起的黏度变化要尽量小。

（2）冷冻润滑油的溶解性对制冷系统的影响。冷冻润滑油的溶解性是对制冷剂而言的，对不同的制冷剂，溶解性不同。R22 制冷剂与冷冻润滑油相溶程度受温度的影响，在低温区温度降低到一定程度时，制冷剂和冷冻润滑油分层流动，影响制冷剂吸放热效果，并使冷冻润滑油也不易被压缩机吸回。

432. 冷冻润滑油是怎样分类的？

冷冻润滑油可分为两类：①传统的矿物油；②合成的多元醇酯类油如POE（PolyolEster），常称聚酯油 PAG（PolyalkyleneGlyco1），也是合成的聚（乙）二醇类润滑油，

它们中文名不十分统一。POE 油不仅能良好地用于 HFC 类制冷剂系统中，也能用于烃类制冷剂。PAG 油则可用于 HFC 类、烃类及氨作为制冷剂的系统中。

433. 冷冻润滑油浊点是怎么定义的？

冷冻油润滑油的浊点是指温度降低到某一数值时，冷冻油中开始析出石蜡，使润滑油变得混浊时的温度。制冷设备所用冷冻油的浊点应低于制冷剂的蒸发温度，否则会引起节流阀堵塞或影响传热性能。

434. 冷冻润滑油浊点是怎么要求的？

冻润滑油浊点的要求是：冷冻润滑油的浊点应低于制冷剂的蒸发温度，因冷冻润滑油与制冷剂互相溶解，并循环流动于制冷系统的各部分，若冷冻机油中有石蜡析出，石蜡就会积存在节流阀孔而形成堵塞，若积存在蒸发器内表面，就会增加热阻，影响传热效果。

435. 冷冻润滑油凝固点是怎么定义的？

冷冻油在实验条件下冷却到停止流动的温度称为凝固点。制冷设备所用冷冻油的凝固点应越低越好（如使用 R22 为制冷剂的压缩机，冷冻润滑油凝固点应在−55℃以下），否则会影响制冷剂的流动，增加流动阻力，从而导致传热效果差。

436. 冷冻润滑油闪点是怎么定义的？

冷冻润滑油的闪点是指润滑油加热到它的蒸气与火焰接触时发生闪火的最低温度。制冷设备所用冷冻油的闪点必须比排气温度高 15～30℃以上，以免引起润滑油的燃烧和结焦。

R22 的制冷机组用冷冻润滑油的闪点应在 160℃以上。闪点高的冷冻机油，其热稳定性良好，在高温时也不容易结炭。

437. 冷冻润滑油的含水量是怎么定义的？

润滑油中不应含有水分，因为水分不但会使蒸发压力下降，蒸发温度升高，而且会加剧油的化学变化及腐蚀金属的作用。水分在氟利昂压缩机中还会引起"镀铜现象"，使铜零件与氟利昂发生作用而分解出铜，并积聚在轴承、阀门等零件的铜质表面上。结果使这些表的厚度增加，破坏了轴承的间隙，使机器运转不良。这种现象出现在封闭式和半封闭式压缩机中较多。

一般新油中不含有水分和机械杂质，因为用于制冷压缩机的润滑油，在生产过程中都经过了严格的脱水处理。但脱水润滑油具有很强的吸湿性，所以在储运、加油时，应尽量避免和空气接触。

438. 冷冻润滑油机械杂质的危害有哪些？

用汽油或苯将冷冻润滑油溶解稀释，并用滤纸过滤后所残存的物质称为冷冻润滑油的机械杂质。冷冻润滑油中的机械杂质会加速零件的磨损和油的绝缘性能降低，堵塞冷冻润滑油通道，所以冷冻润滑油中的杂质也是越少越好，一般规定不超过 0.01%。

439. 冷冻润滑油的击穿电压是怎么定义的？

击穿电压是一个表示冷冻润滑油绝缘性能的指标，冷冻润滑油本身的绝缘性能很好，但当其含有水分、纤维、灰尘等杂质时，冷冻润滑油绝缘性能就会降低。

制冷系统使用的半封闭式和全封闭式压缩机，一般要求润滑油的击穿电压在 25kV 以上。这是因为冷冻润滑油要直接与半封闭式和全封闭式压缩机电动机绕组接触。

440. 对冷冻润滑油是怎么要求的？

（1）润滑油在与制冷剂混合的情况下，能保持足够的黏度。润滑油黏度一般用运动黏度来表示，单位是 m^2/s。

（2）凝固点应较低，一般凝固点应低于制冷剂蒸发温度 5～10℃。

（3）制冷压缩机选用的润滑油的闪点应比其排气温度高 15～30℃，以免引起润滑油燃烧和结炭。

（4）制冷压缩机所使用的润滑油不应含有水分和杂质。润滑油中若有水分存在，将会破坏油膜，并导致系统产生"冰堵"，引起润滑油变质和对金属产生腐蚀等问题。润滑油中若混有机械杂质将会使运动部件磨损加剧，造成油路系统或过滤器堵塞。

（5）压缩机中的润滑油使用时应具有良好的化学稳定性，对机械不产生腐蚀作用。

（6）润滑油要有良好的绝缘性，要求润滑油的击穿电压高于 2500V。

441. 国产冷冻润滑油按黏度等级怎样分类？

我国目前冷冻机油规格是按照 GB/T 16630—2012《冷冻机油》标准生产的，40℃时运动黏度中心值分为 N15、N22、N32、N46 和 N68 五个黏度等级，以前颁布的冷冻机油规格是按 50℃时的运动黏度值而分为 13、18、25 和 30 四个牌号。

442. 冷冻润滑油的参数有哪些？

国产冷冻润滑油，按其 50℃时黏度大小分为 N15、N22、N32、N46 和 N68 等牌号，其中，N15 冷冻润滑油具有较高的化学稳定性，是一种优质冷冻润滑油，适用于以 R12 作制冷剂的压缩机。

国产制冷润滑油的规格见表 3-2。

表 3-2　　　　　　　　国产制冷润滑油的规格

标号\项目	N15	N22	N32	N46	N68
运动黏度（50℃时）（mm^2/s）	10～20	20～30	30～40	40～50	≥60
凝固点（℃）不高于	−40	−40	−40	−40	−60
闪点（开口）（℃）	160	160	170	180	165～170
酸值［mg/(KOH)］/g 不大于	0.10	0.03	0.02	0.10	0.05

项目 \ 标号	N15	N22	N32	N46	N68
灰分（%）不大于	0.01	0.01	0.01	0.01	—
机械杂质（%）不大于			0.007		
水分					
适用工质（推荐）	R717	R12	R717、R22	离心式	—

443. 引起冷冻润滑油变质的原因有哪些?

（1）混入水分。由于制冷系统中渗入空气，空气中的水分在与冷冻润滑油接触后便混合进去了；另外，也有可能是由于氨中含水量较多时，使水分混入冷冻润滑油。冷冻润滑油中混入水分后，会使黏度降低，引起对金属的腐蚀。在氟利昂制冷系统中，还会引起管道或阀门的冰堵现象。

（2）氧化。冷冻润滑油在使用过程中，当压缩机的排气温度较高时，就有可能引起氧化变质，特别是氧化稳定性差的冷冻润滑油，更易变质，经过一段时间，冷冻润滑油中会形成残渣，使轴承等处的润滑变坏。

（3）冷冻润滑油混用。几种不同牌号的冷冻润滑油使用时，会造成冷冻润滑油的黏度降低，甚至会破坏油膜的形成，使轴承受到损害。如果两种冷冻润滑油中，含有不同性质的抗氧化添加剂，混合在一起时，就有可能发生化学变化，形成沉淀物。使压缩机的润滑受到影响，故使用时要注意。

444. 怎样判断冷冻润滑油是否变质?

鉴别润滑油质量变化与否，应通过化验的方法得出结论。在日常工作中，没有化验的条件时，可用简易的方法，从外观、颜色、气味直观地判断其好坏。其常用方法有两种：

（1）观察法。好的冷冻润滑油应是透明的。当其变质时，颜色要变深。观察时可用滴管将待测润滑油的油样滴在白色吸水纸上，若在油滴中央部分无黑色痕迹，则说明没有变质；若能观察到有黑色痕迹，则说明润滑油已经变质。

（2）对比法。取标准的冷冻润滑油倒入玻璃试管或量筒内静置一段时间后，作为标准式样。再从压缩机中放出一点需要判断的冷冻润滑油，也倒入同样大小的玻璃试管或量筒内，用眼睛对两者加以比较。如果从压缩机中放出来的冷冻润滑油颜色、透明度与标准油差不多，即可判定润滑油没有变质；如果相对于标准油有点黄呈浅黄色或橘黄色时，则说明此油还可以用；如果需判断的冷冻润滑油的颜色、透明度与标准油相比有较大差别，已变成橘红色或红褐色的混浊状时，则说明该冷冻润滑油已变质，不能再用了。

445. 怎样防止冷冻润滑油变质？

（1）降低冷冻润滑油储存场所的温度，将冷冻润滑油储存在阴凉、干燥且没有阳光照射的场所。

（2）减少与空气接触的机会。冷冻润滑油储存是要尽量将油桶装满，减少润滑油与空气接触的机会，桶盖要有密封胶垫，桶盖要尽量拧紧，不使空气渗入油桶中，以延缓其氧化变质的时间。

（3）防止水分、机械杂质混入。盛装冷冻润滑油要使用专用油桶，在分装润滑油前要对油桶进行清洁干燥处理。

446. 怎样储存冷冻润滑油？

（1）储存容器使用的材料应为不锈钢或钢质材料制成。

（2）储存容器必须防水、防潮、防机械杂质进入。

（3）储存容器必须清洁，内表面无剥落。

（4）储存容器应为专用，小包装容器为一次性使用容器。

447. 极化冷冻油添加剂是怎么定义的？

极化冷冻油添加剂简称 CS-PROA，是一项高科技节能产品，是利用"极性活化分子"技术，通过与制冷剂和冷冻油配合使用，来改善空调及制冷系统的效率。极化冷冻油添加剂原理：自然界中，金属是以结晶状存在，在金属表面有微小的晶格间隙，而冷冻空调系统中，如冷凝器、蒸发器、管路中，其金属表面会积滞大量油膜组织，此油膜组织不仅阻碍热的交换作用，降低空调系统的传热效率，极大地增加了压缩机的起动电流，增大了电力能耗。

448. 极化冷冻油添加剂是怎样节能的？

极化冷冻油添加剂中的电磁分子嵌入粗糙金属表面的微小晶格间隙中，造成金属热传速率的提升，并且有效分离释出沉积在金属表面的积碳、污染物与积滞的油渍，使金属表面润滑能力得以大幅提高。

当极化冷冻油添加剂分子嵌入金属表面，可移除其表面积滞的油膜，极化冷冻油添加剂极化电磁分子，会穿透油膜组织，嵌入晶格间隙中，形成极化冷冻油添加剂"树丛"，变成永久性保护膜。极化冷冻油添加剂保护膜一旦形成后，将不再消失。金属表面积滞的油膜组织将永远无法再形成。

449. 极化冷冻油添加剂的特点是什么?

节能效果可达8%～25%,降低制冷设备起动电流最高可达31%,提高金属抗氧化能力78%,提高润滑能力15倍左右,增加了压缩机密封机构使用寿命81%;降低压缩机的运行噪声和振动,加快和保证了制冷机组的降温效应,制冷机组一次添加终身有效,制冷机组更换润滑油时只需要时适量补充即可。

450. 极化冷冻油添加剂适用哪些制冷剂和润滑油?

极化冷冻油添加剂适用的制冷剂有:R11、R12、R22、R401a、R134a、R407C、R411等;适用的冷冻油有:多元酯类、矿物油类、合成油类

第三节 压焓图及应用

451. 制冷剂的压焓图是怎么回事?

为了对蒸气压缩式制冷循环有一个全面的认识,不仅要知道循环中每一过程,而且要了解各个过程之间的关系以及某一过程发生变化时对其他过程的影响。在制冷循环的分析和计算中,通常要借助压焓图,可使问题简单化,并直观看出制冷循环中制冷剂的状态变化以及对整个循环过程的影响,为此制作了如图3-2所示制冷剂压焓图。

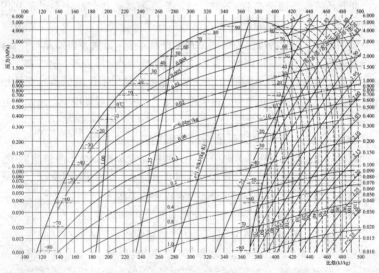

图 3-2 制冷剂压焓图

452. 制冷剂的压焓图参数线是怎么定义的？

制冷剂的压焓图是以压力为纵坐标，比焓为横坐标的直角坐标图。为了缩小图的尺寸，一般纵坐标以压力的对数值 $\lg p$ 来绘制，因此压焓图又称为 $\lg p\text{-}h$ 图。

制冷剂压焓图上的等参数线有：

(1) 等压线。用 p 表示，是平行于横轴的水平线。

(2) 等焓线。用 h 表示，是平行于纵轴的垂直线。

(3) 等温线。用 t 表示，是竖直—水平—抛线（虚线）。

(4) 等比容线。用 v 表示，是发散倾斜的曲线（点划线）。

(5) 等熵线。用 s 表示，是向右上方倾斜的曲线。

(6) 等干度线。用 x 表示，只存在于饱和区内。

(7) 饱和液线。用 $x=0$ 表示，在这条线上，制冷剂总处于饱和液状态。

(8) 饱和蒸汽线。用 $x=1$ 表示，在这条线上，制冷剂总处于饱和蒸气状态。

453. 压焓图上三个区域是怎么划分的？

在制冷剂的压焓图上，用饱和液线与饱和蒸气线将压焓图分成了三个区域。

饱和液线 $x=0$ 与饱和蒸气线 $x=1$ 的交点是临界点 k。由 k 点和 $x=0$、$x=1$ 两条曲线将整个图面分成三个区域：$x=0$ 的左边区域称为过冷液区，$x=1$ 的右边区域称为过热蒸气区，中间的区域为饱和湿蒸气区。

454. 制冷循环过程在压焓图上怎样表示？

制冷剂在制冷循环中的状态变化，在 $\lg p\text{-}h$ 图中表示出来更为直观。下面就以电冰箱常用的单级蒸气压缩制冷系统为例，应用 $\lg p\text{-}h$ 图，描述制冷剂在制冷循环中的状态变化。由于冰箱系统为低压系统，$\lg p\text{-}h$ 图中的高压部分略去不画，如图 3-3 所示。图中 $1\rightarrow2\rightarrow3\rightarrow4\rightarrow1$ 代表了制冷剂的一个制冷循环。

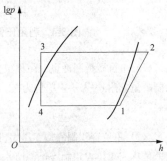

图 3-3　制冷循环在 $\lg p\text{-}h$
图上的表示

(1) 压缩过程：用线段 $1\rightarrow2$ 表示。制冷剂在点 1 为低温低压过热蒸气，经压缩机压缩，温度升高，比容减小，成为高温高压过热蒸气。线段 $1\rightarrow2$ 与等熵线重合，表明压缩过程是等熵的绝热过程。点 1 与点 2 的焓值差，表明制冷剂在压缩过程中消耗外功，焓值增加，焓值的增量与所消耗的外功相等。

（2）冷凝过程：用线段 2→3 表示。制冷剂在这个过程中经过了三个不同区域，对应三段不同的温度。制冷剂在等压条件下，由高温高压过热蒸气，变为高压过冷液。点 2 与点 3 之间的焓值差，就是制冷剂冷凝时放出的热量。

（3）节流过程：用线段 3→4 表示。此过程是等焓过程，制冷剂与外界没有交换热量，只是压力下降，温度降低，变为低压湿蒸气。

（4）蒸发过程：用线段 4→1 表示。制冷剂在等压条件下，吸收环境介质的热量，汽化成为过热蒸气，然后再进行下一个循环。在这个过程中，制冷剂焓值是升高的，升高的焓值即是制冷剂吸收的热量。

455. 怎样用压焓图计算制冷系统基本参数？

利用压焓图计算制冷系统参数如图 3-4 所示。

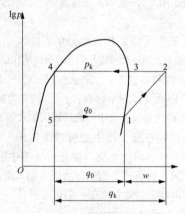

图 3-4　利用压焓图计算制冷系统参数

（1）单位质量制冷量（简称单位制冷量）。每千克的制冷剂在蒸发器中的制冷量，用 q_0 表示，单位为 kJ/kg。其计算公式为

$$q_0 = h_1 - h_5$$

（2）单位容积制冷量。压缩机每吸入 $1m^3$ 的制冷剂蒸气在蒸发器甲的制冷量称为单位容积制冷量，用 q_v 表示，单位为 kJ/m³。其计算公式为

$$q_v = \frac{q_0}{v_1} = \frac{h_1 - h_5}{v_1}$$

q_v 的数值与蒸发温度及节流前的温度有关。q_v 数值是一个重要的技术指标，当总的制冷量给定时，q_v 越大，表明所需压缩机的体积越小。

（3）单位理论压缩功。压缩机每压缩 1kg 制冷剂所消耗的功，用 w 表示，单位为 kJ/kg。其计算公式为

$$w = h_2 - h_1$$

（4）单位冷凝器热负荷。每 1kg 制冷剂在冷凝器中放出的热量，用 q_k 表示，单位 kJ/kg。其计算式为

$$q_k = h_2 - h_4$$

（5）理论制冷系数。单位制冷量与单位耗功之比，用 ε 表示，其计算式为

$$\varepsilon = \frac{q_0}{w} = \frac{h_1 - h_5}{h_2 - h_1}$$

（6）每小时制冷剂的循环量。制冷系统中每小时制冷剂的循环量，用 G 表示，单位为 kg/h。其计算公式为

$$G = Q_0/q_0 = Q_0/(h_1 - h_5)$$

显然，每小时制冷剂循环量越大，其制冷能力也就越强。

（7）压缩机的实际输气量 V_S。压缩机的实际输气量一般按制冷剂吸气时的状态密度 ρ_1 计算，即

$$V_S = G/\rho_1$$

（8）压缩机的理论输气量 V_{th} 在已知压缩机的实际输气量 V_S 后，再根据压缩机输气系数 λ，即可得到压缩机的理论输气量 V_{th}。单位是 m³/h

$$V_{th} = V_S/\lambda$$

压缩机输气系数 λ，等于压缩机的实际输气量 V_S 与压缩机的理论输气量 V_{th} 之比。因为 V_S 总是小于 V_{th}，所以 λ 值永远小于 1。

压缩机输气系数 λ 值与压缩机余隙容积、吸气阀和排气阀阻力损失、吸气和排气过程及压缩机中制冷剂与汽缸壁的换热，高低压之间的泄漏等因素有关。通常可根据 P_K/P_0 值，从实验数据表中查得，一般约为 0.6～0.8。

（9）压缩机的理论功（AL）和理论功率（N_{th}）根据循环的单位功和制冷剂循环量 G 得

$$AL = G(h_2 - h_4)$$

$$N_{th} = AL/3600 = G(h_2 - h_4)/3600$$

式中：3600 为 1kW·h 的热功当量近似值（kJ）。

（10）压缩机的指示功率 N_i。单位为 kW

$$N_i = N_{ith}/\eta_i$$

式中：η_i 为指示功率，kW。

（11）压缩机的轴功率 N_e。单位为 kW

$$N_e = N_i/\eta_m = N_{th}/\eta_k$$

式中：η_m 为机械效率；η_k 为总效率。

（12）冷凝器总热负荷 Q_k（kW）其计算公式为

$$Q_k = Gq_k$$

第四节 制 冷 原 理

456. 标准工况是怎么定义的？

标准工况是指制冷压缩机在一种特定工作温度条件下的运转工况。制冷设备制造厂在设备的铭牌上标出的制冷量一般都是指标准工况下的制冷量。

国产压缩机的标准工况为：工质为 R12、R22，蒸发温度为 -15℃，吸气温度为 15℃，冷凝温度为 30℃，过冷温度为 25℃。

457. 名义工况是怎么定义的？

制冷压缩机与名义参数（通常规定在有关标准、产品标牌或样本上）所相应的温度条件称为名义工况。

458. 空调工况是怎么定义的？

空调工况指空调名义制冷量的测试工况，即为适应空气调节要求而规定的制冷机运行条件。国产压缩机的空调工况：工质为 R22，蒸发温度为 5℃，冷凝温度为 40℃，吸气温度为 15℃，过冷温度为 35℃，环境温度为（30±5）℃。

459. 单级蒸气压缩式制冷系统是怎么组成的？

蒸气压缩式制冷系统又称机械压缩式制冷系统，是对制冷剂蒸气采用机械进行压缩的一种制冷系统。最简单的蒸气压缩式制冷系统称为单级蒸气压缩式制冷系统，是用管路将压缩机、冷凝器、节流阀、蒸发器部件组成一个封闭的系统，在其中充入适量的制冷剂，即可形成一个单级压缩制冷系统，如图 3-5 所示。

460. 压缩式制冷系统中各主要部件有哪些作用？

压缩式制冷系统主要由压缩机、冷凝器、节流阀和蒸发器"四大件"

组成。

（1）压缩机。压缩机是制冷系统的"心脏"，作用是使制冷系统中制冷剂建立压差而流动，以达到制冷循环的目的。

（2）冷凝器。制冷系统中的冷凝器又称热交换器，制冷剂在冷凝器中于等压条件下，完成相变，由气体变为液体，实现放热的目的。

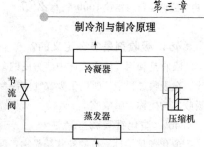

图3-5　单级蒸气压缩式制冷系统

（3）节流阀。制冷系统中为使冷凝后的液体制冷剂降压蒸发，需要安装制冷剂调节节流装置，一般为内、外平衡式膨胀阀。

（4）蒸发器。低压状态的制冷剂饱和蒸气在蒸发器中沸腾，吸收被冷却介质的热量，变为制冷剂饱和蒸气或过热蒸气体后被吸入压缩机进行再循环。

461. 单级蒸气压缩式制冷循环是怎么工作的？

从蒸发器中流出的低温低压制冷剂过热蒸气，被压缩机吸入，在汽缸中受到压缩，温度、压力均升高后排至冷凝器中。在冷凝器中受到冷却水或空气的冷却而放出凝结热，自身变成冷凝压力下的过冷液体。过冷液体经节流阀节流减压到蒸发压力。在节流中的节流损失是以牺牲制冷剂的内能作为代价，所以节流后的制冷剂温度也下降到蒸发温度。节流后的饱和湿蒸气进入蒸发器，由于面积增大，被冷却物提供热量，故制冷剂蒸发器中汽化，吸收大量的汽化潜热使被冷却物体温度降低。汽化后的制冷剂，又被压缩机吸回，完成一个热力循环。由于制冷剂连续不断地循环，被冷却物体的热量不断地被带走，从而获得低温，以此达到制冷的目的。

462. 吸收式制冷是怎么定义的？

吸收式制冷是利用某些具有特殊性质的工质对，通过一种物质对另一种物质的吸收和释放，产生物质的状态变化，从而伴随吸热和放热过程。吸收式制冷装置由发生器、冷凝器、蒸发器、吸收器、循环泵、节流阀等部件组成，工作介质包括制取冷量的制冷剂（氨或溴化锂）和吸收剂（水），二者组成工质对。

463. 工质对是怎么定义的？

吸收式制冷使用的工质通常是一种二元溶液，由沸点不同的两种物质所组成。其中低沸点的物质为制冷剂，高沸点的物质为吸收剂。因此，二元溶液又称为制冷剂－吸收剂工质对。

464. 吸收剂是怎么定义的?

吸收是利用气体在液体中溶解度的差异而分离气体混合物的操作称为吸收。在吸收过程中,所用于吸收气体混合物中某组分的液体称为吸收剂,被吸收的物质称为吸收质。

465. 溴化锂有哪些特性?

溴化锂是一种无色的粒状结晶物,性质稳定,在大气中不会分解挥发和变质,无毒(有镇静作剧),对皮肤无刺激作用,易潮解,有微苦味。熔点547℃,沸点1265℃,具有很强的吸水性,并极易溶于水,能形成一系列水合物。

466. 溴化锂是怎么制取的?

吸收式制冷用的溴化锂可用中和法进行制取。方法是将氢氧化锂与氢溴酸进行中和反应,反应液经脱色、过滤、浓缩滤液、过滤、浓缩、结晶、分离,制得溴化锂粒状粉末成品。其分子式为

$$LiOH + HBr \rightarrow LiBr + H_2O$$

467. 溴化锂水溶液是怎么构成的?

溴化锂水溶液是由固体的溴化锂溶解于水中而形成的。溴化锂是由碱族中的元素锂(Li)和卤族中的元素(Br)构成的。在未与水溶解之前的无水溴化锂是白色、块状物,无毒、无臭、有咸苦味,在空气中极易因吸收水分而难于保存。因此,吸收式制冷使用的溴化锂,一般以水溶液的形式供应和使用。

468. 溴化锂溶液有哪些特性?

溴化锂溶液是由固体溴化锂溶解于水中而形成的,通常由氢溴酸和氢氧化锂通过中和反应来制取

$$HBr + LiOH \rightarrow LiBr + H_2O$$

由于锂和溴分别属于碱金属和卤族元素,因此它的一般性质与食盐相似,溴化锂溶液沸点为1265℃。在大气中不变质、不分解、不挥发,是一种稳定的物质。未添加缓蚀剂(Li_2CrO_3)前,溴化锂溶液是无色透明的液体,无毒,入口有咸苦味,溅在皮肤上有微痒感,添加了缓蚀剂后呈微黄色。

469. 溴化锂溶液有哪些技术指标?

溴化锂溶液的质量直接影响溴化锂吸收式制冷机组的性能,因此,应对它的质量指标进行严格控制,一般应达到下列技术指标:浓度:50%±

0.5％；碱：pH 值在 9.0～10.5 的范围内；铬酸锂（缓蚀剂）含量：0.15％～0.25％；杂质最高含量：硫酸盐（SO_4^{2-}）为 0.05％；多硫化物含量；溴酸盐（BrO_3^-）无反应。

另外，溶液中不应含有二氧化碳、臭氧等不凝性气体。

470. 溴化锂溶液有哪些物理性质？

（1）溶解。固体溶质（如溴化锂）溶于溶剂（如水）的过程。

（2）饱和溶液。在一定温度下，固体溶质溶于溶剂中的数量达到最大值时的溶液。溶解度是指在一定温度下，100g 溶剂中溶解的溶质达到饱和状态时，饱和溶液所能溶解溶质的克数。如 20℃时溴化锂的溶解度为 111.2g。

（3）结晶。当降低饱和溶液的温度时，溶于溶液中的溶质分子出现晶体状并从溶剂中析出的现象。

（4）浓度。溴化锂溶液的浓度一般采用质量百分比浓度，是指在一定质量的溶液中，溴化锂所占的质量百分比，用符号 ξ 表示。

（5）腐蚀性。溴化锂溶液对碳钢和紫铜等金属材料有腐蚀性，尤其在有空气存在时腐蚀更为严重，因此，在溴化锂机组运行时要在溴化锂溶液中加入缓蚀剂来减缓溴化锂溶液对金属的腐蚀性。

471. 怎么看溴化锂溶解度曲线？

溴化锂溶液 20℃时的溶解度为 111.2g。溶解度的大小与溶质和溶剂的特性及温度有关，一定温度下的溴化锂饱和水溶液，当温度降低时，由于溶解度减小，溶液中会有溴化锂的晶体析出，形成结晶现象。将含有晶体的溴化锂溶液加热至某一温度时其晶体全部消失，这一温度即为该浓度溴化锂溶液的结晶温度。图 3-6 所示为溴化锂溶液结晶温度曲线，也称溶解度曲线。

图 3-6 中纵轴表示结晶温度，横轴表示溶液的浓度。曲线上任意一点，均表示溶液处于饱和状态。

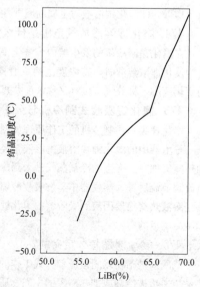

图 3-6　溴化锂水溶液结晶温度曲线

图 3-6 的左上方为液相区，溶液不会有结晶出现；右下方是固相区，溶液处于该区域中的任何一点时都会有结晶体析出。由此可看出：溴化锂溶液中是否有晶体析出，取决于溶液的温度和浓度两个参数。作为制冷机工质，溴化锂溶液应始终处于液体状态，无论是运行或是停机期间，都不允许溶液中有晶体析出。

472. 溴化锂溶液的比质量与温度和浓度关系是什么？

溴化锂溶液的比质量与温度和浓度有关，其关系如图 3-7 所示。

纵轴代表比质量，横轴代表温度。它是一组等浓度线，温度不变时，浓度越大，比质量越大；浓度不变时，温度越高，比质量越小。在溴化锂机组运行过程中，若需要测定溶液的浓度，只要同时测出其比质量与温度，便可用此图查出对应的浓度。

473. 溴化锂溶液中缓蚀剂怎么使用？

在溴化锂溶液温度不超过 120℃时，在溶液中加入 $0.1\%\sim0.3\%$ 的铬酸锂（Li_2CrO_3）和 0.02% 的氢氧化锂（LiOH）溶液，使溶液呈碱性，pH 值保持在 $9.5\sim10.5$，缓蚀效果较好。当溶液温度在 160℃时，除使用上述缓蚀剂外，还可使用耐高温的缓蚀剂，如加入 $0.001\%\sim0.1\%$ 的氧化铅（PbO），或加入 0.2% 的三氧化二锑（Sb_2O_3）与 0.1% 的铌酸钾（$KNbO_3$）混合物等，使溴化锂溶液对金属的腐蚀性降低到最低限度。

474. 溴化锂溶液放气范围是什么？

在溴化锂制冷机的发生器内，溴化锂稀溶液被升温加热产生冷剂蒸气，变为溴化锂浓溶液时，其浓度范围一般控制在 $3.5\%\sim6\%$。这一溶液浓度的变化范围，称放气范围（又称浓度差）。

475. 溴化锂吸收式制冷机怎么工作？

溴化锂吸收式制冷机的工作原理如图 3-8 所示。

发生器中的溴化锂稀溶液由溶液泵经溶液热交换器输送到发生器中，被加热蒸气加热，产生的冷剂蒸气进入到冷凝器中被冷却为冷剂水，冷剂水经节流阀节流后进入蒸发器中蒸发吸收冷媒水热量后，成为水蒸气，被从发生器经溶液热交换器回流到吸收器的溴化锂浓溶液吸收，进行再循环，实现连续制冷的目的。

476. 载冷剂是怎么定义的？

载冷剂是指在以间接冷却方式工作的制冷装置中，将制冷机所产生的冷热量传递给被冷却或加热对象的中间物质。载冷剂通常为液体，在传送热量过程中一般不发生相变。

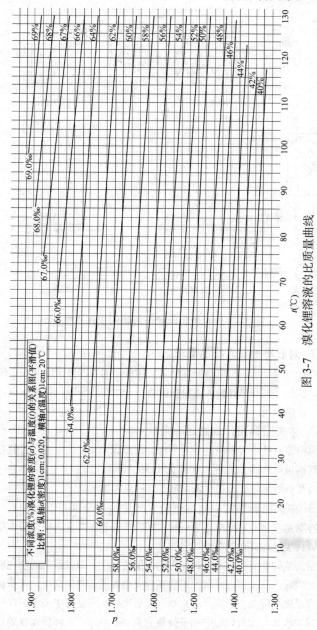

图 3-7　溴化锂溶液的比质量曲线

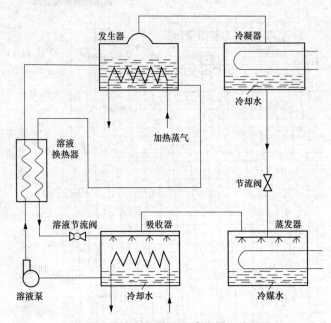

图 3-8　溴化锂吸收式制冷机的工作原理

477. 对载冷剂有怎样的要求？

对载冷剂的要求：①冻结温度低，必须低于制冷的操作温度；②传热分系数大，即热导率和热容要大，而黏度要小；③性质稳定，腐蚀性小；④安全无毒、价格低廉。

478. 中央空调用什么做载冷剂？

中央空调系统中常用的载冷剂是水，在蓄冷中央空调中用乙二醇有机化合物及其溶液等作为载冷剂。水作为中央空调系统载冷剂的特点是：比热大、对流传热效果好、价格低廉，但是其冰点温度较高。

479. 中央空调系统中载冷剂是怎样进行热交换？

载冷剂是在制冷过程中作为一种中间物质，它先接受制冷剂的冷量而降温，然后再去冷却其他的被冷却物质。

在中央空调系统中，通过制冷机组的运转，进入蒸发器内的制冷剂蒸发而吸热，当通入蒸发器内冷水即很快在蒸发器内进行热量交换，热量被制冷剂吸收而温度下降成为冷媒（冻）水，然后冷媒水再通过中央空调设备中的表冷器或喷水室与被处理的空气进行热交换，达到给空气降低温度的目的。

480. 乙二醇载冷剂的特性是什么？

乙二醇又名甘醇，外观为无色澄清黏稠液体，化学分子式 $C_2H_6O_2$，标准状态下凝固点 $-11.5℃$，沸点 $197.6℃$。无色、无味、非电解性溶液。冰点在 $0℃$ 以下，对金属管道、容器无腐蚀作用，适用的温度范围为 $0\sim20℃$。

481. 载冷剂与蒸发温度有什么关系？

中央空调系统制冷剂的蒸发温度，要始终应比载冷剂的温度低 $5\sim8℃$ 为宜，但溶液式载冷剂乙二醇的结晶点温度必须比制冷系统的蒸发温度低 $5℃$ 以上。

第五节 蓄冷技术

482. 蓄冷技术是怎么定义的？

蓄冷技术是一门低于环境温度热量的储存和应用技术，是制冷技术的补充和调节，即冷量的储存，是在电力负荷低谷期间，采用制冷机制冷，利用蓄冷介质的显热或潜热特性，将冷量存储起来，在用电高峰时把存储的冷量释放出来，以满足建筑物空调负荷的需要的技术。

蓄冷技术是一门关于低于环境温度热量的储存和应用技术。

483. 蓄冷怎么分类？

（1）按冷源分类，可分为冷媒液（盐水等）循环和制冷剂直接膨胀式循环。

（2）按制冰形态分类，可分为：①静态型，在换热器上结冰与融冰，最常用的为浸水盘管式外结冰内融方式；②动态型：将生成的冰连续或间断地剥离，在板面上喷水并使其结冰，待冰层达到适当厚度，再加热板面，使冰片剥离。

484. 滑落式蓄冷系统是怎么定义的？

滑落式蓄冷系统的基本组成是以制冰机作为制冷设备，以保温的槽体作为蓄冷设备，制冰机安装在蓄冰槽的上方，在若干块平行板内通入制冷剂作为蒸发器。循环水泵不断将蓄冰槽中的水抽出至蒸发器的上方喷洒而下，而冰冷的板状蒸发器表面，结成一层薄冰，待冰达到一定厚度（一般在 $3\sim6.5mm$）时，制冰设备中的四通阀切换，压缩机的排气直接进入蒸发器而加热板面，使冰脱落。"结冰""取冰"反复进行，蓄冰槽的蓄冰率为 $40\%\sim50\%$。

485. 水蓄冷中央空调系统是怎么定义的?

水蓄冷是利用水的显热储存冷量,即利用温度为 4～7℃ 的低温水进行蓄冷。水蓄冷中央空调系统是用水为介质,将夜间电网低谷时段的电力与水的显热结合起来蓄冷,以低温冷冻水的形式储存冷量。在用电高峰时段使用储存的冷冻水作为冷源的中央空调系统。

486. 水蓄冷有哪些优、缺点?

水蓄冷优点是系统简单、投资少、技术要求低、维护费用少、维修方便,可使用常规空调制冷机组,而且冬季可用于蓄热,适宜于既可蓄冷又可蓄热的空调热泵机组。另外制冷机在蓄冷阶段基本上为满负荷运行,制冷效率大大提高,能耗降低;缺点是由于水蓄冷密度小,水的比热容为 4.2kJ/(kg·℃),使蓄冷容积增大、冷损耗大、不易防水保温。

487. 冰蓄冷空调系统是怎么定义的?

通过制冰的方式,以相变潜热储存冷量,并在需要时融冰释放出冷量的空调系统称为冰蓄冷空调系统。

冰蓄冷空调系统一般由制冷机组、蓄冷设备(或蓄水池)、辅助设备及设备之间的连接、调节控制装置等组成。

488. 冰蓄冷经济效益是怎么定义的?

通过制冰的方式,以相变潜热储存冷量,并在需要时融冰释放出冷量的空调系统。其冷量的部分或全部在低谷电时间利用蓄冷介质,将能量以冰的形式蓄存起来,然后根据负荷要求予以释放,在用电高峰时期就可以少开甚至不开主机,达到节约电费的目的。

489. 静态蓄冰是怎么定义的?

静态蓄冰是指制冰装置和蓄冰装置为一体,制冰过程中冰一直附着在蓄冰装置内,蓄冷过程一次冻结完成,故称为静态蓄冰。冰球式和盘管式均属静态蓄冰的形式。

490. 静态冰蓄是怎么工作的?

在静态冰蓄冷中,水在传热壁面上通过自然对流和固体导热的方式静态地被冻结成冰并附着在传热壁面上,随着蓄冷量的增加,冰层厚度逐渐加大。根据具体的制冰和融冰形式不同,静态冰蓄冷又分为冰球式和盘管式等。

491. 动态冰蓄是怎么定义的?

动态蓄冰是指制冰装置和蓄冰装置分离,制冰过程中冰冻结到设定的厚度时通过不同的方法使冰与制冰装置分离，输送到蓄冰装置中。蓄冰过程由多次冻结完成，故称为动态蓄冰。动态蓄冰制冷系统采用板片型蒸发器，多片并联，安装在一个蓄冰池正上方。

492. 冰蓄冷系统怎样制冰和储冰？

制冷系统正常运行后，内循环水泵将蓄冰池内的水输送至板冰机蒸发器顶部的洒水槽处，通过洒水槽将水均匀地洒在板冰机蒸发器的再次循环。待蒸发器表面的冰层厚度达到 5～8mm 时，采用热氟将板冰机蒸发器上的冰脱落，掉进蓄冰池内，漂浮在水面上，通过快速的制冰脱冰循环，最终将蓄冰池内的水全部制成冰。

493. 冰蓄冷系统是怎样融冰吸热的？

蓄冷系统融冰吸热原理是：通过温度比例调节阀，将部分空调回水通过板冰机蒸发器顶部的洒水槽均匀洒在板冰机蒸发器外表面，由于制冷机组停止运行，空调回水经过板冰机蒸发器，均匀地洒在蓄冰池上方的冰层上，通过热交换，温度降低至接近 0℃，再由蓄冰池底部采用水泵输送至空调回水处混合，将空调回水温度降低至空调出水的标准，通过比例调节阀和空调出水温度配合控制空调的出水温度。

494. 冰蓄冷系统制冷机组优先运行模式是怎样的？

冰蓄冷系统制冷机组优先运行模式是指制冷机组首先直接供冷，超过制冷机组供冷能力的负荷由蓄冷设备释冷提供。这种策略通常用于单位蓄冷量所需费用高于单位制冷机组产冷量所需费用，通过降低空调尖峰负荷值，可大幅节省系统的投资费用。

495. 冰蓄冷系统蓄冷设备优先运行模式是怎样的？

冰蓄冷系统蓄冷设备优运行模式是指蓄冷设备优先释冷，超过释冷能力的负荷由制冷机组负责供冷。蓄冷设备优先要求在下一个蓄冷过程开始前，蓄冷设备应尽可能将蓄存的冷量全部释放完，即充分利用蓄冷设备的蓄冷量，降低运行费用。

496. 冰蓄冷系统均衡负荷运行模式是怎样的？

冰蓄冷系统均衡负荷运行模式是指在部分蓄冷系统中，制冷机组在设计日 24h 内基本上满负荷运行；在夜间满载蓄冷，白天当制冷机组产冷量大于空调冷负荷时，将满足冷负荷所剩余的冷量（用冰的形式）蓄存起来；当空调冷负荷大于制冷机组的制冷量时，不足的部分由蓄冷设备（融冰）来完成。这种方式系统的初期投资最小，制冷机组的利用率最高。

497. 冰蓄冷系统自动控制运行模式是怎样的？

蓄冷系统的自动控制运行模式，大多采用基于计算机技术的直接数字控制器与电子传感器及执行机构相结合的直接数字控制系统。为了使每天蓄冷设备冷量充分释放，保持较为恒定的供水温度，满足设计日空调负荷要求，通常利用计算机作为蓄冷系统的监控设备；并利用系统中设置的流量计、温度计反馈的信号，逐时监视蓄冷设备的内部状况；通过计算机对空调系统负荷的预测，以此制订蓄冷系统的运行策略是制冷机组优先还是蓄冷设备优先。

498. 冰蓄冷有哪些优、缺点？

（1）优点。节约设备投资，施工量和材料消耗较少，与其配套的电风扇和水泵的功率效应较少，运行费用减少。

（2）缺点。蒸发温度降低（$-5 \sim -10℃$）使压缩机性能系数降低，空调冰蓄冷系统一次性投资较高；因蓄冰槽的建设，机房占用面积比常规空调要大；冰蓄冷系统结构复杂，低温送风导致水分凝结；送风量不足，技术要求较高。

第六节 地 源 热 泵

499. 什么是热泵？

所谓热泵，就是把热量从低温传送到高温的一种"泵"。根据热力学基本定律，热量是不能自动从低温向高温传送的，所以必须用一种装置来传送。但是，热泵仅传送热量，既不能产生热量，也不能消灭热量，所以热泵必须有两个"热源"，一个是我们所需要制冷或制热的场所，另一个是一个相对热容量很大的物体。需要制热，就从该物体内取热量，传送到需要制热的地方；需要制冷，就把不用的热量传送到该物体内。这个热容量很大的物体必须满足其温度不会因取走或加入热量而大幅度变化，否则会影响热泵的工作效率。这个物体可以是大地，也可以是水。

500. 地源热泵和水源热泵是怎样转移"能量"的？

地源热泵是一种利用地表浅层地热资源（也称地能，包括地下水、土壤和地表水等携带的能量）的高效节能空调系统。该系统集地质勘探成井技术、热泵技术和暖通技术于一体，利用地热资源进行采暖和制冷。地源热泵通过输入少量的高品位能源（如电能），实现低温位或高温位的能量转移。地能分别在冬季作为热泵供暖的热源和夏季空调的冷源，即在冬季，把地能中的热量"取"出来，提高温度后，供给室内采暖；夏季，把室内的热量"取"出来，释放到地能中去。地源热泵系统可供暖、制冷，还可供生活热水，一机多用，初投资相对较少，一套系统可替换原来的锅炉和空调两套装置或系统，可应用于各种建筑中。

水源热泵是目前我国应用较多的热泵形式，它是以水（包括江、河、湖泊、地下水，甚至是城市污水等）作为冷热源，在冬季利用热泵吸收其热量向建筑供暖，在夏季热泵将吸收到的热量向其排放，实现对建筑物的供冷。

501. 地源热泵与水源热泵怎么区别？

（1）在概念上主要是针对系统而言的，而不是针对主机，换句话说地源热泵主机和水源热泵主机是一样的。

（2）主机侧水的来源不同。地源热泵的水源是地下埋管的闭式环路，水通过地下埋管与地下进行热交换，而不发生物质交换。

水源热泵的水源直接取自地下水或江、河、湖、海的水等，它是一种开放的形式，水被直接拿来取热或排热并按要求排放回原取水点，只是利用了自然界水中的能量。

502. 地源热泵经济效益怎样？

地源热泵可做到集采暖、空调制冷和生活热水于一身，一套地源热泵可替换原有的供热锅炉、制冷空调和生活热水加热的三套装置或系统，从而也增加了经济性。通常地源热泵消耗 1kW·h 的能量，用户可以得到 4kW·h 以上的热量或冷量。

503. 地源热泵系统有哪些基本形式？

（1）开式系统。即直接利用水源进行热量传递的热泵系统。该系统需配备防砂堵、防结垢、水质净化等装置。

（2）闭式系统。即在深埋于地下的封闭塑料管内注入防冻液，通过换热器与水或土壤交换能量的封闭系统。闭式系统不受地下水位、水质等因素影响。

504. 水源热泵可利用哪些水源？

源热泵技术已成功利用地下水、江河湖水、水库水、海水、城市中水、工业尾水、坑道水等各类水资源作为冷、热源。

505. 水源热泵系统特色是什么？

水源热泵系统特色是一机多用，可供暖、空调，还可供生活热水，一套系统可替换原来的锅炉加空调的两套装置或系统。特别是对于同时有供热和供冷要求的建筑物，水源热泵有着明显的优势。不仅节省了大量能源，而且用一套设备可同时满足供热和供冷的要求，减少了设备的初投资。其总投资额仅为传统空调系统的 60%，并且安装容易，安装工作量比传统空调系统少，安装工期短，更改安装也容易。

506. 水源热泵有哪些缺点？

水源热泵主要应用在北方冬季寒冷的地区。其缺点是对地下水质量要求比较高，需要良好的地下水源条件，而且使用过程中容易造成地下水管的堵塞，冬季采暖效果不理想，还可能改变地下水化学场的温度浓度 pH 值，使地下水的硬度变化。

507. 热泵技术是怎么工作的？

热泵机组装置主要由压缩机、冷凝器、蒸发器和膨胀阀四部分组成，通过让液态工质（制冷剂或冷媒）不断完成蒸发（吸取环境中的热量）→压缩→冷凝（放出热量）→节流→再蒸发的热力循环过程，从而将环境里的热量转移到水中。

压缩机起着压缩和输送循环工质从低温低压处到高温高压处的作用，是热泵（制冷）系统的心脏；蒸发器是输出冷量的设备，它的作用是使经节流阀流入的制冷剂液体蒸发，以吸收被冷却物体的热量，达到制冷的目的；冷凝器是输出热量的设备，从蒸发器中吸收的热量连同压缩机消耗功所转化的热量在冷凝器中被冷却介质带走，达到制热的目的；膨胀阀或节流阀对循环工质起到节流降压作用，并调节进入蒸发器的循环工质流量。

508. 热泵制冷模式是怎样的？

在制冷状态下，地源热泵机组内的压缩机对制冷剂做功，使其进行制冷循环。通过蒸发器内制冷剂的蒸发将由中央空调系统循环所携带的热量吸收至制冷剂中，在制冷剂循环同时再通过冷凝器内制冷剂的冷凝，由水路循环将制冷剂所携带的热量吸收，最终由水路循环转移至地下水或土壤里。在室内热量不断转移到地下的过程中，通过风机盘管，以 13℃ 以下的冷风为房间供冷。

509. 热泵制热模式是怎样的？

在供暖状态下，压缩机对制冷剂做功，并通过换向阀将冷媒流动方向换向。由地下的水路循环吸收地表水、地下水或土壤里的热量，通过冷凝器内冷媒的蒸发，将水路循环中的热量吸收至制冷剂中，在制冷剂循环的同时再通过蒸发器内制冷剂的冷凝，由中央空调系统循环将冷媒所携带的热量吸收。在地下的热量不断转移至室内的过程中，以 35℃ 以上热风的形式向室内供暖。

510. 地源热泵土壤热交换器埋管有哪几种形式？

土壤热交换器埋管形式，主要分为水平埋管和垂直埋管两种形式。选择哪种取决于现场可用地表面积、当地岩土类型以及钻孔费用。尽管水平埋管通常是浅层埋管，可采用人工开挖，初投资比垂直埋管小些，但它的换热性能比竖埋管小很多，并且往往受可利用土地面积的限制，所以在实际工程应用中，一般都采用垂直埋管。

511. 地源热泵土壤热交换器埋管是怎么要求的？

（1）水平地埋管铺设，可不设坡度。沟深宜在 1.5～2.5m，最上层埋管覆盖层应不小于 1.5m，应在冻土层以下 0.6m。可布置 2～3 层，各层埋管间隔应不小于 0.6m，埋管间隔应不小于 1.2m，管沟壁距埋管应不小于 0.6m。

（2）垂直地埋管换热器埋管深度应大于 20m，钻孔孔径应不小于 0.11m，钻孔间距应满足换热需要，水平连接管的深度宜在 1.5m 以下。

（3）地埋管换热器管内流体应保持紊流流态，水平干管坡度宜为 0.002。

（4）地埋管安装位置应远离水井及室外排水设施，宜靠近机房或以机房为中心设置。铺设供、回水集管的管沟宜分开布置。供、回水集管的间距应不小于 0.6m。

（5）地埋管换热系统宜采用变流量设计，每千瓦供冷或供热量循环泵的运行电耗不宜大于 43W。

（6）地埋管换热系统设计时应考虑地埋管换热器的承压能力，若室内系统压力超过地埋管换热器的承压能力时，应设中间换热器将地埋管换热器与室内系统分开。

（7）地埋管换热系统应设置反冲洗系统，冲洗流量应为工作流量的 2 倍，每年冲洗宜不少于 2 次。

512. 热泵的应用有哪些局限性？

（1）可利用的水源条件限制。水源热泵理论上可利用一切的水资源，而在实际工程中，不同的水资源利用的成本差异是相当大的。

水源热泵利用方式中，闭式系统一般成本较高。而开式系统，能否寻找到合适的水源就成为使用水源热泵的限制条件。对开式系统，水源要求必须满足一定的温度、水量和清洁度。

（2）水层地理结构的限制。对于从地下抽水回灌的使用，必须考虑到使

163

用地的地质结构，确保可在经济条件下打井找到合适的水源，同时还应考虑当地的地质和土壤的条件，保证用后的回灌可以实现。

513. 水源热泵技术能用在哪里？

可应用于宾馆、商场、办公楼、学校等建筑，小型的水源热泵更适合于别墅、住宅小区的采暖、供冷。

514. 地源热泵多长时间维护保养一次？

地源热泵多长时间维护保养一次，没有硬性规定，主要由机组使用状况、使用条件而定，一般可按下述情况处理：

(1) 机组根据厂家要求进行维护保养。

(2) 末端系统按照中央空调末端维护保养标准。

(3) 机房、地源侧保养时间为：采暖制冷换季进行保养一次。

515. 污水源热泵系统是怎样定义的？

污水源热泵系统是指利用污水（生活废水、工业温水、工业设备冷却水、生产工艺排放的废温水），借助制冷循环系统，通过消耗少量的电能，在冬天将水资源中的低品质能量"汲取"出来，经管网供给室内空调、采暖系统、生活热水系统；夏天，将室内的热量带走，并释放到水中，以达到夏季空调的效果。

516. 污水源热泵是怎么工作的？

污水源热泵是借助污水源热泵压缩机系统，消耗少量电能，在冬季把存于水中的低位热能"提取"出来，为用户供热；夏季则把室内的热量"提取"出来，释放到水中，从而降低室温，达到制冷的效果。工作时蒸发器和冷凝器功能互相转换。制冷剂在蒸发器内吸收污水热量蒸发，污水回至污水干渠中；制冷剂在经过压缩机压缩成高温高压的过热蒸气进入冷凝器，加热循环水，制取热水。

517. 污水源热泵机组是怎么工作的？

污水源热泵机组工作流程是：污水由一级污水泵提升至机房，经过智能污水防阻机过滤后，进入污水源热泵机组；被热泵机组提温（或降温）后的污水重新流过智能污水防阻机并携带污杂物回到污水干渠中。

第四章 Chapter4

中央空调冷源与辅助设备

第一节 活塞式制冷压缩机

518. 制冷压缩机在制冷循环中的作用是什么？

制冷压缩机的作用是：为了实现连续制冷，压缩机将低压蒸气从蒸发器中吸出，对其做功，压缩成为高压的过热蒸气，再排入冷凝器中，在冷凝器中利用冷却水或空气将高压的过热蒸气冷凝成为液体，制冷剂液体经节流阀节流后，进入到蒸发器中蒸发，吸收环境热量后，又被压缩机吸回，如此周而复始，实现连续制冷。

519. 制冷机是怎样分类的？

应用在中央空调冷源中的制冷机按工作原理可分为：①蒸气压缩式制冷机，主要机型有活塞式制冷压缩机、螺杆式制冷压缩机和离心式制冷压缩机；②溴化锂吸收式制冷机。

520. 蒸气压缩式制冷机按工作原理怎样分类？

制冷压缩机根据其工作原理可分为容积型（活塞式制冷压缩机、螺杆式制冷压缩机）和速度型两大类（离心式制冷压缩机）。

521. 容积型压缩机是怎样定义的？

容积型压缩机是指用机械的方法使密闭容器的容积变小，使气体压缩而增加其压力的机器。

522. 速度型压缩机是怎样定义的？

速度型压缩机是指用机械的方法使流动的气体获得很高的流速，然后在扩张的通道内使气体流速减小，使气体的动能转化为压力能，从而达到提高气体压力的目的。

523. 压缩机的标准工况是怎样定义的？

压缩机的标准工况是指制冷机在一种特定工作温度条件下的运转工况。工况是指制冷压缩机运行的温度条件，即蒸发温度、冷凝温度、节流前（过冷）温度和压缩机吸气温度四个参数。

标准工况是指根据制冷压缩机在使用中最常遇到的工作条件，以及我国大部分地区一年里最常出现的气候条件为基础而确定的工况。我国活塞式制冷压缩机的标准工况见表4-1。

表4-1　　　　　我国活塞式制冷压缩机的标准工况　　　　　（℃）

工作温度 \ 制冷剂	R717	R72	R22
蒸发温度	—15	—15	—15
冷凝温度	30	30	30
吸气温度	—10	15	15
过冷温度	25	25	25

524. 活塞式压缩机空调工况是怎样的？

活塞式压缩机的测试工况（空调工况）是其名义制冷量的测试工况。国产压缩机的空调工况：工质为R12、R22，蒸发温度5℃，吸气温度15℃，冷凝温度40℃，过冷温度35℃，环境温度（30±5）℃。

525. 活塞制冷压缩机按标准工况制冷量怎样分类？

（1）小型制冷压缩机。制冷量在58kW以下。

（2）中型制冷压缩机。制冷量在58～465kW。

（3）大型制冷压缩机。制冷量在465kW以上。

目前，中央空调制冷机组使用的活塞式压缩机单机制冷量在58kW左右的居多。

526. 活塞式压缩机按汽缸缸数和布置形式怎样分类？

活塞式制冷压缩机汽缸布置形式可分为：立式、卧式、角度式（角度式中有：V型、S型和W型）。

立式压缩机汽缸轴线呈垂直位置，有单缸、双缸两种；卧式压缩机汽缸轴线呈水平位置，有单缸和双缸两种；如图4-1所示，在角度式V型压缩机汽缸轴线呈90°夹角，有2缸和4缸两种；角度式中W型压缩机气缸轴线呈60°夹角，有3缸和6缸两种；角度式中S型压缩机气缸轴线呈45°夹角，有4缸和8缸两种。

527. 活塞开启式制冷压缩机基本结构是怎样的？

制冷压缩机是由许多零部件组成，总体结构如图4-2所示。

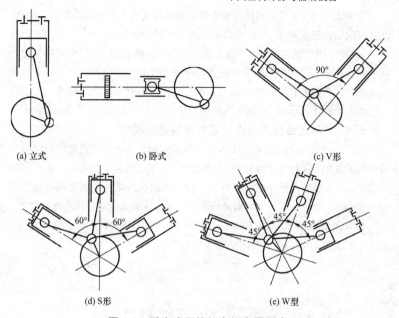

(a) 立式　　　　　　　(b) 卧式　　　　　　　(c) V形

(d) S形　　　　　　　　　　　(e) W型

图 4-1　活塞式压缩机汽缸布置形式

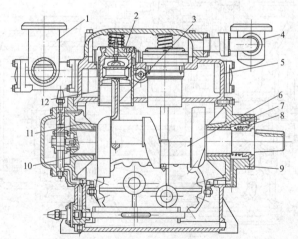

图 4-2　8FS10 型制冷压缩机的总体结构

1—吸气管；2—假盖；3—连杆；4—排气管；5—汽缸；6—曲轴；7—前轴承；
8—轴封；9—前轴承盖；10—后轴承；11—后轴承盖；12—活塞

　　活塞式制冷压缩机的机体是用来安装和支撑其他零部件以及容纳润滑油。汽缸与曲轴箱铸成一体,汽缸孔以每两组为一列,轴向顺序布置,每列之间构成 45° 夹角。吸气腔与曲轴箱连通,排气腔在汽缸体上部,吸气腔与排气腔之间有隔板分开。曲轴箱两侧设有窗孔,以便于拆装机体内部的零件,平时用盖板密封,盖板上有油面指示镜、回油孔及低压压力表接头等部件。机体的前后端开有两个轴承座孔,用以安装前后轴承。在后端盖上安装有润滑油泵。

528. 半封闭活塞式压缩机基本结构是怎样的?

　　制冷压缩机与电动机的壳体铸成一体且同轴,消除了开启式压缩机轴封易泄漏的缺陷,密封性能大为改善。在机体上开有工作孔,用螺栓将盖板紧固予以密封,比较容易更换易损部件。半封闭压缩机的特点是所有部件全部密封在机壳内,为保证运转时润滑油的供应,采用转子式内啮合齿轮油泵供油。

　　半封闭式活塞式压缩机多以机组形式应用于中央空调冷源机组中。图 4-3 所示为 4FS7B 型半封闭压缩机的基本结构。

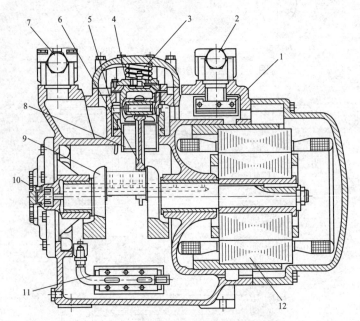

图 4-3　4FS7B 型半封闭压缩机的基本结构

1—吸气滤网;2—吸气阀;3—假盖弹簧;4—活塞;5—卸载装置;6—连杆;
7—排气阀;8—缸套;9—曲轴;10—油泵;11—过滤器;12—电动机

529. 活塞式制冷压缩机的优点是什么？

（1）能适应较广的工况范围和制冷量要求。

（2）热效率较高。

（3）对材料要求较低，多用普通钢铁材料，零件的加工比较容易，造价较低廉。

（4）技术上较为成熟，人们在生产与维修操作领域有着丰富的经验积累。

530. 活塞式制冷压缩机的缺点是什么？

（1）因受到活塞往复运动惯性力的影响，其转速受到限制，单机输气量大时，压缩机显得笨重。

（2）结构复杂，易损件多，维修时工作量大。

（3）因受到各种力的作用，运转时有较大的振动。

（4）排气不能连续，气体压力有较大波动性。

531. 活塞式制冷压缩机性能曲线是怎样的？

活塞式制冷压缩机的制冷量，功率消耗与选用的制冷剂和运行工况等因素有关。一般对选用某一制冷剂的压缩机，用 t_k、t_0 和 Q_0、P_e，坐标图表示出它们之间的变化关系，称为制冷压缩机的特性曲线。制冷压缩机的特性曲线，在压缩机调节中起着至关重要的作用。图 4-4 为 4FV10 制冷压缩机的特性曲线。

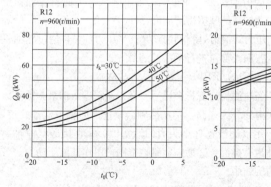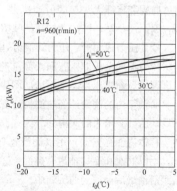

图 4-4　4FV10 型制冷压缩机的特性曲线

532. 制冷压缩机性能曲线怎么使用？

图 3-15 上有两组曲线，右面一组是功率曲线，左面一组是制冷量曲

169

线。它的横坐标是蒸发温度 t_0，纵坐标为制冷量或功率，每条曲线都表示一种冷凝温度 t_k。当一台压缩机的冷凝温度 t_k 和蒸发温度 t_0 确定以后，即可从它的特性曲线图上查出其制冷量和相应的功率消耗。例如，从图 3-15 中可查出当工况 $t_k = 30℃$，$t_0 = 5℃$ 的制冷量为 78.49kW，而消耗的轴功率为 16.5kW。查找时的操作方法是：从图中的横坐标为 5℃ 处垂直向上，分别与 $t_k = 30℃$ 的功率曲线及制冷量曲线相交即可得出上述两值。

533. 怎么用特性曲线来对压缩机运行状态进行分析？

（1）当蒸发温度一定时，若提高冷凝温度，则压缩机的制冷量减少而功耗增加。因此，在条件允许的情况下，在设备运行时，应尽量设法降低冷凝温度，即降低冷却水进水温度，加大冷却水流量，以利于提高压缩机制冷量和降低功率消耗。

（2）冷凝温度一定时，蒸发温度越低，压缩机的制冷量越小，功率消耗也会随之下降。

但应看到：制冷量的下降速度往往大于功率的消耗下降速度，因此运行费用就会增大。

534. 活塞式制冷压缩机润滑方式有哪几种？

（1）飞溅式润滑。飞溅式润滑是指依靠曲柄连杆机构的旋转运动，把曲轴箱内的润滑油甩向各摩擦面的润滑方式。其工作过程是：当曲轴旋转运动时，曲拐和连杆大头与润滑油接触，并将润滑油甩到汽缸镜面及曲轴箱壁面，因而使活塞、汽缸、连杆等摩擦得到润滑。

（2）压力式润滑。压力式润滑是指利用油泵产生压力油，再通过输油管路将压力油送至压缩机各润滑部位进行润滑的润滑方式。

制冷压缩机压力润滑系统如图 4-5 所示。

曲轴箱内的润滑油经过滤器过滤掉杂质后，经三通阀进入油泵。提高压力后，由油泵出来的润滑油分为三路：①从曲轴后端进入曲轴中输油孔道，向连杆体内油孔供油，用以润滑连杆小头内的活塞销；②直接送至前轴封室，用以润滑和冷却轴封摩擦面；③通向能量调节阀，用作其液压动力。各路润滑油最后都回到曲轴箱中。

535. 活塞式制冷压缩机怎么调节能量？

在制冷机组运行时，为满足制冷负荷变化的要求，要随时对制冷压缩机的制冷量进行调节。这一调节是通过调节压缩机的排气量来实现的，这就是所谓的制冷压缩机能量调节。

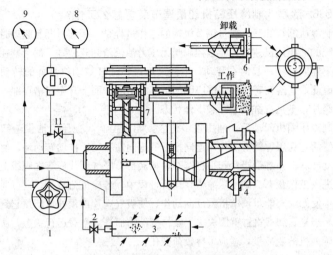

图 4-5　制冷压缩机压力润滑系统

1—油泵；2—滤油器；3—油压调节阀；4—油通阀；5—能量控制阀；6—卸载油缸；

7—活塞连杆及缸套；8—轴封；9—油压控制器；10—油压表；11—低压表

中央空调用活塞式制冷压缩机的能量调节主要是通过卸载－能量调节机构进行。

制冷压缩机的卸载－能量调节机构的动作原理如图 4-6 所示。它主要由进、排油管路，卸载油缸，油活塞，弹簧，推杆，转动环，吸气阀片顶杆等部件组成。在能量调节系统中能量控制阀与润滑油泵的油路相通，以控制卸载油的工作。

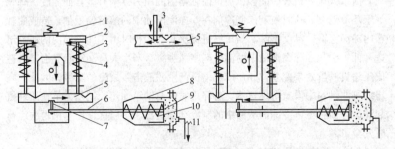

图 4-6　制冷压缩机的卸载-能量调节机构动作原理

1—排气阀；2—吸气阀片；3—吸气阀片顶杆；4—顶杆复位弹簧；5—转动环；6—推杆；

7—传动杆；8—卸载油缸；9—油活塞；10—复位弹簧；11—油缸进、排油管

171

536. 活塞式制冷压缩机能量调节装置怎么工作？

制冷压缩机卸载—能量调节机构的工作过程是：压缩机开始起动时，润滑系统的油压还没建立，能量控制阀无压力油供给卸载油缸，油活塞在弹簧作用下连同推杆一起向右移动，推杆又通过传动杆带动汽缸外的转动环转动。因此，坐落在转动环斜槽底部的顶杆便沿着斜面上升至斜槽顶部，顶开吸气阀片，于是汽缸处于卸载工作状态。

制冷压缩机起动后，油压逐步建立，能量控制阀把压力油供给卸载油缸，使活塞克服弹簧力的作用连同推杆一道向左移动，推动转动环，使坐落在转动环斜槽顶部的吸气顶杆落至斜槽底部，吸气阀片便落在阀线上，汽缸则进入工作状态。制冷压缩机在运行过程中，若冷负荷减小，则可通过控制机构使卸载—能量调节机构反向动作，使吸气阀片被顶杆重新顶起到卸载位置。于是，卸载汽缸就因失去了吸排气能力而进入空载运行状态，从而改变了压缩机的制冷量，适应了冷负荷变化。

通过上述分析可看出：卸载—能量调节机构在工作过程中，只要向卸载机构输入一定压力的润滑油，便可控制压缩汽缸，使其处于带负荷工作状态。而在压缩机起动前或运行中需要卸载时，则不向卸载机构供应压力油，卸载机构便使压缩机汽缸处于卸载工作状态。因此，压缩机在运行中的能量调节是通过控制其润滑压力油的输入情况来实现的。

537. 压缩机曲轴箱电加热器的作用是什么？

活塞式压缩机曲轴箱里设置电加热器是因为氟利昂制冷剂很容易溶解在冷冻润滑油中。其溶解度由压力和温度决定。气体压力越高，冷冻润滑油温度越低，其溶解度越高。随着溶解度的增大，冷冻润滑油的黏度下降。

活塞式压缩机长时间停机后，曲轴箱内的压力逐渐升高，而温度下降到等于环境温度，这时氟利昂制冷剂在冷冻润滑油中的溶解度增加，造成曲轴箱内油面上升、黏度下降。当压缩机再次起动运行时由于曲轴箱内的压力迅速降低，引起冷冻润滑油中的制冷剂剧烈沸腾，产生大量油沫状气泡，会造成压缩机润滑效果变差，并形成压缩机产生"液击"故障的隐患。因此，在压缩机曲轴箱中设置电加热器，对停机时的曲轴箱加热，就是为了在压缩机起动运行前将混入冷冻润滑油中的制冷剂驱赶出来，以保证压缩机再次运行时安全可靠。

538. 活塞式压缩机压力保护控制装置是怎样分类的？

活塞式压缩机压力保护控制装置分为高压排气保护和低压吸气保护两种。

（1）高压（排气压力）保护的目的，是防止排气压力过高而产生事故。

保护控制的方法，是在压缩机排气阀前引一导管，接到高压控制器上。当排气压力超过给定值时，控制器立即动作，切断压缩机电源，使压缩机停机，并发出声、光报警信号。

（2）低压保护压缩机吸气压力过低也是不允许的。吸气压力降低，会使蒸发压力与温度均降低，如低于给定值时，将使制冷量减少，制冷系数降低，是不经济的。而且储存的食品易干耗，同时因低压侧压力过低，会引起大量空气渗入系统。因此压缩机的吸气压力也必须加以控制。其方法是在压缩机吸气阀前引出一导压管，接到低压控制器上。当吸气压力低于给定值时，控制器动作，切断压缩机电源，使压缩机停机。

539. 活塞式压缩机油压保护控制装置是怎样的？

油压保护是指制冷压缩机在运行过程中，其运动部件需要有一定压力的润滑油进行润滑和冷却。为了保证压缩机的安全运行，必须对供油压力进行控制。当油压降至某一定值时，应发出信号，使压缩机停止运行。真正的供油压力是油泵出口压力与压缩机曲轴箱压力之差，因此油压保护应该用一只油压差控制器来实现。

540. 活塞式压缩机断水保护控制装置是怎样的？

断水保护是指压缩机、冷凝器冷却水如断流，将引起压缩机排气压力升高，甚至会发生事故，一般采用晶体管水流继电器进行断水保护。在压缩机或冷凝器冷却水出水管上，安装一对电接点，当有水流流过时，电接点由水导通，继电器发出信号，使压缩机处于可起动或正常运转状态；若水流中断，继电器电接点断开，压缩机不能起动或事故停机。但水流中常有气泡，会引起误动作，而且断水不会立即引起事故，所以应使继电器延时动作，一般延时为15～30s，如在延时时间恢复正常，则压缩正常运行。

541. 活塞式压缩机电动机保护装置是怎样的？

电动机保护主要有短路保护和长期过载保护。常用保护装置有：用于短路保护的过电流继电器，用于长期过载保护的热继电器，也可采用自动空气断路器，它既有开关作用，又有自动保护功能，当电路发生短路、严重过载、失电压或欠电压时，能自动地切断电路，有效保护电动机。

第二节　离心式制冷压缩机

542. 离心式制冷压缩机怎样分类？

离心式制冷压缩机的分类见表4-2。

表 4-2　　　　　　　　　　离心式制冷压缩机的分类

分类方式	分类	分类方式	分类
按驱动方式	蒸气轮机驱动 燃气轮机驱动 电动机驱动	按压缩机 级数	单级 双级 三级
按压缩机与 电动机连接方式	半封闭式 开启式	按能量利用程度	单一制冷型 热泵型
按蒸发器、 冷凝器的 结构形式	单筒式 双筒式	按能耗指标	一般型能耗指标为 0.253kW/kW 节能型能耗指标为 0.238kW/kW 超节能型能耗指标 不大于 0.253kW/kW
按冷凝器 冷凝方式	水冷式 风冷式		

从压缩机与电动机的连接方式上看，离心式制冷压缩机除了可分为半封闭式和开启式的外，还有全封闭形式的离心式制冷压缩机。

543. 离心式制冷压缩机组基本结构是怎样的？

离心式制冷压缩机组基本结构如图 4-7 所示。

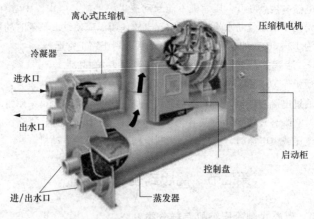

图 4-7　离心式制冷压缩机组基本结构

离心式制冷压缩机结构可分为单级和多级两种类型，其结构如图 4-8 和图 4-9 所示。

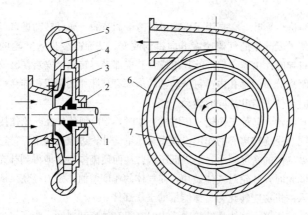

图 4-8　单级离心式制冷压缩机结构

1—轴；2—轴封；3—叶轮；4—扩压器；5—蜗壳；6—扩压器叶片；7—叶片

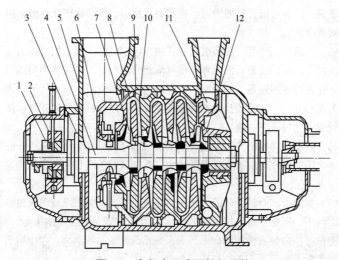

图 4-9　多级离心式压缩机结构

1—机体；2—叶轮；3—扩压器；4—弯道；5—回流器；6—蜗壳；7—主轴；

8—轴承；9—推力轴承；10—梳齿密封；11—轴封；12—进口导流装置

544. 离心式压缩机各主要部件作用是什么？

（1）吸气室。它是用来将制冷剂蒸气从进气管均匀地引入叶轮中的固定部件。

（2）进口导叶。它是用于压缩机制冷量调节的。通过转动进口可调导流叶片，使进入叶轮的气流速度方向得到改变，从而改变进入叶轮的气体流量。进口导叶片由若干扇形叶片组成，其根部带有转轴，安装在吸气室内按圆周等距离分布的轴孔内。每个转轴的端部都与叶片调整机构连接，操纵调节机构时可使进口叶片同时转动。

（3）叶轮，又称工作轮。压缩机工作时，制冷剂蒸气在叶轮作用下高速旋转，同时受旋转离心的作用，被高速地甩向叶轮边缘上的出口。这样，叶轮入口处气体的密度减小，形成低压区，从而使流体不断地得到补充。气流在流经叶轮时，叶轮对气体做功，使气体的速度增加、压力提高。所以叶轮是将输入的机械能转化为气体能量的工作部件。

（4）扩压器。气体从叶轮中流出时有很高的流动速度。为了将这部分动能充分地转变为压力能，同时也为了使气体在进入下一级时有较合理的流动速度，在叶轮后面设置了扩压器。它是由前、后隔板组成的流通截面逐渐增大的通道。随着通道直径的增大，通流面积增加，使气体速度逐渐减慢，压力得到提高。

（5）弯道与回流器。在多级离心式制冷压缩机中，为了把气体引入下一级继续增压，在扩压器后面设置了使气流拐弯的弯道和将气体均匀地引入下一级叶轮入口的回流器。弯道是一个弯曲形的环形空间，它使气流由离心方向改为向心方向。回流器是由两块隔板组成的，内部装有导向叶片，使气流能沿轴线方向进入下一级。

（6）蜗室，又称蜗壳。它的主要作用是将从扩压器出来的气体汇集起来，导出压缩机外，由于外径逐渐增大，也使其对气流起到一定的降速扩压作用。

（7）推力盘。叶轮两侧的气体压力是不相等的，如双级或多级离心式制冷压缩机中，压缩机每级压出侧的气体压力高于吸入侧的气体压力，因此，叶轮会产生指向吸入侧的轴向力。为了减小这种轴向推动力，在压缩机末级之后的主轴上设置推力盘，又称平衡盘。

另外，为了使离心式制冷压缩机持续、安全、高效运行，压缩机还设有一些辅助设备和系统，如增速器、油路系统、冷却系统、自动控制和检测及安全保护系统等。

545. 离心式制冷压缩机是怎么工作的?

图 4-10 所示为离心式压缩机工作过程,离心式压缩机的叶轮称工作叶轮。当叶轮转动时,叶片就带动制冷剂蒸气运动,使制冷剂蒸气得到动能,然后制冷剂蒸气的动能转化为压力能,从而提高了制冷剂蒸气的压力。

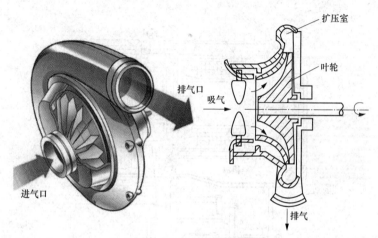

图 4-10　离心式压缩机工作过程

叶轮与其配合的固定元件组成"级"。压缩机工作时,轴和叶轮以高速旋转,因此将轴和叶轮组成的部件称为转子。转子以外的部分是不动的,称为固定元件。固定元件有吸气室、扩压器及蜗壳等。压缩机工作时,制冷剂蒸气先通过吸气室,引导进入压缩机的蒸气均匀地进入叶轮。为了减少气流的能量损失,流通通道的截面做成渐缩的形状,使气体通过时略有加速,进入叶轮。制冷剂蒸气进入叶轮后,一边跟着叶轮高速旋轮,一边由于受离心力的作用,在叶轮槽中扩压流动,从而使气体的压力和速度都得到提高。从叶轮中流出的气体进入扩压器,扩压器是一个截面积逐渐扩大的环形通道,气体速度减小,压力提高。压力得到提高后的气体再进入蜗壳,蜗壳的作用是把由扩压器流出来的气体汇集起来,最后排入排气管。

546. 离心式制冷压缩机的润滑系统是怎样的?

空调用离心式制冷机组的润滑系统,一般采用"组装式",即将油浸式油泵、油泵电动机、油冷却器、油过滤器以及调节系统等组装在一起,全部密封在蒸发器左端的油槽内,油槽外壳将油槽与蒸发器分开,有的则装在压缩机底部。为保证停电或意外事故停机时使其润滑系统仍能向压缩机关键部位供应润滑油，在机组上部高位处设有高位油槽，可利用油位的落差以保持压缩机旋转部分的润滑。

滑油系统的主要零部件由油泵、油冷却器、油过滤器、油引射回收装置和油引射喷嘴组成。图 4-11 是离心式制冷机的"组装式"润滑油系统流程。

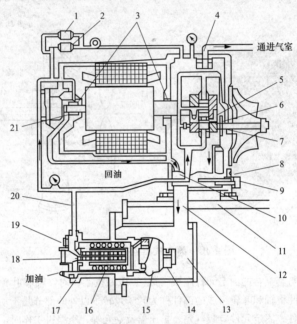

通进气室

回油

加油

图 4-11　离心式制冷机的"组装式"润滑油系统流程
1—导叶开关连锁低压开关；2—低油压开关；3—迷宫密封；4—滤网；5—小齿轮轴承；
6—主轴承；7—推力轴承；8—视镜；9—油加热器；10—油槽；11—蒸发器筒体；
12—总回油管；13—油箱；14—油泵；15—电动机；16—管式油冷却器；
17—油压调节器；18—油过滤器；19—磁性塞头；20—供油管；21—电动机轴承

◤547. 离心式制冷压缩机制冷循环是怎样的？

与其他压缩式制冷机一样，离心式冷压缩机组的工作循环也是由蒸发、压缩、冷凝和节流四个热力状态过程组成的，其工作原理如图 4-12 所示。

压缩机叶轮不断地从蒸发器中抽出制冷剂蒸气，使其压力下降，相应地也降低了蒸发器内的温度，并使制冷剂沸腾、蒸发。制冷剂在汽化过程中吸收蒸发器管簇内载冷剂的热量，降温后的载冷剂又重新输送至空气处理装置内。经压缩机压缩后变成高温高压状态的制冷剂蒸气，进入冷凝器中进行冷凝,与冷却水进行热交换后冷凝成液态制冷剂。液态制冷剂由一个限流孔进入闪蒸过冷室。使一小部分制冷剂闪蒸为气体,吸收没有蒸发的制冷剂液体的热量,使其进一步冷却。闪蒸后变成气态的制冷剂蒸气又进入冷凝器被冷却为液态,并同闪蒸过冷室中流出的过冷液状态的制冷剂一起流向浮球阀室。在浮球阀室有一只线性浮球阀,形成了液体密封,以防止过冷室的蒸气进入蒸发器,影响其制冷效率。液体制冷剂在流过浮球阀室时被节流后进入蒸发器中蒸发,吸入载冷剂热量后气化为制冷剂蒸气,又被压缩机吸入。上述过程完成了一个单级制冷循环过程。

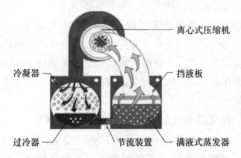

图 4-12　离心式冷水机组工作原理

548. 离心式制冷压缩机油引射回收装置有哪些作用?

在离心式制冷压缩机机组中,由于油槽以上空间是和进气室相通的,因此油雾就能进入压缩机内流通,凝结成液态后,润滑油就会沉积在进气室或蜗壳底部,为了使这些沉积的润滑油能返回油槽,采用了油引射回收装置及油引射嘴。油引射回收装置及油引射嘴如图 4-13 和 4-14 所示。

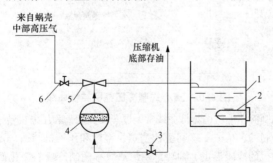

图 4-13　油引射回收装置

1—油槽;2—电加热器;3、6—波纹管阀;4—过滤器;5—油引射喷嘴

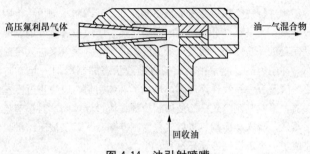

高压氟利昂气体 —— 油—气混合物

回收油

图 4-14   油引射喷嘴

油引射回收装置及油引射嘴的工作原理是在蜗壳中部引一股高压制冷剂气体，通过喷嘴的引射作用，将压缩机底部的积油经过滤网抽出，与喷嘴喷出的高压气体混合在一起后，由喷嘴出口管回收至油槽中。油引射回收装置在使用时应注意在起动和停机过程中，应关闭喷嘴的前后波纹管阀，不能使用油引射回收装置。

549. 怎样学习离心式制冷压缩机的特性曲线？

离心式制冷压缩机特性曲线如图 4-15 所示，表示一台压缩机运行时，由于某一参数（如制冷量 Q_0、蒸发温度 t_0、压缩机转速 n 等）发生变化，引起其他参数变化的情况。

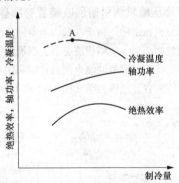

绝热效率，轴功率，冷凝温度

A

冷凝温度
轴功率

绝热效率

制冷量

图 4-15   离心式制冷压缩机特性曲线

离心式制冷压缩机的特性曲线常是以蒸发温度 t_0 和压缩机转速 n 一定为前提进行绘制的。从图 4-15 可看出当蒸发温度和压缩机转速一定时，离心式制冷压缩机的冷凝温度、轴功率及绝热效率随制冷量的变化而变化的关系。从图 4-15 中还可看到当蒸发温度 t_0 和压缩机转速 n 一定时，压缩机的制冷量随冷凝温度的升高而减少，在某一制冷量时（通常为设计工况）具有最大绝热效率，而当偏离设计工况时，运行效率将下降。

在图 4-15 的冷凝温度曲线上，A 点为喘振点，表示离心式压缩机达到喘振的工况。

所谓喘振是离心式制冷压缩机经常出现的一种故障现象。其主要表现是：当压缩机的排气量小于特性曲线图上 A 点位置对应的值时，由于此时制冷剂蒸气通过叶轮的能量损失很大，使叶轮流道内的气流发生严重的脱离现象，造成压缩机排气压力突然下降，导致压缩机出口以外倒流回的气体使叶轮中的流量增加，排气压力又升高。排出气体，而后，流量又不足，排气压力下降，又会产生气体倒流现象。如此不断地产生周期性的气体脉动，就称为喘振。压缩机发生喘振时，会使运行噪声增大，机体和出口管道会发生强烈振动。若不能及时采取控制措施，就会造成压缩机损坏。为防止喘振的发生，在压缩机运行时应使排气量尽量在 A 点位置，以防止喘振的发生。

550. 离心式制冷压缩机能量调节有哪几种方法？

（1）吸气节流调节法。用改变压缩机吸气截止阀的开度，对压缩机吸入的蒸气进行微量节流来调节压缩机的排气量。这种调节方法可使压缩机的制冷量有较大范围（60%～100%）的变化。

（2）转速改变调节法。对于可改变转速的离心式制冷压缩机，可采用改变主机转速的方法来进行制冷量的调节。当转速在 100%～80% 范围内变化时，制冷量在 100%～50% 范围内变化。

（3）进口导流叶片角度调节法。设置在压缩机叶轮前进口导流叶片的角度发生改变时，即改变了制冷剂蒸气进入叶轮的速度和方向，从而使叶轮所产生的能量发生变化，改变了压缩机的制冷量。这种调节方法，制冷量可以在 25%～100% 范围内变化。

（4）冷却水量调节法。离心式制冷压缩机制冷量的调节也可通过改变冷却水量的方法进行。当冷却水量减小时，冷却水带走的热量也少，使压缩机的冷凝温度升高，也使其制冷量减少。

（5）旁通热蒸气调节法。旁通热蒸气调节法，也称反喘振调节法，即通过在压缩机进气和排气管之间设置的旁通管路和旁通阀，使一部分高压气体通过旁通管返回到压缩机进气管，达到减少压缩机排气量、改变其制冷量的目的。在运用此种方法进行制冷量调节时，要注意不能使旁通的气体过多，以免造成排气温度过高，导致压缩机损坏。所以在调节时，必须在旁通阀后喷入液体制冷剂，使旁通气体降温，保证压缩机能正常运行。

冷却水量调节法和旁通热蒸气调节法的经济性很差，因此，一般情况下不使用这两种方法，只有在需要很小制冷量时才采用。

551. 离心式制冷压缩机有哪些优点？

（1）结构简单，工作可靠，几乎没有易损件，连续工作周期长。机组运转的自动化程度高，可实行制冷量的无级调节。

（2）离心式压缩机由于运转时剩余的惯性力极小，运转平稳，因而对基础要求低。目前国内外生产的空调用 R11、R12 的系列产品，离心式压缩机组可直接安装在单筒式的蒸发冷凝器上，无需另外设计基础。

（3）易于实行多级压缩和节流，把制冷剂蒸气引入压缩机中间级时，可得到完全的中间冷却，并可在各蒸发器中得到几种蒸发温度，以满足某些工艺的要求。

（4）对大型的低温机组，可采用经济性高的工业汽轮机直接拖动，这对有废热蒸气的工业企业来说，经济性更高。

（5）外形尺寸小、质量小、占地面积小，价格也便宜。在相同制冷量的情况下，活塞式压缩机与离心式压缩机相比，前者的质量是后者的 5～8 倍，前者占地面积比后者多 1 倍。

（6）易损件少，因而工作可靠，维护费用低。

（7）无往复运动，故运转平稳、振动小、基础简单、噪声小。

（8）制冷量可经济地实现无级调节。

552. 离心式制冷压缩机有哪些缺点？

（1）一般离心式的效率比活塞式要低，为了保证叶轮有一定的出口宽度，制冷量不能太小，否则会大大降低机器的效率。

（2）为了得到较高的压缩比，则需多级压缩，同时一般要用增速传动，对开启式机组还要有轴端密封，这些都增加了制造上的困难和结构的复杂性。

（3）离心式压缩机适用的工况范围比较小，对制冷剂适应比较差，即一台结构一定的压缩机只能适应一种制冷剂。

（4）由于速度高，所以对于材料强度的加工精度和制造质量均要求严格。

（5）离心式压缩机只适用于大制冷量范围，如果制冷量太小，则流道狭窄，效率低。

第三节　螺杆式制冷压缩机

553. 螺杆式制冷压缩机是怎样定义的？

螺杆式压缩机又称螺杆压缩机。20 世纪 50 年代，喷油螺杆式压缩机开始应用在制冷装置上，由于其结构简单、易损件少，能在大的压力差或压力比的工况下，排气温度低，对制冷剂中含有大量的润滑油（常称为湿行程）不敏感，有良好的输气量调节性，很快被广泛地应用在冷冻、冷藏、中央空调和化工工艺等制冷装置上。

螺杆式热泵机型从 20 世纪 70 年代初便开始用于采暖空调方面，有空气热源型、水热泵型、热回收型、冰蓄冷型等。

554. 螺杆式制冷压缩机组整体结构是怎样的?

螺杆式制冷压缩机属于容积型压缩机，多以机组形式组成制冷装置，其整体结构如图 4-16 所示。

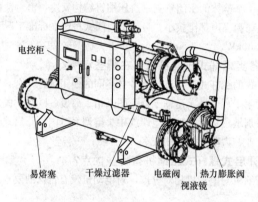

电控柜

易熔塞　　干燥过滤器　　电磁阀　　热力膨胀阀
视液镜

(a)前视图

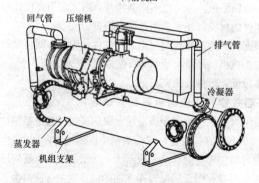

回气管　压缩机

排气管

冷凝器

蒸发器
机组支架

(b)后视图

图 4-16　螺杆式压缩机组结构

555. 螺杆式制冷压缩机组怎么分类?

螺杆式制冷压缩机组按压缩机与电动机连接方式不同,分为开启式、半封闭式和全封闭式三种。

(1) 开启式机组。压缩机通过联轴器与电动机相连,要求在压缩机伸出轴上加装可靠的轴封,以防制冷剂和润滑油泄漏。

(2) 半封闭式机组。电动机与压缩机作为一体,中间用法兰连接,能有效防止制冷剂和润滑油的泄漏,并采用制冷剂冷却电动机,消除了开启式机组中电动机冷却风扇的噪声。

(3) 全封闭式机组。压缩机及其驱动电动机共用一个主轴,两者组装在一个焊接成一个整体的密闭罩壳中。压缩机结构紧凑,密封性极好,而且使用方便,振动和噪声都比较小。目前全封闭式机组在标准工况下制冷量范围已经超过 3500kW。

556. 各类螺杆式压缩机应用在哪些场所?

三种形式的螺杆式压缩机,有各自不同的使用场合。全封闭式螺杆压缩机组主要适用于写字楼、运输工具、图书馆、商厦、医院、民用住宅、宾馆等对噪声特别敏感场所的独立空调或中央空调系统内,开启式与半封闭式机组在工矿企业、人防工程运用较多。

557. 开启式螺杆式压缩机有哪些优点?

(1) 压缩机与电动机相对分离,对电动机没有特殊的要求,故压缩机的适用范围较广。

(2) 同一台压缩机,可适应不同制冷剂,除了采用卤代烃制冷剂外,通过更改部分零件的材质,还可采用氨作制冷剂。

(3) 可根据不同的制冷剂和使用工况条件,配用不同容量的电动机。

(4) 单机头机组制冷量可达 2300kW 以上。

(5) 成本较低,价格较便宜。

558. 开启式螺杆式压缩机有哪些缺点?

(1) 需要轴封住制冷剂和润滑油泄漏的通道,这也是用户经常维护的重点。GB/T 19410—2008《螺杆式单级制冷压缩机》标准中对渗油量规定:开启式机组运行时的轴封处渗油量应不大于 3ml/h。由于氟利昂和冷冻油是互溶的,故在使用过程中氟利昂与冷冻油的同步泄漏无法避免,尤其在运行满 1000h 以后,由于轴封的磨损,会加剧氟利昂与冷冻油的泄漏,加大维修和运行费用,影响正常使用。

(2) 配套的电动机高速旋转,冷却风扇形成的气流噪声大,压缩机本身噪声也比较大，开启式机组一般噪声在 90dB（A）以上，导致噪声污染环境。

（3）需要配置单独的油分离器和油冷却器等复杂的油系统部件，导致机组体积庞大，使用维护不便且重量和占地面积都大。

（4）效率低，由于需要用外置电动机驱动油泵及配用普通低效率电动机，空调名义工况能效比一般不超过 4.0。

559. 半封闭式螺杆式压缩机有哪些优点？

（1）由于采用半封闭式方式，电动机与压缩机一体化设计，故噪声低、振动小，不存在开启式机组的氟利昂和润滑油的泄漏等问题，减少了用户的维护和管理成本，不会因泄漏而影响用户的正常使用。

（2）由于采用半封闭式方式，电动机与压缩机合为一体，加上内置分油消音器，大大降低了运行噪声，同等冷量开启式与半封闭式噪声差别约为 15dB（A）。

（3）由于内置油分离器采用内压差供油方式，无需配外置电动机驱动油泵，提高了运行的能效比，空调名义工况下能效比一般大于 4.5。

（4）对要求较高的场合，可采用双机头或三机头形式，各制冷系统相对独立，一旦某系统出现故障，其他系统可以正常工作，不会对生产和环境造成太大影响。

560. 半封闭式螺杆式压缩机有哪些缺点？

（1）目前国内所采用半封闭式螺杆压缩机大部分为国外原装进口，价格较高。

（2）由于采用耐氟利昂、耐润滑油和耐高温特种电动机，增加了压缩机的材料成本，故同档次半封闭式压缩机价格高于开启式压缩机。

（3）单机容量较小，单机头容量一般不超过 1750kW。

561. 全封闭式螺杆式压缩机有哪些优、缺点？

（1）优点。压缩机和电动机装在一个由熔焊或钎焊死的外壳内，共用一根主轴，这样取消了轴封装置，结构紧凑，密封性极好，而且使用方便，振动和噪声都比较小。露在机壳外表的只有吸排气管、工艺管及输入电源接线柱等。

（2）缺点。由于整个压缩机电动机组是装在一个不能拆开的密封机壳中，不易打开进行内部修理，因而要求其使用可靠性高、寿命长，对整个制冷系统的安装要求也高。全封闭式螺杆式压缩机多用于中小型地源热泵机组。

562. 螺杆式制冷压缩机基本结构是怎样的？

螺杆式制冷压缩机可分为：开启式、半封闭式和全封闭式三种基本类型，其基本结构如图4-17所示。

它是由转子、机体、吸排气端座、滑阀、主轴承、轴封、平衡活塞等主要零件组成的。机体内部呈"∞"字形，水平配置两个按一定传动比反向转动的螺旋形转子，一个为凸齿，称阳转子；另一个为齿槽，称阴转子。

转子的两端安放在主轴承中，径向载荷由滑动轴承承受，轴向载荷大部分由设在阳转子一端的平衡活塞所承受，剩余的载荷由转子另一端的推力轴承承受。

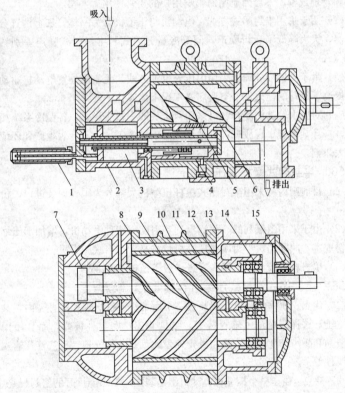

图4-17 螺杆式制冷压缩机基本结构

1—负荷指示器；2—油活塞；3—液压缸；4—导向块；5—喷油孔；6—卸载滑阀；
7—平衡活塞；8—吸气端座；9—阴转子；10—气缸；11—阳转子；12—滑动轴承；
13—排气端座；14—推力轴承；15—轴封

机体汽缸的前后端盖上没有吸气、排气管和吸气、排气口。在阳转子伸出端的端盖处，安装有轴封。机体下部设有排气量调节机构——滑阀，还设有汽缸喷油用的喷油孔（一般设置在滑阀上）。

563. 螺杆式制冷压缩机主要部件有哪些作用？

螺杆式制冷压缩机的主要部件主要由吸气室、叶轮、扩压器、蜗壳等组成。这些主要部件的作用是：从蒸发器中吸取制冷剂蒸气，以保证蒸发器内一定的蒸发压力。提高压力，将低压低温的制冷剂蒸气压缩成为高压高温的过热蒸气，以创造在较高温度（如夏季 35℃左右的气温）下冷凝的条件。输送并推动制冷剂在系统内流动，完成制冷循环。

564. 螺杆式制冷压缩机怎么工作？

阴阳转子啮合齿间的基元容积变化过程如图 4-18 所示。

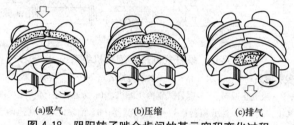

(a)吸气　　　　　　(b)压缩　　　　　　(c)排气

图 4-18　阴阳转子啮合齿间的基元容积变化过程

图 4-18 中上部为吸气端，下部为排气端，在理想工作状态下它有三个工作过程，即吸气过程、压缩过程和排气过程。当转子上部一对齿槽和吸气口连通时，由于螺杆回转啮合空间容积不断扩大，来自蒸发器的制冷剂蒸气由吸气口进入齿槽，即开始进行吸气过程［见图 4-18（a）］。随着螺杆的继续旋转，吸气端盖上的齿槽被齿的啮合所封闭，即完成了吸气过程。随着螺杆继续旋转，啮合空间的容积逐渐缩小，气体就进入压缩过程［见图 4-18（b）］。当啮合空间和端盖上的排气口相通时，压缩过程结束。随着螺杆的继续旋转，啮合空间内的被压缩气体通过排气口将压缩后的制冷剂蒸气排入至排气管道中［见图 4-18（c）］，直至这一空间逐渐缩小为零，压缩气体全部排出，排气过程结束。随着螺杆的不断旋转，上述过程将连续、重复地进行，制冷剂蒸气就连续不断地从螺杆式制冷压缩机的一端吸入，从另一端排出。

565. 螺杆式制冷压缩机组结构是怎样的？

螺杆式制冷压缩机在实际运行中，为保证其安全运行，均组成机组形式，其结构如图 4-19 所示。

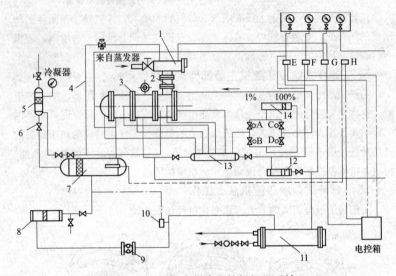

图 4-19　螺杆式制冷压缩机机组系统

——表示油路；---表示气路；——表示电路；— — —表示温度控制线路

1—过滤器；2—吸气止回阀；3—螺杆式制冷压缩机；4—旁通管路；5—二次油分离器；

6—排气止回阀；7—油分离器；8—油粗过滤器；9—油泵；10—油压调节阀；

11—油冷却器；12—油精过滤器；13—油分配管；14—油缸；

A、B、C、D—电磁阀；G、E—压差控制器；F—压力控制器；H—温度控制器

螺杆式制冷压缩机组除制冷压缩机外，还包括油分离器、油过滤器、油冷却器、油泵、油分配管、能量调节装置等。概括起来机组系统包括制冷系统和润滑系统两部分。

566. 螺杆式制冷压缩机组是怎么工作的？

螺杆式制冷压缩机机组制冷系统的工作过程是：来自蒸发器的制冷剂蒸气，经过滤器、吸气止回阀进入吸入口。制冷压缩机的一对转子由电动机带动旋转，润滑油由滑阀在适当位置喷入，油与气在汽缸中混合。油气混合物被压缩后经排气口排出，进入油分离器。由于油气混合物在油分离器中的流速突然下降，以及油与气的密度差等作用，使一部分润滑油被滞留在油分离器底部，另一部分油气混合物，通过排气止回阀进入二次油分离器中，进行二次分离，再将制冷剂蒸气送入冷凝器中。

567. 螺杆式机组设置吸气止回阀目的是什么？

螺杆式制冷压缩机机组在系统中设置吸气止回阀的目的是防止制冷压缩

机因停机时转子倒转而使转子产生齿损。设置排气止逆阀的目的是防止制冷压缩机停机后，因高压气体倒流而引起机组内的高压状态。设置旁通管路的作用是当制冷压缩机停机后，电磁阀开启，使存在于机腔内压力较高的蒸气通过旁通管路泄至蒸发系统，让机组处于低压状态下，便于再次起动。系统上压差控制器的作用是控制系统的高压及低压压力。

568. 螺杆式机组润滑目的是什么？

螺杆式制冷压缩机一般采用喷油式压力润滑，即在制冷压缩机工作过程中，通过油泵将润滑油喷射至两螺杆工作部位及其他需要润滑的部位。其目的有四个：①带走压缩过程中所产生的压缩热，使压缩过程接近于等温压缩，降低排气温度，从而防止机件受热变形；②向汽缸内喷入润滑油，可使转子之间及转子与汽缸之间得到密封，减少内部的泄漏；③对螺杆式制冷压缩机的运动部件起润滑作用，提高零部件的寿命，以达到长期、经济、安全的运行；④喷油使螺杆式制冷压缩机的结构简化，对降低运转噪声起一定作用。

569. 螺杆式制冷压缩机的润滑系统怎么工作？

螺杆式制冷压缩机润滑系统的工作过程是：储存在油分离器下部的温度较高的润滑油，经油粗过滤器过滤后，被油泵加压送到油冷却器。在油冷却器中，润滑油被冷却水冷却降温后进入油精过滤器，经精过滤器进行精过滤后，被送入油分配管，再被分别送到轴封、滑阀喷油孔、前后主轴承、平衡活塞、四通电磁阀（能量调节装置）中。

送入轴封、前后主轴承、四通电磁换向阀的润滑油，经机体内油孔返回到低压侧。部分润滑油与制冷剂蒸气混合后，由制冷压缩机压到油分离器中。转子机腔中的油气混合物，被排至油分离器进行油气分离，分离后的润滑油，积存在油分离器的下部，再循环使用，二次分离器中的润滑油，一般应定期放回制冷压缩机低压侧的曲轴箱内。

570. 螺杆式制冷压缩机怎样进行能量调节？

螺杆式制冷压缩机的能量调节一般是依靠滑阀来实现的。滑阀的结构如图 4-20 所示，它安装在螺杆式压缩机排气一侧汽缸两内圆的交点处，其表面组成汽缸内表面的一部分，滑阀底面与汽缸底部支撑滑阀的平面相贴合，使滑阀可做平行于汽缸轴线的移动。滑阀杆一端连接滑阀，另一端连接油缸内的活塞，依靠油活塞两边油压差，使滑阀移动。当滑阀移动而把回流口打开时，转子啮合齿槽吸入的气体一部分经回流口返回到吸入腔，从而使压缩机的排气量减少。能量调节机构油缸中的压力油来自压缩机的润滑系统。当油缸的进出油路均被关闭时，油缸内的活塞即停止移动，滑阀就停在某一位置上，压缩机即在某一排气量下工作。

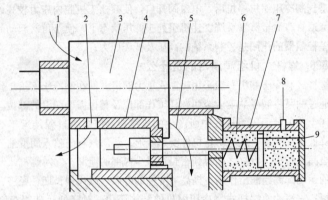

图 4-20　螺杆式制冷压缩机的能量调节机构

1—吸入口；2—回流口；3—转子；4—滑阀；5—排出口；6—油缸
7—平衡弹簧；8—进油口；9—负荷指示杆

571. 螺杆式制冷压缩机卸载起动怎样进行？

螺杆式制冷压缩机的能量调节机构同时也是一个起动卸载机构。当制冷压缩机起动时，油压尚未建立，回流口处于开启位置，从而实现其卸载启动的目的。滑阀的移动可通过电动或液压传动的方式，根据吸气压力或温度变化来进行能量调节。滑阀同油缸的活塞连成一体，由油泵供油推动油缸活塞带动滑阀移动，一般是通过四通电磁阀控制进油方向来达到能量调节目的的。

572. 螺杆式制冷压缩机机组中的电磁阀作用是什么？

四通电磁阀是由四只电磁阀安装在一个共同阀体上组成的。现结合图 4-19 来分析其工作过程。图中 A、B、C、D 四只电磁阀组成了四通电磁阀，它们一般成对使用。当手动（或自动）使电源接通电磁阀 A、D 后，从供油分配管来的高压油，通过电磁阀 A 进入油缸的左室，而右室的油，经电磁阀 D 流入压缩机的低压侧，此时滑阀移向能量 100％的位置，使压缩机的排气量增加；反之，当接通电磁阀 B、C 后，油活塞带动滑阀向能量 10％的位置方向移动，使压缩机排气量减少。

当需要保持压缩机制冷量在某一档次内不变时，只需要在与此制冷量对应的滑阀位置上不接通电源，即使电磁阀 A、B、C、D 均处于关闭状态。

螺杆式制冷压缩机起动时，应将能量调节到最低，以实现空载或低负荷起动。

573. 螺杆式制冷压缩机工况条件是什么？

螺杆式制冷压缩机组排气温度低，可在大压力比下单机运行容积效率高、易损件少、运转周期长、使用安全可靠、振动小、运转平稳，能量可以无级调节等特点。

螺杆式制冷压缩机组使用的工况条件是：冷凝温度≤43℃；蒸发温度−40～+5℃；排气温度≤105℃；喷油温度25～65℃；喷油压力高于排气压力0.15～0.3MPa。

574. 螺杆式制冷压缩机何时经济效果最佳？

滑阀调节可使螺杆机的制冷量在内无级调节，但压缩机运行特性表明，当制冷量在50%以上时，压缩机功耗与制冷量成正比变化；而当小于50%时，因摩擦功耗几乎不变，使得单位功耗的制冷量偏小。因此，从运行的经济效率考虑，螺杆机在50%以上的负荷情况下运行经济效果最佳。

575. 螺杆式压缩机油分离器怎么工作？

螺杆式压缩机油分离器工作原理利用油滴与制冷剂蒸气密度的不同，使混合气体流经直径较大的油分离器时，利用突然扩大通道面积使流速降低，同时改变流动方向及其他分油措施来实现分油。喷入螺杆机的油温推荐值：氨机25～55℃，氟机25～45℃。压缩机排出的高温高压氨蒸气经冷凝器冷凝后变成液体，首先进入虹吸罐，在虹吸罐的液面达到溢流口时，液体经溢流口进入储液器而向蒸发器供液。在油冷却器中吸收润滑油的热量后蒸发变成气体，经回气口回到虹吸罐，气体所携带的液体在虹吸罐中得到分离。

576. 螺杆式压缩机的止逆阀作用是什么？

吸气止逆阀的作用是防止停机后由于气体倒流造成制冷剂在吸入管路内凝结。排气止逆阀是防止停机后，高压气体由冷凝器倒流入机体内，使转子倒转。

577. 螺杆式压缩机经济器的用途是什么？

螺杆式压缩机的经济器在制冷循环系统又称为中间补气循环系统。在压缩机吸气结束后的某一位置，在机体上增开一个补气口，吸入来自经济器的制冷工质蒸气，使进入蒸发器的制冷工质液体具有更低的温度，从而显著增大机组的制冷量。

第四节 吸收式制冷机

578. 溴化锂制冷机组怎么分类？

溴化锂吸收式制冷机组的分类方法很多。主要按以下几种方法分类：

(1) 按使用的能源可分为：蒸汽型、热水型、直燃型和太阳能型。

(2) 按使用能源被利用程度可分为：单效型和双效型。

(3) 按各换热器布置可分为：单筒型、双筒型和三筒型。

(4) 按应用范围可分为：冷水型和温水型。

(5) 按综合方法可分为：蒸汽单效型、蒸汽双效型和直燃型冷温水机组。

579. 单效双筒溴化锂制冷机组怎么工作？

图 4-21 是一台单效双筒溴化锂吸收式制冷机组的工作原理。

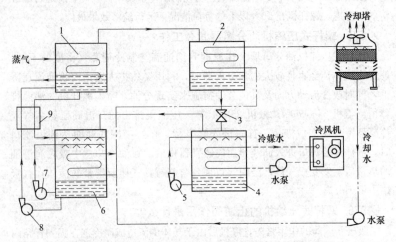

图 4-21　单效溴化锂吸收式制冷机的工作原理

1—发生器；2—冷凝器；3—节流阀；4—蒸发器；5—蒸发泵；6—吸收器；

7—吸收泵；8—发生泵；9—溶液热交换器

单效溴化锂吸收式制冷机组是由发生器、冷凝器、蒸发器、吸收器、溶液热交换器以及屏蔽泵（溶液泵和冷剂泵）、阀门、管道等组成。

机组运行张的工作流程是：在发生器中的溴化锂被热源蒸气加热后，溶液中的制冷剂—水被加热后变成水蒸气流入冷凝器中，在冷凝器中向冷却水放出热量后，凝结成冷剂水，冷剂水经节流装置节流后流入蒸发器中蒸发，吸收蒸发器中冷媒盘管中冷媒水的热量后变成水蒸气，进入吸收器中被从发生器回来的溴化锂浓溶液吸收，变成溴化锂稀溶液，然后经发生器，从而完成循环过程。

单效溴化锂吸收式制冷机的工作原理可分为以下两部分：

（1）二元溶液，即溴化锂水溶液在发生器内被热源加热沸腾，产生的制冷剂蒸气在冷凝器中被冷凝为冷剂水。冷剂水经 U 形管节流后进入蒸发器，经蒸发器在低压条件下喷淋，冷剂水蒸发，吸收冷媒水热量，产生制冷效果。

（2）发生器流出的浓溶液，经热交换器降温、降压后流入吸收器，与吸收器中原有的溶液混合为中间浓度的浓溶液。中间浓度溶液被吸收器泵输送并喷淋，吸收从蒸发器出来的冷剂蒸气变为稀溶液。稀溶液由发生器泵输送至发生器，重新被热源产生冷剂蒸气再次形成浓溶液，进入下一个循环周期。

580. 溴化锂吸收式制冷机组怎么工作？

（1）发生过程。在发生器中，浓度较低的溴化锂溶液被蒸气加热，温度升高，并在发生压力下沸腾，冷剂蒸汽从溶液中逸出，溶液被浓缩，这一过程称为发生过程。

（2）冷凝过程。在发生器内，稀溶液中析出的冷剂水蒸气进入冷凝器中，淋洒在冷凝器内冷却水管簇外表面释放出凝结热，凝结成冷剂水，这一过程称为冷凝过程。凝结过程中放出的凝结热由冷却水携带排出。

（3）节流过程。冷凝过程产生的冷剂水，通过 U 形管节流送入蒸发器中。U 形管不仅起到控制冷剂水流量和维持上、下筒压力差的作用，而且还起到一定的水封作用，防止上、下筒压力串通，破坏上、下筒之间的压力差，这一过程称为节流过程。

（4）蒸发过程。进入蒸发器的冷剂水，由于压力急剧下降，一部分冷剂水即刻闪发，使蒸发器内部温度降低。没有闪发的冷剂水经蒸发器内冷媒水管管簇外表面向下流淌，积聚在蒸发盘内，由蒸发器泵输送并喷淋在蒸发器内冷媒管管簇的外表面，吸收通过蒸发器冷媒管簇内冷媒水的热量后蒸发为制冷剂蒸气，这一过程称为蒸发过程。

（5）吸收过程。发生器内的溴化锂稀溶液由于发生出冷剂蒸汽而形成温度较高的浓溶液，依靠上、下筒的压力差和溶液本身的重量，流经热交换器被低温稀溶液吸热降温后，自流进入吸收器，与吸收器中的溶液混合或中间浓度的浓溶液，由吸收器泵输送并喷淋到吸收器管簇外，吸收从蒸发器出来的冷剂蒸汽后，使溶液浓度降低，这一过程称为吸收过程。过程中放出的吸收热，被通过吸收器管簇内冷却水带走。

581. 双效溴化锂制冷机组怎么工作？

双效溴化锂吸收式制冷机组工作原理如图4-22所示。

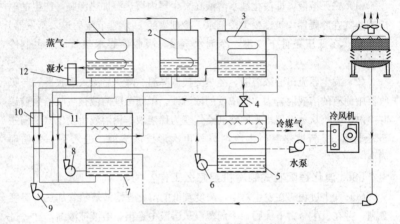

图4-22　双效溴化锂吸收式制冷机组的工作原理

1—高压发生器；2—低压发生器；3—冷凝器；4—节流阀；5—蒸发器；6—蒸发泵；
7—吸收器；8—吸收泵；9—发生泵；10—低温溶液热交换器；
11—高温溶液热交换器；12—凝水器

双效溴化锂制冷机组工作时，在高压发生器中的稀溶液被热源加热，在较高的压力下产生冷剂蒸气，因为该蒸气具有较高的饱和温度，蒸气冷凝过程中放出的潜热还可被利用，所以冷剂蒸气又被通入低压发生器中作为热源来加热低压发生器中的溶液；散出大量潜热后与低压发生器中产生的冷剂蒸气一起送入到冷凝器中，向冷却水散出热量后凝结成冷剂水；冷剂水经节流装置节流后，进入蒸发器中蒸发制冷；吸收冷媒热量后变为冷剂蒸气在吸收器中被从高、低压发生器中回来的溴化锂浓溶液吸收，变为溴化锂稀溶液；然后再由发生泵通过高、低温溶液热交换器和凝水器分别送入高、低压发生器中，从而完成工作循环过程。由于在循环过程中热源的热能在高压和低压发生器中得到了两次利用，因此称为双效溴化锂吸收式制冷机。

582. 双效三筒溴化锂制冷压缩机怎么工作？

双效溴化锂吸收式制冷机根据稀溶液进入高、低温热交换器的方式，分为串联式流程和并联式流程两种。图4-23为双效并联式流程溴化锂吸收式机组的工作流程示意图，大家可根据图4-23了解其工作流程。

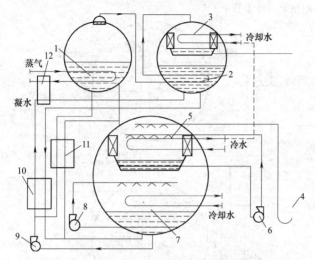

图 4-23　三筒双效溴化锂制冷机组的工作流程

1—高压发生器；2—低压发生器；3—冷凝器；4—U形管；5—蒸发器；

6—蒸发泵；7—吸收器；8—吸收泵；9—发生泵；10—低温溶液热交换器；

11—高温溶液热交换器；12—凝水器

双效溴化锂吸收式制冷机组是由高压发生器、低压发生器、冷凝器、U形管、蒸发器、蒸发泵、吸收器、吸收泵、发生泵、低温溶液热交换器、高温溶液热交换器、凝水器和管道等组成。

机组的高、低压发生器制成两个筒体，称为高压发生器和低压发生器。来自吸收器的溴化锂稀溶液被分别送入其中。工作时，高压发生器中产生的冷剂蒸气送入低压发生器中，作为热源给低压发生器中溴化锂稀溶液加热，冷剂蒸气放热后成为冷剂水与低压发生器中产生的冷剂蒸气一起进入冷凝器中冷却成为冷剂水后，经U形管节流后进入蒸发器中蒸发，吸收冷媒水热量后，又变为水蒸气，在压力差的作用下，又流回吸收器中继续循环。

583. 热水型溴化锂制冷机怎么工作？

图4-24为双吸热水型溴化锂制冷机的工作原理图。

工作过程是分成高压循环和低压循环两个过程。在高压循环中，第一发生器泵将第一吸收器中的稀溴化锂溶液经第一热交换器进行热交换，升温后送至第一发生器中，被加热后产生的冷剂蒸气进入冷凝器中被冷却成冷剂水后，流入蒸发器中蒸发。在第一发生器中放出冷剂蒸气的浓溶液经第一热交换器又回到第二发生器中。

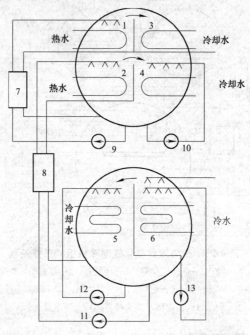

图 4-24 双级热水型溴冷机工作原理图

1—第一发生器；2—第二发生器；3—冷凝器；4—第一吸收器；5—第二吸收器；
6—蒸发器；7—第一热交换器；8—第二热交换器；9—第一发生器泵
10—第一吸收器泵；11—第二发生器泵；12—第二吸收器泵；13—蒸发器泵

在低压循环中，第二发生器泵将第二吸收器中的溴化锂溶液经第二热交换器升温后抽至第二发生器中被加热后，放出的冷剂蒸气进入第一吸收器中，向冷却水放出冷凝热；后与从第一发生器中回来的浓溶液混合，生成稀溶液，从而提高了第一发生器中稀溶液的放气范围，达到机组的制冷效果。在蒸发器中吸收了冷媒水热量后又成为水蒸气，被从第二发生器回来的浓溶液吸收，放出冷凝热后，又成为稀溶液，进入往复循环中。

热水型机组使用的热水一般为90~95℃，可制取7℃左右的冷媒水。

✎ 584. 直燃型溴化锂制冷机组制冷怎么工作?

直燃型溴化锂吸收式冷水机组简称直燃机。直燃机是采用燃油或燃气产生的热量为热源,生产供吸收式制冷用的热源热水和供洗浴用的热水。

直燃机是在蒸汽型溴化锂冷水机组的基础上,增加热源设备而组成的。直燃溴化锂冷(热)水机组工作原理如图 4-25 所示。

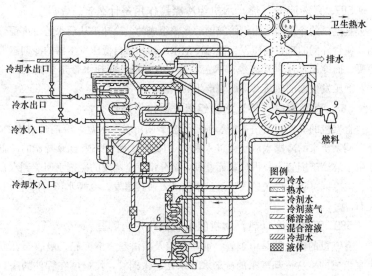

图 4-25 直燃溴冷(热)水机制冷工作原理

1—高压发生器(压力 93.3kPa);2—低压发生器(压力 8.0kPa);
3—冷凝器(压力 7.3kPa);4—蒸发器(压力 0.86kPa);5—吸收器(压力 0.84kPa);
6—高温热交换器;7—低温热交换器;8—热水器;9—燃烧机

机组的主要部件为高压发生器、低压发生器、冷凝器、蒸发器、吸收器、高温热交换器、低温热交换器和热水器等组成。

✎ 585. 直燃溴冷(热)水机组高压发生器作用是什么?

直燃机的高压发生器是由内筒体、外筒体、前管板、后管板、螺纹烟管及前、后烟箱组成。燃烧机从前管板插入内筒体,喷出火焰(约 1400℃),使内筒体及烟管周围的溴化锂稀溶液沸腾,产生冷剂蒸气,同时使溶液浓缩,产生的冷剂蒸气进入低压发生器,而浓溶液经高温热交换器进入吸收器。

197

586. 直燃溴冷（热）水机组低压发生器作用是什么？

直燃机的低压发生器是由折流板及前后水室组成。由高压发生器产生的冷剂水蒸气进入前水室，将铜管外侧的溴化锂稀溶液加热，使其沸腾产生冷剂蒸气，同时使溶液浓缩。冷剂蒸气进入冷凝器，而浓缩后的溶液经低温热交换器进入吸收器；同时铜管内的水蒸气被管外溶液冷凝后，经过一内节流阀（针阀），流进冷凝器。

587. 直燃溴冷（热）水机组冷凝器作用是什么？

直燃机的冷凝器是由铜管及前后水盖组成的，冷却水从后水盖流进铜管内，使管外侧的来自高压发生器的冷剂水冷却和来自低压发生器的冷剂蒸气冷凝；而冷却水从铜管流经前水盖，进入冷却塔。冷却水带走了高压发生器、低压发生器的热量（即燃烧产生的热量）。

588. 直燃溴冷（热）水机组蒸发器作用是什么？

直燃机的蒸发器是由铜管、前后水盖、喷淋盘、水盘、冷剂泵组成的。由空调系统来的冷媒水从水盖进入铜管（12℃），而管外来自冷凝器的冷剂水由于淋滴于铜管上获得热量而蒸发，部分没完全蒸发的冷剂水回落到水盘中，被冷剂泵吸入再次送入喷淋盘中循环，使其蒸发。冷媒水温可降至 7℃左右。

589. 直燃溴冷（热）水机组吸收器作用有哪些？

直燃机的吸收器是由铜管、前后水盖及喷淋盘、溶液箱、吸收泵和发生泵组成的。从冷却塔来的冷却水从水盖进入铜管，使喷淋在管外的来自高、低压发生器的浓溶液冷却。溴化锂溶液在一定温度和浓度条件下（如浓度为 63％，温度为 40℃时），具有极强的吸收水分性能。它大量吸收由同一空间的蒸发器所产生的冷剂蒸气，并将其吸收的汽化热由冷却水带走，使溴化锂溶液变成稀溶液，由发生泵送入高、低压发生器中进行循环。

590. 直燃溴冷（热）水机组高、低温热交换器作用是什么？

直燃机的高、低温热交换器是由铜管、折流板及前、后液室组成，分为稀溶液侧和浓溶液侧。其作用是使稀溶液升温，使浓溶液降温，以达到节省燃料、减少冷却水负荷、提高吸收效果的目的。

591. 直燃溴冷（热）水机组热水器作用是什么？

直燃机的热水器实质上是一个壳管式气水换热器，使高压发生器产生的水蒸气进入热水器进行热交换，以加热供机组使用的热水和卫生热水，而水蒸气自身冷凝成液体后又回流到高压发生器中。

592. 直燃型溴化锂制冷机组怎么制热?

直燃型溴化锂机组的供暖可分为以下两种形式:

(1) 主体供暖。燃烧机燃烧加热高压发生器中的溴化锂溶液,分离出来的水蒸气直接进入蒸发器,加热其内部管道中的供暖水后自身被冷凝成液态,与高压发生器中产生的溶液混合,生成稀溴化锂溶液进行再循环。

(2) 热水器采暖。工作原理如图 4-26 所示。

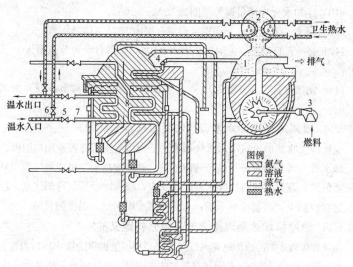

图 4-26　直燃机热水器采暖工作原理

1—高压发生器;2—热水器;3—燃烧机;4—真空角阀(关);5—冷水阀(关);
6—温水阀(开);7—软接头;8—主体(停止运转,充氮封存)

高压发生器产生的水蒸气直接进入热水器进行气水换热,加热盘管中的供暖水,自身被冷凝成液态回到高压发生器。此种热交换方式可提高水温达95℃左右,可用于暖气片供暖。

593. 直燃型溴化锂制冷机组工况参数有哪些?

(1) 冷媒水额定出口温度 7℃,冷媒水额定入口温度 12℃,冷媒水最低允许出口温度 7℃。

(2) 冷却水额定出口温度 37.5℃,冷却水额定入口温度 32℃。

(3) 冷却水允许初始最低入口温度 14℃,冷却水允许运转入口温度24~38℃。

(4) 温水额定出口温度 65℃ 温水，额定入口温度 57℃。

(5) 卫生热水额定出口温度 60℃，温水额定入口温度 44℃。

(6) 冷媒水、冷却水、温水、卫生热水压力限制为 0.8MPa

(7) 冷媒水、冷却水、温水、卫生热水污垢系数为 $0.86×10^{-4}m^2K/W$。

(8) 制冷额定排气温度为 210×(±10%)℃，采暖额定排气温度：180×(±10%)℃。

(9) 冷媒水允许流量调节范围为 70%～120%。

(10) 冷却水允许流量调节范围为 30%～120%。

(11) 温水、卫生热水允许流量调节范围为 50%～150%。

(12) 制冷量自动调节范围为 20%～100%，燃料自动调节范围为 30%～100%。

(13) 制热量自动调节范围为 30%～100%，燃料自动调节范围为 30%～100%。

594. 溴制冷机冷却水量调节法是怎样定义的？

溴化锂吸收式制冷机冷却水量调节法是指机组根据冷媒水出口温度，调节冷却水管上的三通调节阀或普通调节阀，调节冷却水的供应量。即当外界负荷降低时，蒸发器出口冷媒水温度会下降，减少冷凝器的冷却水量，使冷剂水量相应减少，使制冷量下降，达到控制冷媒水出口温度的目的。

595. 溴冷机加热蒸汽量调节法是怎样定义的？

溴化锂吸收式制冷机加热蒸汽量调节法是指机组根据冷媒水出口温度的变化，调节蒸气阀的开启度，控制加热蒸气的供应量，以达到调节制冷量的目的。减少制冷量时，减少蒸气阀的开启度，使发生器中冷剂蒸气减少，制冷量就随之减少，反之当增加蒸气供应量时，冷剂蒸气就增加，制冷量也随之增加。

596. 溴化锂吸收式制冷机加热蒸气凝结水量调节法是怎样定义的？

溴化锂吸收式制冷机加热蒸汽凝结水量调节法是指机组根据冷媒水出口温度，调节加热蒸气凝结水调节阀，调节凝结水的排出量，以达到调节制冷量的目的。当减少凝结水排出量时，发生器管内的凝结水会逐渐积存起来，使其有效的传热面积减少，使产生的冷剂蒸气减少，达到调节制冷量的目的。

597. 溴冷机稀溶液循环量调节法是怎样定义的？

溴化锂吸收式制冷机稀溶液循环量调节法是指机组根据冷媒水出口温度，通过控制安装在发生器与吸收器稀溶液管上的三通调节阀，使一部分稀溶液旁通流向浓溶液管，改变稀溶液循环量，实现制冷量的调节。

598. 溴化锂吸收式制冷机稀溶液循环量与蒸汽量调节组合调节法是怎样定义的？

溴化锂吸收式制冷机稀溶液循环量与蒸汽量调节组合调节法是指根据冷媒水出口温度，当要调节的制冷量在 50% 以上时，采用加热蒸汽量调节法来调节制冷量；当要调节的制冷量在 50% 以下时，同时采用稀溶液循环量调节和加热蒸气量调节法，进行制冷量的调节，这样就可获得良好的效果。

599. 溴化锂吸收式制冷机屏蔽泵是怎样的？

溴化锂吸收式制冷机的屏蔽泵是一种用将定子绕组和转子绕组分别置于密封金属筒体内的屏蔽电动机驱动、泵壳与驱动电动机外壳用法兰密封相连，取消了泵轴密封结构的泵。

普通离心泵的驱动是通过联轴器将泵的叶轮轴与电动轴相连接，使叶轮与电动机一起旋转而工作，而屏蔽泵是一种无密封泵，泵和驱动电动机都被密封在一个被泵送介质充满的压力容器内，此压力容器只有静密封，并由一个电线组来提供旋转磁场而驱动转子。这种结构取消了传统离心泵具有的旋转轴密封装置，故能做到完全无泄漏。

600. 溴化锂吸收式制冷机隔膜阀的作用是怎样的？

隔膜阀是一种应用在溴化锂制冷机上特殊形式的截断阀。它的启闭件是一块用软质材料制成的隔膜，把阀体内腔与阀盖内腔及驱动部件隔开，故称隔膜阀。

隔膜把下部阀体内腔与上部阀盖内腔隔开，使位于隔膜上方的阀杆、阀瓣等零件不受介质腐蚀，省去了填料密封结构且不会产生介质外漏。

601. 溴化锂直燃式制冷机组安装标准是什么？

直燃机为负压运行设备，要烧油、液化石油气和天然气等，因此对机房的安全比较严格，一定要满足 GB 50041—2020《锅炉房设计标准》GB 50016—2014《建筑设计防火规范》GB 50018—2006《城镇燃气设计规范》等的要求。

602. 溴化锂直燃机组机房位置是怎样确定的？

机房位置应设在需冷地点冷负荷中心，一般应考虑建筑物首层，以节省占地。地下室、底层、楼层中、屋顶都可设置机房，但燃用液化石油气和密度比空气大的燃气时，不应设在半地下和地下建筑物或构筑物内。对于高层建筑，机房宜设在地下室或底层。设在地下室时，通风和排水较困难；对于超高层建筑，可考虑将机房设在楼层中或屋顶。机组上高楼，会带来一系列问题，如水泵房噪声和振动较大，机组吊装、维修较困难，设备荷重对结构设计要求较高等，在目前国内缺乏经验的情况下，必须认真对待。

若直燃机房必须要设在地下室时，应考虑通风及排水问题，还应考虑吊装预留口及吊装方案；如设在楼层中及屋顶，则应考虑水系统的设计及结构承重以及吊装方案等机房位置应设在需冷地点冷负荷中心，一般应考虑建筑物首层，以节省占地。

地下室、底层、楼层中、屋顶均可设置机房，但燃用液化石油气和密度比空气大的燃气时，不应设在半地下和地下建筑物或构筑物内。对于高层建筑，机房宜设在地下室或底层。设在地下室时，通风和排水较困难；对于超高层建筑，可考虑将机房设在楼层中或屋顶。机组上高楼，会带来一系列问题，如水泵房噪声和振动较大，机组吊装、维修较困难，设备荷重对结构设计要求较高等，在目前国内缺乏经验的情况下，必须认真对待。若直燃机房必须要设在地下室时，应考虑通风及排水问题，还应考虑吊装预留口及吊装方案；如设在楼层中及屋顶，则应考虑水系统的设计及结构承重以及吊装方案等。

冷却水、冷温水静压过高的场合（比如超过 0.8MPa），可考虑将机房设于楼层中或屋顶。因水泵房噪声和振动较大。水泵间与主机房应用墙隔开。

大中型制冷机房应设置值班室、控制室、维修间和卫生间等设施，也可与其他机房（如水泵房、空调机房等）合用。

603. 机组机房尺寸是怎么要求的？

首先应满足机组本身的要求，应留出维护空间，机组周围基本空间不小于：上方 1.2m，左右一侧为 1.5m；另一侧为 0.8m 前后的一端 1.5m，另一端留出洗管空间（相当于机体长度，以利于清洗换热管），洗管空间可利用门、窗，安装两台以上机组时维护空间可共用；其次还应考虑泵房、水处理设备间、配电控制室、休息间等附属用房的尺寸。对于设在地下室的机房，如果上空管道过多，为安装方便，减少管道"打架"，可将部分管道设于机组下方。这时，机房的层高还应考虑机组下方架空管道空间（一般净高不小于 0.5m）的高度。

第五节 辅 助 设 备

604. 制冷系统的辅助设备有哪些？

制冷系统的辅助设备主要是指冷凝器、蒸发器、过冷器、中间冷却器等

换热器以及节流机构、干燥过滤器、安全阀等保证制冷系统安全运行的辅助
设备。

605. 冷凝器在制冷系统中作用是什么?

冷凝器是制冷系统中主要的热交换设备之一,其作用是把压缩机排出的
高温制冷剂过热蒸气冷却为高压液体。制冷剂在冷凝器中放出的热量由冷却
介质带走。按冷却介质来分,中小型冷库使用的冷凝器主要为风冷式和水冷
式两种。

606. 水冷却式冷凝器是怎么定义的?

水冷却式冷凝器中,制冷剂放出的热量被冷却水带走。水冷却式冷凝器
中的冷却水既可一次性使用,也可循环使用。水冷却式冷凝器多为使用循环
水的卧式壳管式和套管式。

607. 卧式壳管式冷凝器有怎样的结构特点?

卧壳管式冷凝器结构如图 4-27 所示。冷凝器采用水平放置,主要结构
为钢板卷制成的简体,简体两端焊有固定冷却管,冷却水管采用胀接或焊接
在管板上。为提高冷却水在管内的流速,在冷凝器的端盖上设计有隔板,使
冷却水在壳体内多流程、快流速。

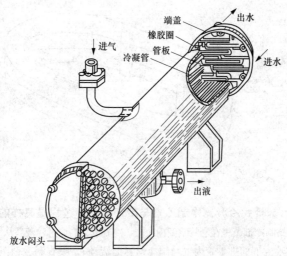

图 4-27　卧式管壳式冷凝器

608. 制冷剂在卧式壳管式冷凝器中怎样循环?

卧式壳管式冷凝器中制冷剂的循环过程是:制冷剂蒸气从冷凝器壳体上

部进入，与冷却水管中的冷却水进行热交换，并在冷却水管表面凝结为液体以后，汇集到冷凝器壳底部。

609. 卧式壳管式冷凝器中冷却水怎样循环？

卧式壳管式冷凝器的冷却水进、出口设在同一端盖上，来自冷却塔的低温冷却水从下部管道流入，从上部管道流出，使冷却水与制冷剂进行充分的热交换。端盖的顶部设有排气旋塞，下部设有放水旋塞。上部的排气旋塞是在充水时用来排除冷却水管内的空气的，下部的放水旋塞是用来在冷凝器停止使用时，将残留在冷却水管内的水放干净，以防止冷却水管冻裂或被腐蚀。

610. 卧式壳管式的技术参数有哪些？

冷却氟利昂制冷剂时，冷却水流速为 1.8～3.0m/s，冷却水温升一般为 4～6℃，平均传热温差为 7℃，传热系数为 930～1593W/(㎡·℃)

611. 套管式冷凝器有怎样的结构特点？

套管式冷凝器结构如图 4-28 所示。它是在一根大直径的无缝钢管内套有一根或数根小直径的紫铜管（光管或低肋管），并弯制成螺旋形的一种冷凝器。

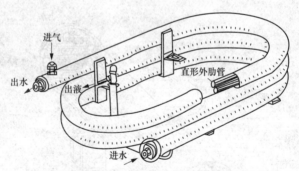

图 4-28　套管式冷凝器结构

612. 套管式冷凝器中制冷剂与冷却水循环过程是怎样的？

氟利昂制冷剂蒸气在套管空间内冷凝，冷凝成为高压过冷液后从下部流出。

冷却水由下部进入管内（与制冷剂逆向流动），吸收制冷剂蒸气放出的冷凝热以后从上部流出。由于冷却水在管内的流程较长，所以冷却水的进出口温差较大，约为 8～10℃。当水流速在 1～2m/s 时，传热系数为 900～1200W/(㎡·℃)。

613. 怎样确定冷凝器传热面积?

冷凝器的传热面积 F 由下式确定

$$F = \frac{Q_k}{K \Delta t_m} \quad (\text{m}^2)$$

式中：Q_k 为冷凝器的移热量，kJ/h，可由已知的压缩机制冷量 Q_0 和轴功率 N_e 按 $Q_k = Q_0 + 3600N_e$ 计算；K 为传热系数，kJ/(m² · h · K)，可查表获得。

614. 怎样确定水冷式冷凝器耗水量?

水冷式冷凝器的耗水量与冷却水进水温度、出水温度以及冷凝器的热负荷有关。水冷式冷凝器的耗水量可用下述计算公式求得

$$G_w = \frac{3600Q_k}{1000C(t_{w2} - t_{w1})} = 3.6Q_k/C(t_{w2} - t_{w1})$$

式中：G_w 为冷凝器耗水量，m³/h；Q_k 为冷凝器热负荷，kW；C 为冷却水的比热容 [$C = 4.1868$kJ/(kg · ℃)]；t_{w1} 为冷却水进入冷凝器时的温度，℃；t_{w2} 为冷却水离开冷凝器时的温度，℃。

615. 对制冷系统冷却水的水质是怎样要求的?

对制冷系统冷却水的水质要求，重点是考虑水的浑浊度和碳酸盐的含量，以防止制冷系统被腐蚀和结垢过快，从而影响制冷系统的使用寿命。对制冷系统冷却水水质的要求见表 4-3。

表 4-3　　　　　制冷系统使用的冷却水水质要求

水质参数	卧式、蒸发式冷凝器
碳酸盐（mmol/L）	2.5～3.5
pH	6.5～8.5
浑浊度（mg/L）	50
温度（℃）	≤29

616. 空气冷却式冷凝器怎么放热?

在空气冷却式冷凝器中，制冷剂放出的热量被强制对流的冷风带走。空气冷却式冷凝器上安装有轴流式风机，吹拂空气强制流动经过冷凝器的翅片间隙，与制冷剂进行热交换，达到给制冷剂散热的目的。

617. 风冷式冷凝器的结构特点是什么?

空气冷却式冷凝器一般用直径为 $\phi 10 \times 0.7 \sim 16 \times 1$mm 的紫铜管弯制成蛇形盘管，在盘管上用钢球胀接或液压胀接上铝质翅片，采用集管并联的方

式将盘管的进出口并联起来，使制冷剂蒸气从冷凝器上部的分配集管进入每根蛇形管，冷凝成液体后沿蛇形盘管流下，经集液管排出。

618. 风冷式冷凝器工作参数有哪些？

当迎风面风速为 2～3m/s 时，传热系数约为 25～5W/(m² · ℃)，平均传热温差 10～15℃，冷凝温度一般取比空气温度高 15℃。空气进出口温差一般为 8～10℃。冷却盘管排数约为 4～6 排。

619. 蒸发式冷凝器结构特点是什么？

为了加强冷凝器的冷却效果，在中央空调冷源机组中还有使用蒸发冷凝器。蒸发式冷凝器常用的有吸风式和鼓风式两种，其结构示意图如图 4-29 和图 4-30 所示。

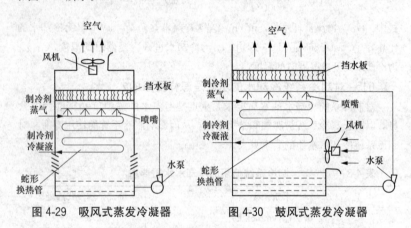

图 4-29　吸风式蒸发冷凝器　　　　图 4-30　鼓风式蒸发冷凝器

620. 蒸发式冷凝器怎么进行冷却？

蒸发式冷凝器工作原理示意如图 4-31 所示，其冷凝过程是：制冷剂蒸气从冷凝器盘管的上部进入到盘管中，冷凝后的液体制冷剂从盘管下部流出。冷凝器的盘管组装在一个由钢板制成的箱体内，箱体的底部作为水盘，水盘内用浮球阀保持一定的水位。冷却水由水泵送到冷凝器的盘管上部，经喷嘴喷淋在盘管的外表面上，在盘管表面上形成一层水膜。水膜在重力作用下向下流动，在吸收了盘管内制冷剂的热量后，在流动空气的共同作用下，一部分变成了水蒸气被强迫流动的空气带走，其余的水沿着盘管流入水盘内，经水泵再送至喷嘴处循环使用。箱体上方的挡水板是用来阻挡空气中夹带的水滴，以减少水量损失的。

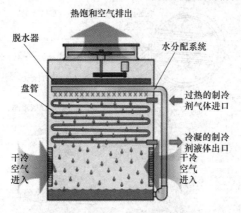

图 4-31　蒸发式冷凝器工作原理

蒸发式冷凝器中吸风式和鼓风式相比,鼓风式的使用效果要略好于吸风式。

621. 蒸发式冷凝器有哪些优点?

蒸发式冷凝器从散热原理上讲,省去了冷却水在冷凝器中显热传递阶段,使冷凝温度更接近空气的湿球温度,其冷凝温度可比冷却塔、水冷式冷凝器系统低 3～5℃,这样可大为降低压缩机的功耗,其循环水用量减少只有凉水塔的三分之一左右。因此蒸发式冷凝器用在冷库制冷系统中,可显著降低制冷系统能耗,是一种在制冷领域中值得推广的制冷剂的冷凝设备。

622. 蒸发式冷凝器的技术参数有哪些?

蒸发式冷凝器的主要工作参数为:耗水量为水冷式冷凝器的 5%～10%,风速一般为 3～5m/s,每千瓦热负荷所需风量为 85～160m³/h,冷却水量 50～80kg/h,补充水为循环水量的 5%～10%。

623. 满液式蒸发器的结构特点是什么?

卧式管壳式蒸发器是用来冷却如水等液体载冷剂的蒸发器。它的典型结构如图 4-32 所示。

卧式管壳式蒸发器的外壳是用钢板做成的筒体,两端焊有管板,管板上用胀接或焊接的方法将钢管或铜管管簇固定在管板上。两端的端盖上设计有分水隔板。载冷剂在管内流动,制冷剂在壳内管簇间流动。载冷剂要在蒸发器内多次往返流动,一般流程为 4～8 次,以达到与制冷剂间的充分热交换。载冷剂的进、出口设在同一个端盖上,载冷剂从端盖的下方进入,从端盖的上方流出。

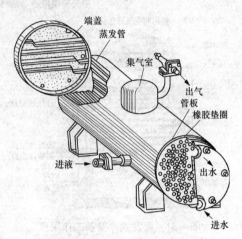

图 4-32 卧式管壳式蒸发器

624. 满液式蒸发器怎么进行热交换？

经过节流后的低温低压液态制冷剂，从蒸发器的下部进入，制冷剂的液面充满蒸发器内大部分空间，通常液面稳定在壳体直径的 70%～80%，因此，又称为满液式蒸发器。在工作运行时液面上只露 1～3 排载冷剂管道，以便使制冷剂气体形成的蒸气不断上升至液面，经过顶部的集气室（又称分液包），分离出蒸气中可能挟带的液滴，成为干蒸气状态的制冷剂蒸气被压缩机吸回。

625. 满液式蒸发器的技术参数有哪些？

卧式管壳式蒸发器使用氟利昂为制冷剂时，多采用紫铜管作为载冷剂管道，其平均传热温差为 4～8℃，传热系数为 465～523W/(m² · ℃)。载冷剂在管道内流速一般为 1～2.5m/s。与冷凝器相比，蒸发器的传热系数要小些。

626. 干式蒸发器的结构特点是什么？

干式蒸发器的结构如图 4-33 所示。

从外观上看，干式蒸发器与卧式管壳式蒸发器的结构相似，但也有不同之处。干式蒸发器中的制冷剂是在管道中流动的，而载冷剂则是在制冷剂管簇间的蒸发器壳体内流动的。

627. 干式蒸发器怎样进行热交换？

经过节流后的低温低压制冷剂液体，从前端盖的下部进入蒸发器中的管道内，往返四个流程后，变成干饱和蒸气从端盖上方被压缩机吸回。

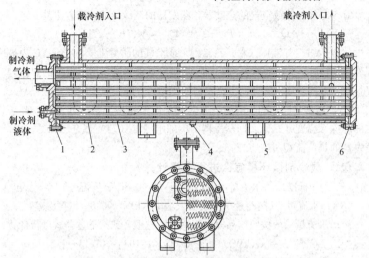

图 4-33　干式蒸发器的结构

1—端盖；2—筒体；3—蒸发管；4—螺塞；5—支座；6—端盖

载冷剂由壳体上方的一端进入，从另一端流出。为了提高水流速度以强化传热，在蒸发器的壳体内装有若干块圆缺形的折流板。全部折流板用三根拉杆固定，在相邻两块折流板之间的拉杆上装有等长度的套管，以保证折流板的间距。

干式蒸发器与卧式管壳式蒸发器相比，干式蒸发器中制冷剂的充注量比较少，一般可减少 $80\% \sim 85\%$。制冷剂在蒸发过程中因为没有自由液面，所以称其为干式蒸发器。

628. 干式蒸发器的技术参数有哪些？

干式蒸发器中的换热用铜管一般选用 $\phi 12 \sim 16$ 的铜管。铜管分为光管和翅片管两种，其传热系数分别为 $523 \sim 580 \mathrm{W}/(\mathrm{m}^2 \cdot ℃)$ 和 $1000 \sim 1160 \mathrm{W}/(\mathrm{m}^2 \cdot ℃)$。当制冷剂在管内流速大于 $4\mathrm{m/s}$ 时，即可保证将润滑油带回压缩机中。这一点要优于卧式管壳式蒸发器。

629. 冷却液体蒸发器怎么进行选择计算？

蒸发器的传热面积计算公式为

$$Q_e = kA\Delta T_m$$

式中：Q_e 为蒸发器的制冷量，W；K 为蒸发器的传热系数，$\mathrm{W}/(\mathrm{m}^2 \cdot ℃)$；$A$ 为蒸发器的传热面积，m^2；T_m 为蒸发器的平均传热温差，℃。

对于冷却液体或空气的蒸发器，蒸发器的制冷量的计算方法是

$$Q_e = MC(T_1 - T_2) \quad Q_e = M(H_1 - H_2)$$

式中：M 为被冷却液体（水、乙二醇）或空气的质量流量，kg/s；C 为被冷却液体的比热，J/(kg.℃)；T_1、T_2 为被冷却液体进、出蒸发器的温度，℃；H_1、H_2 为被冷却空气进、出蒸发器的比焓，J/kg。对于制冷系统，M、C、T_1、T_2，通常是已知的。例如，为空调系统制备冷冻水，其流量、要求供出的冷冻水温度（T_2）及回蒸发器的冷冻水温度（T_1）都是已知的。因此，蒸发器的热负荷 Q_e 是已知的。

630. 载冷剂循环量怎么进行选择计算？

标准冷媒水流量＝制冷量(kW)×0.86/5(度温差)

冷却水流量＝(制冷量＋机组输入功率)(kW)×0.86/5(度温差)

冷却水流量一般按照产品样本提供数值选取，或按下述公式进行计算

$$L(m^3/h) = [Q(kW)/(4.5\sim5)℃ \times 1.163] \times (1.15\sim1.2)$$

式中：Q 为制冷主机制冷量

冷媒水流量：在没有考虑同时使用率的情况下选定的机组，可根据产品样本提供的数值选用或根据下式进行计算。如果考虑了同时使用率，建议用下式进行计算

$$L(m^3/h) = Q(kW)/(4.5\sim5)℃ \times 1.163$$

式中：Q 为建筑没有考虑同时使用率情况下的总冷负荷。

631. 翅片式蒸发器的结构特点是什么？

中央空调冷源使用的冷却空气蒸发器一般为表面式蒸发器。其构造如图 4-34 所示。

此种蒸发器的结构多为翅片盘管式，制冷剂在盘管内蒸发，空气在风机作用下从管外流动被冷却。盘管的材料为紫铜，直径一般在 $\phi 9 \times 0.5 \sim 16 \times 1.0mm$，翅片的材料为铝片，其厚度一般在 $0.15 \sim 0.30mm$，片距为 $2.0 \sim 4.5mm$。

蒸发器的入口处安装有分离器（俗称莲蓬头），其作用是保证液态制冷剂能均匀地分配给各路盘管，以使蒸发器的所有部分都得到充分利用。

632. 翅片式蒸发器的技术参数有哪些？

表面式蒸发器的传热系数比较低，当空气的迎风面风速为 $2 \sim 3m/s$ 时，直接传热系数为 $30 \sim 40W/(m^2 \cdot ℃)$。

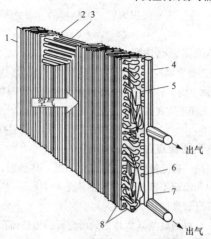

图 4-34　表面式蒸发器的构造

1—框架；2—肋片；3—蒸发管；4、7—集气管；5、6—供液分液器；8—毛细管

633. 板式换热器的结构特点是什么？

板式换热器的结构如图 4-35 所示，是由一系列具有一定波纹形状的金属片叠装而成的一种新型高效换热器。各种板片之间形成薄矩形通道，通过板片进行热量交换。板式换热器是液—液、液—气进行热交换的理想设备。它具有换热效率高、热损失小、结构紧凑轻巧、占地面积小、安装清洗方便、应用广泛、使用寿命长等特点。在相同压力损失情况下，其传热系数比

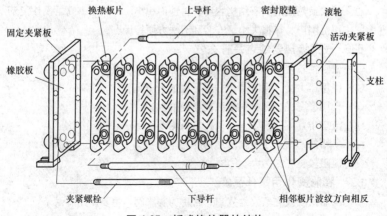

图 4-35　板式换热器的结构

管式换热器高 3～5 倍，占地面积为管式换热器的三分之一，热回收率可高达 90% 以上。

634. 板式换热器怎么进行热交换？

板式换热器是用薄金属板压制成具有一定波纹形状的换热板片，然后叠装，用夹板、螺栓紧固而成的一种换热器。各种板片之间形成薄矩形通道，通过半片进行热量交换。工作流体在两块板片间形成的窄小而曲折的通道中流过。冷热流体依次通过流道，中间有一隔层板片将流体分开，并通过此板片进行换热。

635. 板式换热器优点是什么？

（1）传热系数高。板式换热器的流道小，板片是波形，截面变化复杂，使流体的流动方向和流速不断变化，增加了流体的扰动，因而能在很小的流速下达到紊流，具有较高的传热系数。

（2）适应性大。可通过增减板片达到所需要的传热面积。一台换热器可分成几个单元，可适应同时进行几种流体间的加热或冷却。

（3）结构紧凑、体积小、耗材少。每立方米体积间的传热面积可达 $250m^2$，每平方米传热面仅需金属 15kg 左右。

（4）传热系数高和金属消耗少，使其传热有效度可达 85%～90%。

（5）易于拆洗、修理。

（6）污垢系数小。由于流动扰动大，污垢不易沉积；所用板片材质较好，很少有腐蚀，这些都使其污垢系数值较小。

（7）板式换热器主要用金属板材，因而原材料价格比同种金属的管材要低廉。

总之板式换热器的具有结构紧凑、占地面积小、传热效率高、操作灵活性大、应用范围广、热损失小、安装和清洗方便等优点。

636. 板式换热器缺点是什么？

（1）密封性较差，易漏泄，需常更换垫圈，较麻烦。

（2）使用压力受一定限制，一般不超过 1MPa。

（3）使用温度受垫圈材料耐温性能的限制。

（4）流道小，不适宜于气—气换热或蒸气冷凝。

（5）易堵塞，不适用于含悬浮物的流体。

（6）流阻较管壳式为大。

637. 膨胀阀作用是什么？

热力膨胀阀安装在蒸发器入口，常称为膨胀阀，主要作用有两个：

（1）节流作用。高温高压的液态制冷剂经过膨胀阀的节流孔节流后，成为低温低压的雾状液压制冷剂，为制冷剂的蒸发创造条件。

（2）控制制冷剂的流量。进入蒸发器的液态制冷剂，经过蒸发器后，制冷剂由液态蒸发为气态，吸收热量，降低空调房间内的温度。

638. 膨胀阀怎么分类？

热力膨胀阀是通过蒸发器出口气态制冷剂的过热度控制膨胀阀开度的，故广泛应用于非满液式蒸发器。按照平衡方式的不同，热力膨胀阀可分为内平衡式和外平衡式两种。

639. 内平衡式热力膨胀阀的结构特点是什么？

内平衡式热力膨胀阀常用于中央空调中小型机组上，其结构如图 4-36 所示。

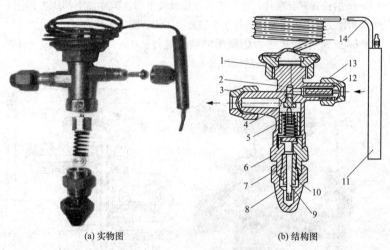

(a) 实物图　　　　　　　　　　　(b) 结构图

图 4-36　内平衡式热力膨胀阀结构

1—气箱座；2—阀体；3、13—螺母；4—阀座；5—阀针；6—调节杆座；7—填料；
8—阀帽；9—调节杆；10—填料压盖；11—感温包；12—过滤网；14—毛细管

它主要由感温包、毛细管、膜片、阀座、传动杆、阀针及调节机构等组成。在感温包、毛细管和膜片之间组成了一个密闭空间，称为感应机构。感应机构内充注有与制冷系统中工质相同的物质。

640. 内平衡式热力膨胀阀怎么工作？

蒸发器工作时热力膨胀阀在一定开度下向蒸发器供应制冷剂液体。若某一时刻蒸发器的热负荷因某种原因突然增大，使其回气过热度增加，此时，膨胀阀感温包内压力增大，膜片上部压力上升，使膜片向下弯曲，并通过传动杆推动阀座带动阀针下行，使膨胀阀的节流孔开大，蒸发器的供液量随之增加，以满足热负荷增加的变化；反之，若蒸发器的负荷减小，使蒸发器出口制冷剂蒸汽的过热度减小，感温包内压力也随之降低，膜片反向弯曲，在弹簧力的作用下，阀座带动阀针上行，将节流孔关小。蒸发器的供液量随之减少，以适应热负荷减小的变化。

641. 内平衡式膨胀阀安装位置在哪里？

内平衡式膨胀阀安装在蒸发器的进液管上，感温包敷设在蒸发器出口管道上，用以感应蒸发器出口的过热温度，自动调节膨胀阀的开度。毛细管的作用是将感温包内的压力传递到膜片上部空间。膜片是一块厚约 $0.1 \sim 0.2$ mm 的铍青铜合金片，通常断面冲压成波浪形。膜片在上部压力作用下产生弹性变形，把感温信号传递给顶针，以调节阀门的开启度。

642. 外平衡式热力膨胀阀的结构是什么？

外平衡式热力膨胀阀结构如图 4-37 所示。

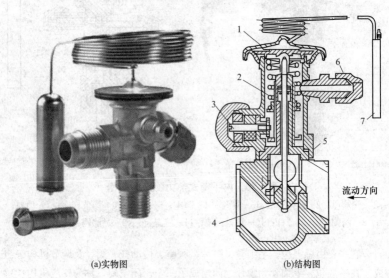

(a)实物图　　　　　　　　　(b)结构图

图 4-37　外平衡式热力膨胀阀结构

1—阀杆螺母；2—弹簧；3—调节杆；4—阀杆；5—阀体；6—外平衡接头；7—感温包

643. 外平衡膨胀阀怎样工作？

外平衡膨胀阀工作原理如图 4-38 所示。外平衡与内平衡膨胀阀的方式相比它们的结构、功能大致相同，只是平衡方式不同。

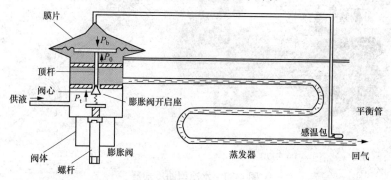

图 4-38　外平衡膨胀阀工作原理

外平衡膨胀阀工作原理是：外平衡膨胀阀的膜片承受 P_b、P_0、P_t 三个力相互作用，弹簧力和蒸发器出口处用外平衡管导入的压力，这两个压力之和使膜片向上运动；感温包毛细管内充满感温质，力图使膜片向下运动。当三个力平衡时，膜片、阀芯和节流位置一定，开度也一定，流入蒸发器的制冷剂的流量也一定。

644. 内外平衡式热力膨胀阀怎么区分？

内外平衡式热力膨胀阀在结构上的主要区别是：作用在膜片下部的压力不是节流后的蒸发压力，而是通过外接平衡管将蒸发器出口端的压力引入传动膜片下部。由于外平衡式热力膨胀阀用在液流较大的制冷系统上，因此它采用圆锥形阀芯结构，而不是采用内平衡式膨胀阀的阀针式形式。另外不同的是：在外平衡式膨胀阀的感温包内一般都填有吸附剂（活性炭或硅胶等），并在感温机构中充注 CO_2 气体。在感温包内填有吸附剂后，可以改善膨胀阀的工作性能，使气箱内的压力只随感温包内的温度变化而变化，而与毛细管所处的环境温度无关。

外平衡式热力膨胀阀的工作原理与内平衡式热力膨胀阀一样。在用途上外平衡式热力膨胀阀主要用于大型制冷系统蒸发压力损失较大的场合。如多用于中央空调冷源的蒸发器前的制冷装置上。

645. 油冷却器的作用是什么？

压缩机机壳内的冷冻润滑油温度一般应限制在 70～80℃。因此，在中央空调冷源使用的大型压缩机中需要设置油冷却器对冷冻润滑油进行冷却。图 4-39 所示为水冷型油冷却器。

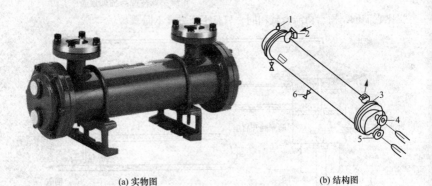

(a) 实物图　　　　　　　　　　　(b) 结构图

图 4-39　水冷型油冷却器

1—排空阀；2—进油管；3—出油管；4—出水管；5—进水管；6—排油阀

646. 油冷却器是怎么实现冷却润滑油的？

它的内部结构与干式蒸发器相似，冷却水的进、出口均设在端盖的一侧，冷却水下进上出。冷冻润滑油在管壳内流动，为提高润滑油流速，增强换热效果，在壳体内设计有折流板。为了提高冷却能力，此种油冷却器也可将冷却水换成制冷剂，利用制冷剂的蒸发将冷冻润滑油冷却。

油冷却器通常是安装在压缩机曲轴箱或机壳底部，浸没在润滑油中使用。

647. 液流指示器作用是什么？

液流指示器也称视液镜，一般安装在氟利昂制冷系统高压段液体流动的管道上，用来显示制冷剂液体的流动情况和制冷剂中含水量的情况。

根据功用的不同，液流指示器可分为单纯功能的液流指示器和具有液流指示及制冷剂含水量指示的双重功能液流指示器。当制冷压缩机运行，制冷系统正常工作时，可从液流指示器中观察到制冷剂液体在管道中的流动情况，若观察到在液流指示器中有连续的气泡出现时，说明系统中制冷剂不足。目前，在制冷设备中使用的多为称作含水量指示器的双重功能液流指示器，其结构如图 4-40 所示。

648. 液流指示器纸芯怎么进行颜色变化？

在液流指示器中装有一个纸质圆芯，在圆芯上涂有金属盐类物质氯化钴或溴化钴化合物作为指示剂，含水量不同时，其指示剂显示的颜色会不同。

当制冷剂中的含水量在安全值以下时，指示剂呈现淡蓝色，表示制冷剂是干燥的；若指示剂呈现黄色时，则表示制冷剂中的含水量已超标，需要更换干燥过滤器中的干燥剂。

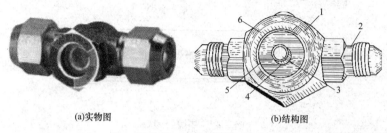

(a)实物图　　　　　　　　(b)结构图

图 4-40　含水量指示器

1—壳体；2—管接头；3—纸质圆芯；4—芯柱；5—观察镜；6—压环

649. 过滤器作用是什么？

为保证制冷设备安全运行，在制冷系统中常安装有过滤器。过滤器用于清除制冷剂中的机械杂质，如金属屑、焊渣、氧化皮等。过滤器分为气体过滤器和液体过滤器两种。气体过滤器安装在压缩机的吸气管路上或压缩机的吸气腔上，以防止机械杂质进入压缩机汽缸。液体过滤器一般安装在热力膨胀阀前的液体管路上，以防止污物堵塞或损坏阀件。氟利昂系统使用的过滤器是由网孔为 $0.1\sim0.2$mm 的铜丝网制成的。图 4-41 所示为氟利昂液体过滤器。它是由一段无缝钢管作为壳体，壳体内装有铜丝网，两端有端盖用螺纹与壳体连接，再用锡焊接，以防泄漏。

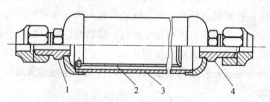

图 4-41　氟利昂液体过滤器

1—进液管接头；2—铜丝网；3—壳体；4—出液管接头

650. 干燥过滤器作用是什么？

干燥过滤器是在过滤器中充装一些干燥剂，其结构如图 4-42 所示。

干燥过滤器中使用的干燥剂一般为硅胶，两端安装有丝网，并在丝网前或后装有纱布、脱脂棉等，一般安装在冷凝器与热力膨胀阀之间的管路上，以便除去进入电磁阀、膨胀阀等阀门前液体中的固体杂质及水分，避免引起制冷系统的冰堵。

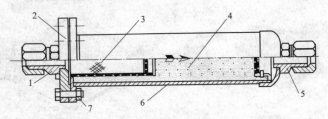

图 4-42　干燥过滤器

1—进液管接头；2—压盖；3—滤网；4—干燥剂；

5—出液管接头；6—壳体；7—连接螺栓

651. 干燥过滤器中干燥剂怎么进行吸湿？

干燥过滤器中的干燥剂是硅胶，硅胶是由硅酸凝胶适当脱水而成的颗粒大小不同的多孔物质。具有开放的多孔结构，比表面（单位质量的表面积）很大，能吸附许多物质，是一种很好的干燥剂。

将硅酸凝胶用氯化钴溶液浸泡后再烘干和活化，可得变色硅胶。用它作干燥剂时，吸水前是蓝色，吸水后变红色，从颜色的变化可判断出制冷剂的含水程度，以及是否需要进行系统干燥处理。

652. 蓝色硅胶的作用是什么？

蓝色硅胶分为蓝胶指示剂、变色硅胶和蓝胶，外观为蓝色或浅蓝色玻璃状颗粒，根据颗粒形状可分为球形和块状两种，具有吸附防潮的作用，并可随吸湿量的增加，自身颜色由蓝色变紫色，最后变成浅红色，既指示环境的湿度，也直观显示是否仍有防潮作用。

蓝色硅胶与普通硅胶干燥剂配合使用，指示干燥剂的吸潮程度和判断环境的相对湿度。

653. 硅胶怎么再生？

硅胶吸附水分后，可通过热脱附方式将水分除去，加热的方式有多种，如电热炉、烟道余热加热及热风干燥等。脱附加热的温度控制在 120～180℃为宜，对于蓝胶指示剂、变色硅胶、蓝色硅胶则控制在 100～120℃为宜。

654. 单向阀作用是什么？

止回阀的作用是在制冷系统中限制制冷剂的流动方向，防止制冷剂倒流，限制制冷剂只能单向流动，所以又称为单向阀，一般安装在制冷系统出液管道上。图 4-43 所示为常用止回阀的结构。

当制冷剂沿箭头方向进入时，依靠其自身压力顶开阀芯而流动；反之，当制冷剂流中断或呈反向流动时，阀门关闭。止回阀多装在压缩机与冷凝器之间的管道中，以防止压缩机停机后冷凝器或储液器内的制冷剂倒流。

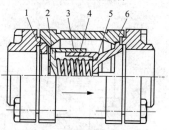

图4-43　常用止回阀的结构

1—阀座；2—阀芯；3—阀芯座；

4—弹簧；5—支撑座；6—阀体

✎ 655. 截止阀的结构是什么？

在压缩机的吸排气口处一般要安装截止阀，俗称角阀。其结构如图4-44所示。

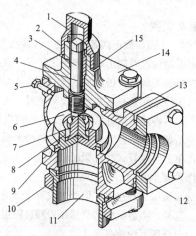

图4-44　大口径截止阀

1—阀帽；2—填料压紧螺钉；3—填料；4—阀杆；5—铜螺栓；

6—阀盘；7—挡圈；8—填块；9—白合金层；10—法兰；11—法兰套；

12—凹法兰座；13—阀体；14—阀座；15—填料垫圈

✎ 656. 截止阀在制冷系统上的常见状态有哪些？

在阀体中设计有多用通道和常开通道。多用通道的作用是用来进行压缩机排空、充注制冷剂、补充冷冻润滑油或安装控制仪表等的，常在压缩机运行管理、调整、检修时使用。图4-45所示为截止阀在制冷系统上常见三种工作状态图。

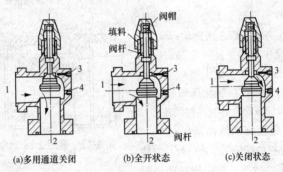

图 4-45 压缩机截止阀

1—接压缩机法兰；2—接管道法兰；3—多用通道；4—常开通道

657. 截止阀怎么调整？

顺时针转动阀杆 2～3 圈，截止阀各通道处于互通状态，称为全开状态，若顺时针转动阀杆至不动位置，截止阀处于关闭状态，但此时多用通道仍处于导通状态，使其连接的控制仪表仍能测试此时的系统参数。

截止阀的阀杆与阀体之间装有耐油橡胶密封填料。使用中若沿阀杆有渗油或制冷剂泄漏现象，可将填料螺钉紧固一下。若有时在开启或关闭时，感觉阀杆很紧，可先将填料压紧螺钉（俗称压兰）放松半圈至一圈，在调整完毕后应将压紧螺钉再重新紧固好，并拧紧阀帽。

658. 安全阀作用是什么？

为防止制冷系统高压压力超过限定值而造成管道爆裂，需在制冷系统的管道上设置安全阀。这样，当系统中的高压压力超过限定值时，安全阀自动启动，将制冷剂泄放至低压系统或排至大气。

图 4-46 所示为一种制冷系统常用的安全阀。

659. 安全阀常用术语有哪些？

（1）开启压力。当介质压力上升到规定压力数值时，阀瓣便自动开启，介质迅速喷出，此时阀门进口处压力称为开启压力。

（2）排放压力。阀瓣开启后，如设备管路中的介质压力继续上升，阀瓣应全开，排放额定的介质排量，这时阀门进口处的压力称为排放压力。

（3）关闭压力。安全阀开启，排出了部分介质后，设备管路中的压力逐渐降低，当降低到小于工作压力的预定值时，阀瓣关闭，开启高度为零，介质停止流出。这时阀门进口处的压力称为关闭压力，又称回座压力。

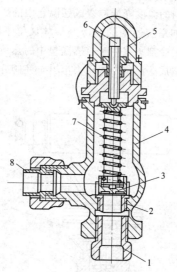

图 4-46 安全阀

1—接头；2—阀座；3—阀芯；4—阀体；5—阀帽；6—调节杆；7—弹簧；8—排出管接头

（4）工作压力。设备正常工作中的介质压力称为工作压力，此时安全阀处于密封状态。

（5）排量。在排放介质阀瓣处于全开状态时，从阀门出口处测得的介质在单位时间内的排出量，称为阀的排量。

660. 安全阀怎样实现控制功能？

安全阀的进口端与高压系统连接，出口端与低压系统连接。当系统中高压压力超过安全限定值时，高压气体自动顶开阀芯从出口排入低压系统。通常安全阀的开启压力限定值为：R22 制冷装置 2.0～2.1MPa。

661. 温度式液位调节阀有怎样的结构？

温度式液位调节阀在制冷系统中用于控制满液式蒸发器、气液发分离器等容器中的液位。图 4-47 所示为温度式液位调节阀的基本结构。

662. 温度式液位调节阀怎么工作？

温度式液位调节阀在外观上酷似内平衡式膨胀阀，不同之处在于它的感温包内装有电热加器。工作时，感温包安放在容器内所要控制的液面高度处，感温包内的电热加器通电，对感温包进行加热。当容器内的液位上升，制冷剂液体接触到感温包时，感温包内的热量通过制冷剂液体逸散，使感温包内的温度降低，造成感温包中的压力下降，使阀开度变小或完全关闭。如果容器中的制冷剂液体液位下降到感温包位置以下，使感温包处于制冷剂蒸气中时，感温包中的热量较难逸散，使感温包内的温度升高，造成感温包中的压力上升，使阀开度变大，系统的供液量增加。

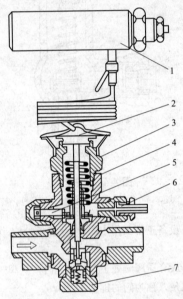

图 4-47 温度式液位调节阀基本结构

1—带有电加热器的感温包；2—热里头；3—连接件；4—阀体；

5—设定件；6—外平衡管；7—节流孔组件

663. 冷凝压力调节阀作用是什么？

在制冷系统运行时，将冷凝压力需维持在正常范围内。制冷系统运行时若冷凝压力过高，会引起制冷设备的损坏和功耗的增大；若冷凝压力过低，会引起制冷剂的液化过程和膨胀阀的工作，使制冷系统不能正常工作，造成制冷量的大幅度下降。

对于水冷式冷凝器的冷凝压力调节是通过调节冷却水的流量来实现的。按工作原理的不同，冷凝压力调节阀又分为温度控制的水量调节阀和压力控制的水量调节阀。

664. 直接作用式温度控制的水量调节阀结构？

温度控制的水量调节阀结构如图 4-48 所示。

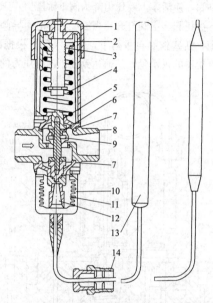

图 4-48　温度控制的水量调节阀（直接作用式）

1—手轮；2—弹簧室；3—设定螺母；4—弹簧；5—O 形圈；6—顶杆；7—膜片；
8—阀体；9—阀芯；10—波纹室；11—波纹管；12—压力顶杆；
13—温包；14—毛细管连接密封件

665. 直接作用式温度控制水量调节阀怎么工作？

调节阀的温包安装在冷却水出口处，将冷却水的出水温度信号转变为压力信号，并通过毛细管将这一压力信号传递到波纹室，使波纹管在压力作用下变形，使顶杆动作，并带动阀芯移动，改变阀口开度。当水温升高时，阀开大；水温降低时，阀关小。即根据冷却水温度的变化自动调节冷却水的流量，从而达到控制冷凝压力的目的。阀上手轮的作用是调节弹簧的张力，用以改变设定值的。直接作用式水量调节阀一般通径在 25mm 以下。而通径在 32mm 以上时则采用间接作用式水量调节阀。

666. 间接作用式温度控制水量调节阀怎么工作？

间接式水量调节阀结构如图 4-49 所示。其工作原理是温包安装在冷却

223

水出口处，将冷凝器的出水温度信号转变为压力信号，控制导阀阀芯启闭。当温度升高时，导阀阀孔打开，主阀活塞上腔的来自冷却塔高压水经内部通道泄流到阀的出口侧，使活塞上腔压力降为阀下游压力，于是活塞在上下水流压力差的作用下被托起，主阀打开；当温度下降时，导阀孔关闭，活塞上下侧流体压力平衡，活塞依靠自重落下，主阀关闭。根据冷却水温度的变化，自动调节向冷凝器的供水量，从而达到控制冷凝压力的目的。

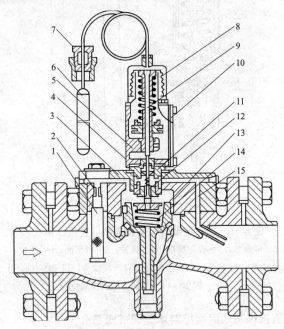

图 4-49　间接式水量调节阀结构

1—过滤网；2—控制孔口；3—阀盖；4—密封垫；5—罩壳；6—温包；7—连接及密封件；
8—波纹管；9—压杆；10—密封垫；11—导阀组件；12—导阀阀芯；
13—活塞（主阀）；14—弹簧；15—内部通道

667. 直接作用式能量调节阀怎么工作？

能量调节阀在制冷系统主要用于旁通型能量调节装置。它安装在连接压缩机排气侧与吸气侧的旁通管道上。直接作用式能量调节阀结构如图 4-50 所示。

当压缩机运行时负荷降低，吸气压力降低，当吸气压力降低到能量调节阀的开启设定值时，能量调节阀开启，使压缩机的排气有一部分旁通到系统的低压侧，使压缩机在低负荷时仍能维持运行所需要的吸气压力而继续运行。

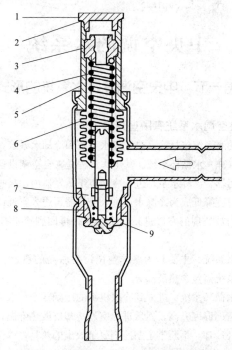

图 4-50　直接作用式能量调节阀结构

1—护盖；2—密封垫；3—设定螺钉；4—主弹簧；5—阀体；
6—平衡波纹管；7—阻尼机构；8—阀座；9—阀板

第五章 Chapter5

中央空调的水系统

第一节 中央空调冷媒水系统的形式

668. 中央空调水系统有哪些形式？

中央空调的水系统包括冷（热）媒水系统和冷却水系统。

（1）冷媒（冻）水循环系统。其工作流程是来自空调设备的冷冻水回水经集水器、除污器、循环水泵，进入冷水机组蒸发器内，吸收了制冷剂蒸发的冷量，使其温度降低成为冷冻水，进入分水器再送入空调设备的表冷器或冷却盘管内，与被处理的空气进行热交换后，再回到冷水机组内进行循环冷却。

（2）热媒水系统。主要是为冬季空调设备所需的热量，使其加热空气用，热水循环系统需包含热源部分。

（3）冷却水循环系统。进入到冷水机组的冷凝器冷却水吸收冷凝器内制冷剂放出的热量而温度升高，然后进入室外冷却塔散热降温，通过冷却水循环水泵进行循环冷却，不断带走制冷剂凝结放出的热量，以保证冷水机组的制冷循环。

669. 中央空调冷媒水系统怎么分类？

中央空调水系统按与空气接触程度可分为开式系统和闭式系统，按循环水量可分为定水量系统和变水量系统。中央空气调节系统中冷媒水系统的供水方式分为开式系统和闭式系统两种。

670. 冷媒水开式系统是怎样构成的？

冷媒水开式水系统与蓄热水槽连接比较简单，但水中含氧量高，管路和设备易腐蚀且为了克服系统静水压头，水泵耗电量大，仅适用于利用蓄热槽的低层水系统。管路之间有储水箱（或水池）通大气，自流回水时，管路通大气的系统。

开式冷媒水系统的工作流程如图 5-1 所示。

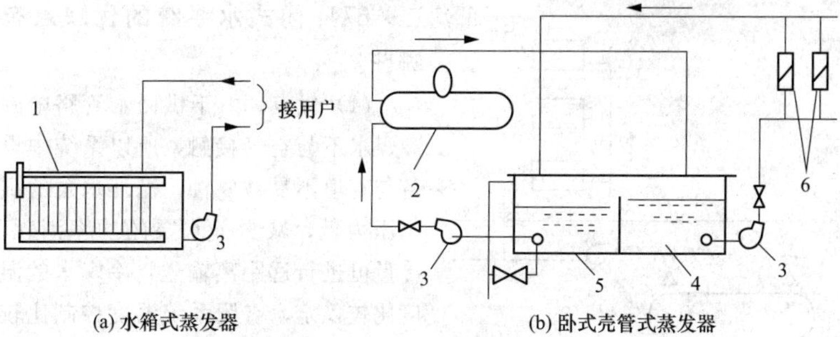

(a) 水箱式蒸发器   (b) 卧式壳管式蒸发器

图 5-1　开式冷媒水系统的工作流程

1—水箱式蒸发器；2—卧式壳管式蒸发器；3—水泵；

4—冷媒水供水箱；5—冷媒水回水箱；6—空气处理设备

671. 冷媒水开式系统的特点是什么？

开式系统的特点是系统中有水箱，有较大的水容量。因此，水温度比较稳定，蓄冷能力大，也不易冻结。但由于冷媒水的水面与空气大面积接触，因此系统中的冷媒水易腐蚀管路。

空调系统采用喷水室冷却空气时，宜采用开式系统。空调系统采用冷水表冷器，冷水温度要求波动小或冷冻机的能量调节不能满足空调系统的负荷变化时，也可采用开式系统。当采用开式水箱储冷或储水以削减高峰负荷时，也宜采用开式系统。

672. 开式系统有哪些优缺点？

（1）优点。冷水箱有一定的蓄冷能力，可减少开启冷冻机的时间，增加能量调节能力且冷水温度波动可以小一些。

（2）缺点。冷水与大气接触，易腐蚀管路；喷水室如较低，不能直接自流回到冷冻站时，则需增加回水池和回水泵；用户（喷水室、表冷器）与冷冻站高差较大时，水泵则需克服高差造成的静水压力，耗电量大；采用自流回水时，回水管径大，因而投资高一些。

673. 冷媒水闭式系统是怎么定义的？

闭式系统是指在水系统管路中的冷媒水不与大气接触，仅在水系统的最高点设置膨胀水箱的供回水系统。

冷媒水闭式系统的工作流程如图 5-2 所示。

闭式冷媒水系统的供水方式系统中的载冷剂基本上不与空气接触，对管路设备的腐蚀较小，水容量比开式系统的小，系统中设有膨胀水箱。

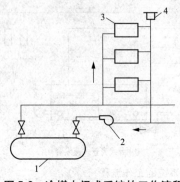

图 5-2 冷媒水闭式系统的工作流程

1—集水器；2—水泵；3—风机；

4—膨胀水箱

674. 闭式水系统的优缺点有哪些？

（1）优点。由于供回水管路中的冷媒水不与空气接触，所以系统中设备与管道不易被腐蚀，循环水泵的供水压力低，减少了水泵的功率消耗。冷量可进行远距离输送，冷媒水的温度比较稳定，空调系统温度控制比较精确。

（2）缺点。水系统的蓄冷能力低，当系统处在低负荷运行时，制冷机组需要频繁起动运行，增加了功耗。

675. 冷媒水定水量系统是怎么定义的？

冷媒水定水量系统中的水量是不变的，它通过改变供回水温差来使用房间负荷的变化。定水量系统工作过程如图 5-3 所示。系统各空调末端装置或各分区，采用受设在空调房内感温器控制的电动三通阀调节。当时室温没达到设计值时，三通阀旁通孔关闭，直通孔开启。

冷（热）水全部流经换热器盘管，当室温达到或低（高）于设计值时，三通阀的直通孔关闭，旁通孔开启，冷（热）水全部经旁通管直接流回回水管。因此，对总的系统来说水流量不变，但在负荷减少时，供回水的温差会相应减少。

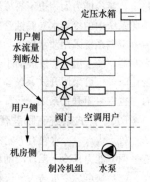

图 5-3 定水量系统工作过程

676. 冷媒水定水量系统有哪些优缺点？

（1）优点。定水量系统简单、操作方便，不需要复杂的自控设备和变水量定压控制。用户采用三通阀，改变通过表冷器的水量，各用户之间互不干扰，运行稳定。

（2）缺点。系统水量均按最大负荷确定，而最大负荷出现的时间很短，即使在最大负荷时，建筑物各朝向的峰值负荷也不会在同一时间出现。绝大多数时间供水量都是大于所需要的水量，水泵的无效能很大。另外，如多台冷冻机和水泵供水，负荷小时，有的冷冻机停止运行，而水泵却全部运行，则供水温度会升高，表冷器等设备的降湿能力降低，会加大室内的相对湿度。

677. 冷媒水变水量系统是怎么定义的？

冷媒水变水量系统保持供回水的温度不变，通过改变空调负荷侧的水流量来适应房间负荷的变化（以中央机房的供回水集管为界，靠近冷水机组或热水器侧为冷（热）源侧，靠近空气处理设备侧为负荷侧）。变水量系统工作过程如图 5-4 所示，这种系统各空调末端装置采用受设在市内的感温器控制的电动两通阀调节。风机盘管一般采用双位调节（即通或断）的电动二通阀，新风机组和空调箱则采用比例调节（开启度变化）的电动二通阀。当室温达到或低（高）于设定值时，二通阀开启（或开度增大），冷（热）水流经换热器盘管（或流量增加）；当室温达到或低（高）于设定值时，二通阀关闭（或开度减小），换热器盘管中无冷（热）水流动（或流量减少）。目前采用变水量调节方式较多。

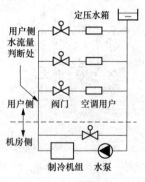

图 5-4　变水量系统

为在负荷减少时仍能使供回水能平衡，变水量系统应在中央机房内的供回水集管之间设旁通管，并在旁通管上装压差电动二通阀。

678. 冷媒水变水量系统有哪些优缺点？

（1）优点。变水量系统水泵的能耗随负荷较少而降低，在配管设计时可考虑同时使用系数，管径可相应减少，降低水泵和管道系统的初投资。

（2）缺点。需要采用供、回水压差进行流量控制，自控系统比较复杂。

679. 冷媒水系统的回水方式是怎么分类的？

冷媒水系统的回水方式分为重力式回水系统和压力式回水系统两种。

（1）重力式回水系统。当空气调节处理装置与冷冻站有一定的高度差且彼此相距较近时，一般采用重力式回水系统，使回水借助重力自流回冷冻站。重力式冷媒水回水系统如图 5-5 所示。

重力回水方式的特点是结构简单，在使用立式蒸发器时还可不用设置回水泵，调节方便，工作稳定可靠。

（2）压力式回水系统。是指利用回水泵加压以克服系统的高差和管道的沿程阻力，将回水压送至冷冻站的回水系统。压力式回水系统可分为敞开式和封闭两种。

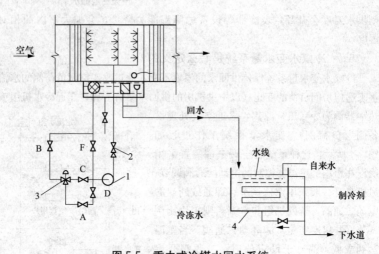

图 5-5　重力式冷媒水回水系统

1—水泵；2—逆止阀；3—三通混合阀；4—蒸发器

680. 敞开式压力回水系统是怎样的？

敞开式压力回水系统的示意图如图 5-6 所示。

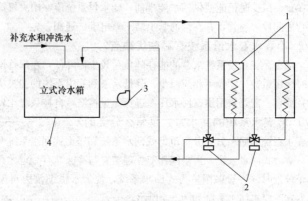

图 5-6　敞开式压力回水系统（配表冷器）

1—表面式空气冷却器；2—三通阀；3—冷冻水泵；4—立式冷水箱

当空气调节处理装置用喷淋水室时，由于喷淋水室底池要求保证一定的水位，不能直接抽取底池回水，因此，要设置回水箱。设有回水箱的敞开式压力回水系统如图 5-7 所示。

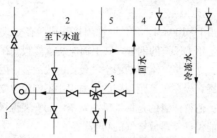

图 5-7　设置回水箱敞开式压力回水系统

1—喷水泵；2—回水泵；3—三通混合阀；4—蒸发水箱；5—回水箱

喷淋水室底池的水自流到回水箱中，再由回水泵压送到冷冻站。回水箱的位置通常靠近喷淋水室，一般设置在空调机房内。

681. 封闭式压力回水系统是怎样的？

封闭式压力回水系统结构如图 5-8 所示。

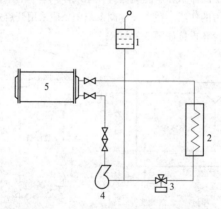

图 5-8　封闭式压力回水系统结构

1—膨胀水箱；2—表面式空气冷却器；3—三通阀；4—冷冻水泵；5—壳管式蒸发器

封闭式压力回水系统与敞开式回水系统比较，其结构比较简单，冷量损失比较少。由于在系统的最高点设置了膨胀水箱，使整个系统均充满了水。冷媒水泵不需克服水柱的静压力，仅需克服系统的摩擦阻力，减少了水泵的功率消耗。

682. 冷媒水系统中的集气罐作用是什么？

集气罐水系统中采用集气罐的目的是及时排出系统内的空气，以保证水系统的正常运行。

集气罐一般由 DN100～DN250 钢管焊接制成，有立式和卧式两种。集气管的排气管可选用 DN15 的钢管，其上面应装放空阀。在系统充水或运行时定期放气之用，立式集气罐容纳的空气量比卧式的多，因此大多数情况下均选用立式集气罐，仅在干管距顶棚的距离很小不能设置立式集气罐时，才使用卧式集气罐。值得注意的是集气罐在系统中的安装位置（高度）必须低于膨胀水箱，才能保证其排放空气的功能。

683. 冷媒水系统中的膨胀水箱作用是什么？

采用闭式冷媒水供水方式的系统中设有膨胀水箱，其作用是在水温升高时容纳水膨胀增加的体积和水温降低时补充水体积缩小的水量，同时也有放气和稳定系统压力的作用。

684. 冷媒水系统中膨胀水箱的结构是怎样的？

采用闭式冷媒水供水方式的系统中设有膨胀水箱，其作用是在水温升高时容纳水膨胀增加的体积和水温降低时补充水体积缩小的水量，同时也有放气和稳定系统压力的作用。在中央空调系统中一般采用开启式膨胀水箱。膨胀水箱配管的布置和连接如图 5-9 所示。

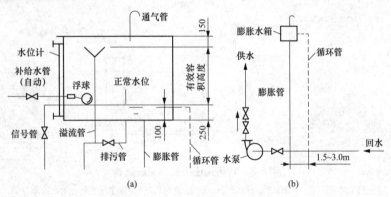

图 5-9　膨胀水箱配管的布置和连接

为保证膨胀水箱和水系统正常工作，膨胀水箱连接管应安装在膨胀水箱水泵的吸入侧，水箱标高至少应高出系统最高点 1m 左右。

膨胀水箱上的配管主要有：膨胀管、信号管、补给水管、溢流管、排污管等。膨胀水箱的箱体要做保温，并设盖板。为防止冬季供暖时水箱结冰，在膨胀水箱上接出一根循环管，把循环管与膨胀管接在同一水平管路上，使膨胀水箱中的水在两连接点压差的作用下始终处于缓慢流动状态。

685. 怎么计算膨胀水箱水容量？

膨胀水箱的容积是由系统中水容量和最大的水温变化幅度决定的，一般可用下式计算

$$V_p = \alpha \Delta t V_s \quad (m^3)$$

式中：V_p 为膨胀水箱有效容积（即由信号管到溢流管之间高度差内的容积），m^3；α 为水的体积膨胀系数，$\alpha = 0.0006$（1/℃）；Δt 为最大的水温变化值，℃；V_s 为系统内的水容量，m^3，即系统中管道和设备内存水量的总和见，表 5-1。

表 5-1 　　　　　　　膨胀水箱系统的水容量 　　　　　　　　（m^3）

系统形式	全空气系统	空气—水系统
供冷时	0.40～0.55	0.70～1.30
供热时	1.25～2.00	1.20～1.90

注 供热时数值是指使用热水锅炉情况，若使用换热器时，可以按供冷时的数值。

686. 供暖时膨胀水箱有效容积（V_p）怎么计算？

供暖时膨胀水箱有效容积（V_p）的计算，可按下述方法进行。

当采用 96～70℃供暖系统时，$V_p = 0.031V_c$；当采用 110～70℃供暖系统时，$V_p = 0.038V_c$；当采用 130～70℃供暖系统时，$V_p = 0.043V_c$。V_c 为系统内的水容量。

687. 冷媒（热）水系统集水器和分水器作用是什么？

在集中供冷、供热的中央空调系统中，集水器和分水器的作用是为了有利于个空调分区的流量分配和调节及媒水系统的维修和操作。

集水器和分水器的结构如图 5-10 所示。

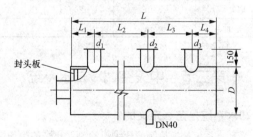

图 5-10　集水器和分水器的结构

在空调系统的实际运行中，集水器和分水器出口处冷、热媒水的流速一般应控制在 0.5~0.8m/s 为宜。

688. 冷媒水系统有哪些参数？

中央空调系统中的冷媒水日常管理工作相对比较简单，主要是要处理冷媒水对金属的腐蚀问题，一般可通过选用缓蚀剂的方法予以解决。

冷媒水一般为闭式系统，一次投药可维持较长的时间，中央空调冷（热）媒水水质参数要求，见表 5-2。

表 5-2　　　　　中央空调冷（热）媒水水质指标

项目	单位	冷媒水	热媒水
pH		8.0~10.0	<8.0~10.0
总硬度	kg/m³	<0.2	<0.2
总溶解度	kg/m³	<2.5	<2.5
浊度	(NTU)	<20	<20
总铁	kg/m³	$<2 \times 10^{-3}$	$<2 \times 10^{-3}$
总铜	kg/m³	$<2 \times 10^{-4}$	$<2 \times 10^{-4}$
细菌总数	/m³	$<10^9$	$<10^9$

中央空调冷（热）媒水水质和水处理药剂参数要求见表 5-3。

表 5-3　　　　中央空调冷（热）媒水处理药剂参数要求

项目	单位	冷媒水	热媒水
钼酸盐（MoO₄ 计）	kg/m³	$(3\sim5)\times10^{-2}$	$(3\sim5)\times10^{-2}$
钨酸盐（WoO₄ 计）	kg/m³	$(3\sim5)\times10^{-2}$	$(3\sim5)\times10^{-2}$
亚硝酸盐（NO₂ 计）	kg/m³	≥0.8	≥0.8
聚合磷酸盐（PO₄³ 计）	kg/m³	$(1\sim2)\times10^{-2}$	$(1\sim2)\times10^{-2}$
硅酸盐（SiO₂ 计）	kg/m³	<0.12	<0.12

第二节　中央空调冷却水系统

689. 冷却水系统是怎么定义的？

中央空调冷却水系统是指从制冷压缩机冷凝器出来的冷却水经水泵送至冷却塔，冷却后的水从冷却塔靠位差在重力作用自流至冷凝器的循环水系统。

冷却水系统常用的水源有：地面水、地下水、海水、自来水等。

690. 冷却水系统供水方式怎么分类？

冷却水系统的供水方式一般可分为直流式、混合式和循环式三种。

（1）直流式冷却水系统。是指在冷却水供水系统中，冷却水经冷凝器等用水设备后，直接就近排入下水道或用于农田灌溉，不再重复使用。这种系统的耗水量很大，适宜用在有充足水源的地方。

（2）混合式冷却水系统。混合式冷却水系统如图5-11所示。

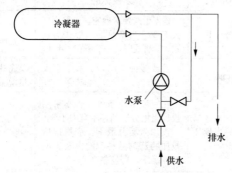

图5-11　混合式冷却水系统

混合式冷却水系统的工作过程是从冷凝器中排出的冷却水分成两部分：①直接排掉；②与供水混合后循环使用。混合式冷却水系统一般适用于使用地下水等冷却水温度较低的场所。

（3）循环式冷却水系统。冷却水经过制冷机组冷凝器等设备吸热而升温后，将其输送到喷水池和冷却塔，利用蒸发冷却的原理，对冷却水进行降温散热。

691. 对冷却水进水水温是怎么要求的？

为了保证冷凝压力在压缩机工作允许的范围内，冷却水的进水温度一般不应高于表5-4数值。

表5-4　　　　　　　　　　冷却水水温

设备名称	进水温度（℃）	出水温度（℃）
压缩机	10～32	≤45
冷凝器	≤32	≤35
小型空调机组	≤30	≤35

692. 对冷却水水质是怎么要求的？

对冷却水水质的要求幅度较宽。对于水中的机物和无机物，不要求完全清除，只要求控制其数量，防止微生物大量生长，以避免使其在冷凝器或管道系统形成积垢或将管道堵塞。

空调系统冷却水水质要求应符合表 5-5 的要求。

表 5-5   循环用水水质标准

项目	单位	水质标准	危害
浊度	mg/L	根据生产要求确定，一般不应大于 20。当换热器的形式为板式，套管式时，一般不宜大于 10	过量会导致污泥危害及腐蚀
含盐量	mg/L	设放缓蚀剂时，一般不宜大于 2500	腐蚀、结垢随含盐量增加而递增
碳酸盐硬度	毫克当量/L	在一般水质条件，若不采用投加阻垢分散剂，不宜大于 3。投加阻垢分散剂，应根据所投加的药剂品种、配方及工况条件确定，可控制在 6～9	
钙离子 Ca^{2+}	毫克当量/L	投加阻垢分散剂时，应根据所投加药剂的品种、配方和工况条件确定，一般情况低限不宜小于 1.5（从腐蚀角度），高限不宜大于 8（从阻垢角度要求）	结垢
镁离子 Mg^{2+}	毫克当量/L	不宜大于 5，并按 Mg^{2+}（毫克/升）$\times SiO_2$ <15000 验证（Mg^{2+} 以 $CaCO_3$ 计，SiO_2 以 SiO_2 计）	产生类似蛇纹石组成污垢，黏性很强
铝 Al^{3+}	mg/L	不宜大于 0.5（以 Al^{3+} 计）	起粘结作用，促进污泥沉积
铜 Cu^{2+}	mg/L	一般不宜大于 0.1，投加铜缓蚀剂时应按试验数据确定	产生点蚀，导致局部腐蚀
氯根 Cl^-	mg/L	投加缓蚀剂时，对不锈钢设备的循环用水中不应大于 300（指含铬、镍、钛、钼等合金的不锈钢）。投加缓蚀剂时，对碳钢设备的循环用水不应大于 500	强烈促进腐蚀反应，加速局部腐蚀，主要是裂隙腐蚀，点蚀和应力腐蚀开裂

续表

项目	单位	水质标准	危害
硫酸根 SO_4^{2-}	mg/L	投加缓蚀剂时，$Ca^{2+} \times SO_4^{2-} < 750000$	它是硫酸盐还原菌的营养源，浓度过高会出现硫酸钙的沉积
硅酸（以 SiO_2 计）	mg/L	不大于 175。Mg^{2+}(mg/L，以 $CaCO_3$ 计)$\times SiO_2$(mg/L，以 SiO_2 计)$\leqslant 15000$	出现污泥沉积及硅垢
油	mg/L	不应大于 5	附于管壁，阻止缓蚀剂与金属表面接触，是污垢粘结剂，营养源
磷酸根 PO_4^{3-}	mg/L	根据磷酸钙饱和指数进行控制	引起磷酸钙沉淀
异养菌总数	个/mL	$< 5 \times 10^5$	产生污泥和沉积物，带来腐蚀，破坏冷却塔木材

693. 对冷却水水压是怎么要求的？

冷却水的工作压力是根据制冷机组和冷却塔配置情况而定的，一般应控制在 $0.3 \sim 0.6$Mpa 范围内。

694. 水过滤器作用是什么？

水过滤器又称排污器，水过滤器通常装在测量仪器或执行机构之前，保护设备的正常工作。当来自冷却塔的冷却水进入置有一定规格滤网的滤筒后，其杂质被阻挡，而清洁的冷却水则由过滤器出口排出，当需要清洗时，只要将可拆卸的滤筒取出，处理后重新装入即可。

695. Y型水过滤器是怎么工作的？

中央空调水系统常用的 Y 型水过滤器实物如图 5-12 所示。

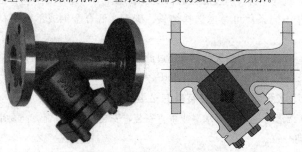

图 5-12　Y型水过滤器实物

Y 型水过滤器工作原理如图 5-13 所示。

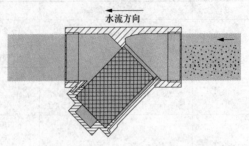

水流方向

图 5-13　Y 型水过滤器工作原理

Y 型过滤器一端是使水等流质经过，一端是沉淀废弃物、杂质，通常它是安装在减压阀、泄压阀、定水位阀或其他设备的进口端，它的作用是清除水中的杂质，达到保护阀门及设备正常运行的作用，过滤器待处理的水由入水口进入机体，水中的杂质沉积在不锈钢滤网上，其杂质被阻挡，而清洁的滤液则由过滤器出口排出，当需要清洗时，只要将可拆卸的滤筒取出，处理后重新装入即可重新使用。

696. Y 型水过滤器怎么选型？

（1）进出口通径。原则上过滤器的进出口通径不应小于相配套的泵的进口通径，一般与进口管路口径一致。

（2）公称压力。按照过滤管路可能出现的最高压力确定过滤器的压力等级。

（3）孔目数的选择。主要考虑需拦截的杂质粒径，依据介质流程工艺要求而定。各种规格丝网可拦截的粒径尺寸查"滤网规格"。

（4）过滤器材质。过滤器的材质一般选择与所连接的工艺管道材质相同，对于不同条件可考虑选择铸铁、碳钢、低合金钢或不锈钢材质的过滤器。

（5）过滤器阻力损失计算水用过滤器，在一般计算额定流速下，压力损失为 $0.52\sim1.2kPa(0.1MPa=100kPa=1.0197kg/cm^2)$。

697. Y 型水过滤器安装是怎么要求的？

（1）Y 型水过滤器可水平或垂直安装，安装时系统水流方向要跟阀体上箭头方向一致。

（2）为了便于维修，Y 型水过滤器应跟截止阀一起安装使用，在 Y 型水过滤器的上游和下游都应安装截止阀，一旦 Y 型水过滤器需要维修，可关闭上游和下游的截止阀，切断 Y 型水过滤器跟系统的联系。

（3）Y 型水过滤器的上游和下游最好安装压力表，如果上下游压力表读数相差很大，说明过滤网上已经有不少杂质，当有液体流动经过 Y 型水过滤器时，液体阻力比正常使用要大很多，此时需要及时清洗滤网。

（4）为了在维修 Y 型水过滤器时不耽误系统的正常使用，最好在安装 Y 型水过滤器的同时安装一条旁通管路，在平时关闭旁通管上的截止阀，而在 Y 型水过滤器维修的时候打开旁通管上的截止阀。

（5）Y 型水过滤器安装时要注意预留一定的维修空间，以便正常的日常维护。

698. Y 型水过滤器维护保养是怎么要求的？

（1）Y 型水过滤器在使用一段时间后，需要取下内部的过滤网进行清洗，以免被过滤的杂质堵在过滤网上增加了液体阻力，影响系统水的正常流通，一般每 3 个月清洗一次过滤网为佳。

（2）清洗后的过滤网在安装回 Y 型水过滤器后，注意观察 Y 型水过滤器垫片是否有漏水情况发生，如果发现渗漏，及时更换密封垫片。

（3）新系统安装 Y 型水过滤器几小时后要及时清洗滤网，以防管道安装时残留在管道内的施工垃圾堵塞 Y 型水过滤器。

（4）用于不经常流动的 Y 型水过滤器要特别注意卫生问题，系统超过 4 天不运行，Y 型水过滤器过滤网上就容易滋生细菌，要注意及时清洗过滤网。

第三节 冷 却 塔

699. 冷却塔是怎么定义的？

冷却塔是利用空气的强制流动，将冷却水部分汽化，带走冷却水中部分热量，而使水温下降得到冷却的专用冷却水散热设备。在制冷设备工作过程中，从制冷机的冷凝器中排出的高温冷却循环水通过水泵送入冷却塔，依靠水和空气在冷却塔中的热湿交换，使其降温冷却后循环使用。

700. 冷却塔技术术语有哪些？

（1）冷却度。水流经冷却塔前后的温差，等于进入冷却塔的热水与离开冷却塔的凉水之间的温度差。

（2）冷却幅度。冷却塔出水温度同环境空气湿球温度之差。

（3）热负荷。冷却塔每小时"排放"的热量值。热负荷等于循环水量乘以冷却度。

（4）冷却塔压头。冷却水由塔底提升到顶部并经喷嘴所需要的压力。

（5）漂损。水以细小的液滴形式混杂在循环空气中而造成的少量损失。

（6）泄放。为防止水中化学致锈物质的形成和浓缩，连续或间接排放的少量循环水。

（7）补给。为替补蒸发、漂损和泄放所需补充的水量。

（8）填料。冷却塔内使空气和水同时通过并得到充分接触的填充物，有膜式、片式、松散式、飞溅式填料之分。

（9）水垢抑制剂。为防止或减少在冷却塔中形成硬水垢而添加在水中的化学物质，常用的有磷酸盐、无机盐、有机酸等。

（10）防藻剂。为抑制在冷却塔中生成藻类植物而添加在水中的化学物质，常用的有氯、氯化苯酚等。

701. 机械式通风式冷却塔基本结构是怎样的？

机械通风式冷却塔是依靠风机强迫通风使水冷却的冷却塔，可分为顺流式和逆流式两种，在中央空调冷却水散热设备中应用最多的是逆流式冷却塔。机械通风逆流式冷却塔的基本结构如图 5-14 所示。

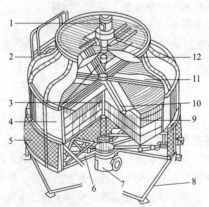

图 5-14　机械通风逆流式冷却塔的基本结构

1—电动机；2—梯子；3—进水立管；4—外壳；5—进风网；6—集水盘；7—进出水管接头；8—支架；9—填料；10—旋转配水器；11—挡水板；12—风机叶片

逆流式冷却塔塔体一般由上、中、塔体及进风百叶窗组成。塔体材料为玻璃钢。风机为立式全封闭防水电动机，圆形冷却塔的风叶直接装于电动机轴端。而对于大型冷却塔风叶则采用减速装置驱动，以实现风叶平稳运转。布水器一般为旋转式，利用水的反冲力自动旋转布水，使水均匀地向下喷洒，与向上或横向流动的气流充分接触。大型冷却塔为了布水均匀和旋转灵活，布水器的转轴上安装有轴承。

702. 逆流机械通风式冷却塔怎么工作？

来自制冷系统的热水通过冷却水泵以一定的压力经过管道将循环水压至冷却塔的布水系统内，通过布水装置将水均匀地播撒在填料上面，干燥的外界空气在风机的作用下由底部抽入塔内，进入塔内的空气是干燥低湿球温度的空气，水和空气之间明显存在着水分子的浓度差和动能压力差，当风机运行时，在塔内静压的作用下，水分子不断地向空气中蒸发，成为水蒸气分子，剩余的水分子平均动能便会降低，从而使循环水的温度下降。散热冷却后的水滴入集水盘内，经出水管回流入制冷系统冷凝器内。

703. 冷却塔中填料作用是什么？

填料在冷却塔中的作用就是增加冷却水的散热量，延长冷却水在冷却塔中停留时间，增加在冷却塔中与空气之间的换热面积，增加换热量并均匀布水，使进入在冷却塔中的冷却水全部得到热交换处理。

704. 冷却塔内填料怎么散热？

冷却塔填料散热的基本原理如图 5-15 所示，干燥的空气经过风机的抽动后，从冷却塔的进风口处进入到冷却塔内与喷洒到填料上的热水进行热交换。填料上的水分子首先在水表面形成一层薄的饱和空气层，其温度和水面温度相同，然后水蒸气从饱和层向大气中扩散的快慢取决于饱和层的水蒸气压力和大气的水蒸气压力差。

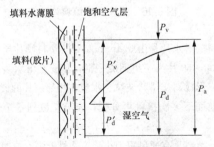

图 5-15　冷却塔填料散热的基本原理

P'_v—水面薄饱和层的蒸气压力，Pa；P_v—湿空气中的水蒸气分压力，Pa

冷却塔内填料上饱和蒸气分压力大的高温水分子向压力低的空气流动，由于水蒸气表面和空气之间存在着一定的压强差，在压力的作用下就会产生蒸发现象，然后带走蒸发潜热，从而达到降温的目的。

705. 冷却塔填料怎么分类？

冷却塔填料按其形式可以分为：S波填料、斜交错填料、台阶式梯形斜波填料、差位式正弦波填料、点波填料、六角蜂窝填料、双向波填料和斜折波填料等类型。

706. 冷却塔淋水装置作用是什么？

淋水装置也称冷却填料。冷却塔的淋水装置作用是将水均匀地分布到填料上，增大水气接触界面，进入冷却塔的冷却水流经填料后，溅散成细小的水滴式形成水膜，增加水和空气接触的时间，水与空气更充分地进行热交换，使一部分水汽化，带走热量，降低冷却水温。

707. 圆形逆流式冷却塔使用哪种填料好？

圆形逆流式冷却塔一般使用斜交错冷却塔填料较好，构造如图 5-16 所示。

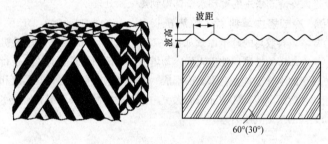

图 5-16　斜波交错填料构造

斜波交错填料的淋水片是由 0.4mm 左右的塑料硬片压制成波纹倾斜瓦楞板状，然后将 30~60 片为一组捆成一捆，填充在淋水装置内。相邻两片的波纹反向组装，形成斜交错状波纹。水流在相邻两片的棱背接触点上均匀地分成两股，自上而下多次接触再分配，充分扩散到各个表面，增大散热效果。

斜交错冷却塔填料具有通风阻力小、亲水性能强、成膜性好、接触面积大，易于填料的热传导等优点。斜交错填料使用原材料分为：聚氯乙烯（PVC），适用于散热温度−20~70℃；聚丙烯（PP），适用于散热温度−20~

100℃。斜交错填料采用圈料和螺杆组装两种形式，倾斜角一般为60°，主要用于圆形逆流式冷却塔。

708. 逆流式冷却塔填料标准角度是怎么要求的？

（1）建设逆流式冷却塔时，填料顶部与气流段成角应控制在90°以内，采用平顶盖，下设导流圈，收水器要和气流段成角控制在90～120°。

（2）收缩型的塔顶，收缩段盖板的顶角应控制在90～110°。

（3）水填料倾角控制在5～8°。

（4）在使用的过程中，为了防止空气与填料底至水面的短路，应该设置备用的空气流通措施。

709. 冷却塔的管式布水器怎么工作的？

管式布水器的布水管一般布置成树枝状和环状，布水支管上装有喷头。喷头前的水压一般控制在0.04～0.07MPa，如水压过低，会使喷水不均匀，反之则消耗过多的能量。

旋转管式布水器旋转管式布水系统如图5-17所示。布水器的工作原理为：冷却水通过进水管流入布水管，然后通过布水管上的喷孔形成水流，洒在冷却塔的填料上。由于喷孔的直径比较小，水流具有一定的速度，根据作用力与反作用力的原理，布水管受到与水流方向相反的作用力而旋转，使水流不停地分布到冷却塔填料上。

710. 槽式配水器是怎么定义的？

槽式配水器由配水槽、溅水喷嘴和溢水管等组成，其配水系统如图5-18所示。

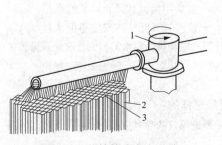

图 5-17　旋转管式布水系统

1—旋转头；2—填料；3—斜形长条喷水口

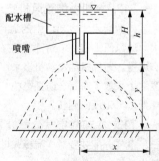

图 5-18　槽式配水系统

槽式配水系统通常由水槽、管嘴及溅水碟组成，热水从管嘴落到溅水碟上，溅成无数小水滴射向四周，以达到均匀布水的目的。管嘴安装在水槽底部，管嘴间距取决于溅水碟的溅洒半径；溅水碟的溅洒半径取决于管嘴至溅水碟的高程差。槽式和池式配水装置的特点是供水压力低，可减少水泵的功耗。

711. 池式配水器是怎么定义的？

池式配水器由配水池、溢流管和溅水碟等组成，其配水系统如图 5-19。

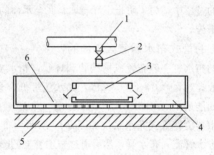

图 5-19　池式配水系统

1—流量控制阀；2—进水管；3—消能箱；4—配水池；5—淋水填料；6—配水孔

池式配水系统的配水池建于淋水装置正上方，池底均匀地开 4～10mm 孔口（或装喷嘴、管嘴），池内水深一般不小于 100mm，以保证洒水均匀。池式配水池系统水位比较稳定，所以管理维护比较方便，池式配水系统易产生藻类滋生，使用与维护时应予以抑制。

712. 冷却塔配置风机特点是什么？

机械通风式冷却塔中的通风机一般采用轴流式风机，其特点是：风量大，通风压力在 20mm 汞柱左右，通过调整其叶片的安装角度来调节风压和风量。通风机的电动机多采用封闭式电动机，耐水雾和大气腐蚀，对其接线端子采取了密封、防潮措施。在户外可长期连续运转无故障、噪声小、能耗低、可正反向旋转。

713. 冷却塔空气分配装置是怎样的？

空气分配装置对逆流冷却塔是指进风口和导风板部分，对横流冷却塔只是指进风口部分。

进风口的面积与淋水装置的面积，一般比例范围为：薄膜式淋水装置为 0.7～1.0，点滴式淋水装置为 0.35～0.45。

抽风式和开放式冷却塔的进风口，应朝向塔内倾斜的百叶窗，以改善气流条件，并防止水滴溅出和杂物进入冷却塔内。

714. 冷却塔的收水器作用是什么？

冷却塔收水器的作用是将空气和水分分离，减少由冷却塔排出湿空气带出的水滴，降低冷却水的损耗量。它是由塑料板、玻璃钢等材料制成两折或三折的挡水板。冷却塔内的收水器可使冷却水助损耗量降低至 $0.1\% \sim 0.4\%$。

715. 冷却塔飞溅损失是怎么定义的？

冷却塔飞溅损失是冷却塔中以飞溅和雾沫夹带形式损失掉的非蒸发水分，是被循环空气带走的水分，是一种水分损失，它与蒸发引起的水量损失不是一回事。

716. 冷却塔补充水量怎么计算？

冷却塔的补充水是指由于蒸发、飞溅、排污和渗漏而损失的水量（即所需要补充的水量）。冷却塔补充水量的简单计算公式为

$$E(\%) = \Delta t/R \times 100$$
$$E(\text{kg/h}) = \Delta t \times L/R$$

式中：E 为蒸发量；Δt 为循环水出入口的温度差，℃；L 为循环水量，kg/h；R 为水的蒸发潜热量（kcal/kg），37℃时为 575，kcal/kg。

717. 冷却塔的排污水量怎么确定？

冷却塔的排污水是指连续或间歇地从循环水中排放掉的水，以防止水中化学物质集结而引起结垢。

冷却塔排污水量的确定往往与冷却水固体物的浓缩程度有关。浓缩度 N 是指补充水中溶解的固体物与循环水中溶解的固体物之比。由于氧化物在浓缩物中仍然是可溶解的，故 N 可简单地表示循环水中的氯化物含量与补充水中氯化物含量之比

$$N = \frac{Cl_c}{Cl_m}$$

式中：Cl_c 为循环水中的氯化物含量，质量分数，%；Cl_m 为补充水中氯化物含量，质量分数，%。

718. 冷却塔的补充水量怎么确定？

冷却塔的补充水是指用来补偿冷却塔由于蒸发、飞溅、排污所损失的水量

$$N_U = E + B \quad (\text{m}^3/\text{h})$$

式中：N_U 为补充水量，m^3/h；E 为蒸发水量，m^3/h；B 为飞溅加排污水量，m^3/h。

在冷却塔的进出水温差为 7℃时，蒸发所损失的水量约为 1%，排污水量约为循环水量的 0.9%。

719. 冷却塔运行中需要做哪些检查工作？

（1）观察圆形塔布水装置的转速是否稳定、均匀。如果不稳定，可能是管道内有空气存在而使水量供应产生变化所致，为此，要设法排除空气。

（2）观察圆形塔布水装置的转速是否减慢或是有部分出水孔不出水。这可能是因为管内有污垢或微生物附着而减少了水的流量或堵塞了出水孔所致，要及时做好清洁工作。

（3）浮球阀开关是否灵敏，集水盘（槽）中的水位是否合适。若有问题要及时调整或修理浮球阀。

（4）对于矩形塔，要经常检查配水槽（又叫散水槽）内是否有杂物堵塞散水孔，如果有堵塞现象要及时清除，要求槽内积水深度不能小于 50mm。

（5）塔内各部位是否有污垢形成或微生物繁殖，特别是填料和集水盘（槽）里，如果有污垢或微生物附着要分析原因，并相应做好水质处理和清洁工作。

（6）注意倾听冷却塔工作时的声音，是否有异常噪声和振动声。如果有则要迅速查明原因，消除隐患。

（7）检查布水装置、各管道的连接部位、阀门是否漏水。如果有漏水现象要查明原因，采取相应措施堵漏。

（8）对使用齿轮减速装置的冷却塔风机，要注意齿轮箱是否漏油。如果有漏油现象要查明原因，采取相应措施堵漏。

（9）注意检查风机轴承的温升情况，一般不大于 35℃，最高温度低于 70℃。温升过大或温度高于 70℃时要迅速查明原因降低风机轴承的温升。

（10）查看有无明显的飘水现象，如果有要及时查明原因予以消除。

720. 冷却塔外壳清洁是怎么要求的？

目前常用的圆形和矩形冷却塔，包括那些在出风口和进风口加装了消声装置的冷却塔，其外壳都是采用玻璃钢或高级 PVC 材料制成，能抗太阳紫外线和化学物质的侵蚀，密实耐久，不易褪色，表面光亮，不需另刷油漆作保护层。因此，当其外观不洁时，只需用水或清洁剂清洗即可恢复光亮。

721. 冷却塔填料清洁是怎么要求的？

填料作为空气与水在冷却塔内进行充分热湿交换的媒介体，通常是由高级 PVC 材料加工而成，属于塑料一类，很容易清洁。当发现其有污垢或微生物附着时，用水或清洁剂加压冲洗或从塔中拆出分片刷洗即可恢复原貌。

722. 冷却塔集水盘清洁是怎么要求的？

集水盘（槽）中的污垢或微生物积存可采用刷洗的方法予以清除干净。在清除工作时要注意的是：清洗前要堵住冷却塔的出水口，清洗时打开排水阀，让清洗的脏水从排水口排出，避免清洗时的脏水进入冷却水回水管。此种操作方法在清洗布水装置、配水槽、填料时均可使用。

此外，可在集水盘（槽）的出水口处加设一个过滤网用以挡住大块杂物（如树叶、纸屑、填料碎片等），随水流进入冷却水回水管道系统。

723. 冷却塔布水装置清洁是怎么要求的？

对圆形塔布水装置的清洁工作，重点应放在有众多出水孔的几根支管上，要把支管从旋转头上拆卸下来仔细清洗。当矩形冷却塔的配水槽需要清洁时，采用刷洗的方法即可。

724. 冷却塔吸声垫清洁是怎么要求的？

由于吸声垫是疏松纤维型的，长期浸泡在集水盘中，很容易附着污物，所以吸声垫清洗时可用清洁剂配以高压水进行冲洗。

需要注意的是：冷却塔的清洁工作，除了外壳可不停机清洁外，其他各项清洗工作都要停机后才能进行。

725. 冷却塔定期维护保养工作怎么做？

为了使冷却塔能安全正常地长时间使用，除了日常要做好上述检查工作和清洁工作外，还需定期做好以下几项维护保养工作。

（1）对使用皮带减速装置的冷却塔，每两周停机检查一次皮带的松紧度，不合适时要调整。如果几根皮带松紧程度不同，则要全套更换；如果冷却塔长时间不运行，则最好将皮带取下来保存。

（2）对使用齿轮减速装置的冷却塔，每一个月停机检查一次齿轮箱中的油位。油量不够时要补加到位。此外，冷却塔每运行六个月要检查一次油的颜色和黏度，达不到要求必须全部更换。当冷却塔累计使用 5000h 后，不论油质情况如何，都必须对齿轮箱做彻底清洗，并更换润滑油。齿轮减速装置采用的润滑油一般多为 30 号或 40 号机械油。

（3）由于冷却塔风机电动机长期在湿热环境下工作，为了保证其绝缘性能，不发生电动机烧毁事故，每年必须做一次绝缘情况测试。如果达不到要求，要及时进行维修或更换电动机。

（4）要随时注意检查冷却塔的填料是否有损坏部分，若有要及时修补或更换。

（5）冷却塔风机系统所有轴承的润滑脂一般一年更换一次。

（6）当采用化学药剂进行冷却水的处理时，要注意风机叶片的腐蚀问题。为了减缓腐蚀，每年清除一次叶片上的腐蚀物，均匀涂刷防锈漆和酚醛漆各一道，或在叶片上涂刷一层 0.2mm 厚的环氧树脂，其防腐性能一般可维持 2～3 年。

（7）在冬季冷却塔停止使用期间，有可能因积雪而使风机叶片变形，这时可采取两种办法避免：①停机后将叶片旋转到垂直于地面的角度紧固；②将叶片或连轮毂一起拆下放到室内保存。

（8）在冬季冷却塔停止使用期间，有可能发生冰冻现象时，要将冷却塔集水盘（槽）和室外部分的冷却水系统中的水全部放光，以免冻坏设备和管道。

（9）冷却塔的支架、风机系统的结构架以及爬梯通常采用镀锌钢件，一般不需要油漆。

如果发现生锈，再进行去锈刷漆工作。

726. 布水器喷嘴怎么维护和保养？

布水器喷嘴的维护和保养有两种方法。①手工操作法：维护保养时，将布水器喷嘴拆开，把堵塞在喷嘴中的杂物清理出来，用清水清洗干净后，重新组装好即可；②化学清洗法：将布水器喷嘴从设备拆卸下来以后，放到配好的浓度为 20%～30%的硫酸水溶液中，浸泡 60min，然后用清水冲洗，将残留在喷嘴中硫酸溶液清洗干净后，将喷嘴浸泡到清水中，用试纸测试其 pH 值，达到 7 时为合格。

727. 布水器喷淋管怎么维护和保养？

每年停止冷却塔运行后，在维护喷嘴的同时，要对布水器喷淋管的维护和保养。其做法是：每年停机后立即对其进行除锈、刷防锈漆，对喷淋管上与喷嘴装配的丝头，可用汞明漆涂刷，做防锈处理。

728. 冷却塔风扇叶轮、叶片怎么维护和保养？

每年冷却塔停止运行后，应将冷却塔风扇叶轮、叶片拆下，用手工方法清除腐蚀物做好静平衡校验后，均匀地涂刷防锈漆和酚醛漆各一次，然后将冷却塔风扇叶轮、叶片装回原位，以防变形。

为防止大直径的玻璃钢冷却塔风扇叶片受积雪重压变形，可将叶片角度旋转 90°使其垂直于地面即可。若欲将叶片分解保存，应放平，不可堆砌放置。

第四节　水系统中的水泵

729. 离心式水泵结构是怎样的？

离心式水泵的基本结构如图 5-20 所示。水泵的叶轮一般是由两个圆形盖板组成，盖板之间有若干片变曲的叶片，叶片之间的槽道为过水的叶槽，如图 5-21 所示。

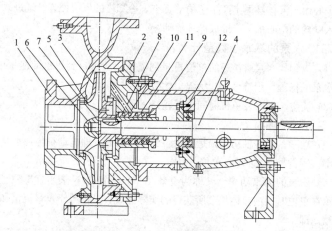

图 5-20　离心式水泵的基本结构

1—泵壳；2—泵盖；3—叶轮；4—轴；5—密封环；6—叶轮螺母；

7—制动垫圈；8—轴套；9—填料压盖；10—填料环；

11—填料；12—悬架轴承部件

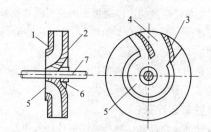

图 5-21　离心式水泵的叶轮

1—前盖板；2—后盖板；3—叶片；4—叶槽；

5—吸水口；6—轮毂；7—泵轴

730. 离心式水泵是怎么工作的？

离心泵在起动之前，要先用水灌满泵壳和吸水管道。当叶轮飞快旋转时，叶轮内的液体在叶轮内叶片的推动下也跟着旋转起来，从而使液体获得了离心力，并沿着叶片流道从叶轮的中心往外运动，然后从叶片的端部被甩出进入泵壳内的蜗室或扩散管（或导轮）。当液体流到扩散管时，由于液流的断面积渐渐扩大，流速减慢，将一部分动能转化为静能头，使压力上升，然后经外壳上与叶轮成切线方向的出水管被压送到输水管内。与此同时，在叶轮中心由于液体被甩出产生了局部真空，冷却塔的回水便连续地进入水管被吸入叶轮的中心部分，形成循环流动。

731. 水泵的基本参数是什么？

（1）扬程。水泵所输送的单位重量的流体，从进口到出口的能量增值，称为水泵的扬程。用符号 H 表示，单位为 m。

（2）流量。水泵在单位时间内所输送的流体量，用符号 Q 表示，单位：m^3/s 或 m^3/h。

（3）功率。又称轴功率，是指水泵的输入功率，即电动机传到水泵轴上的功率，用符号 Ne 表示，单位：kW。

（4）水泵的输出功率。又称为有效功率，用符号 N 表示，单位：kW。它表示在单位时间内流体从泵所获得的实际能量，其值等于重量流量和扬程的成绩。即：

$$N = \gamma QH$$

式中，γ-被输送流体的容重，单位：kN/m^3；Q-水泵输送的流体流量，单位：m^3/s；H-水泵的扬程，单位：m。

732. 水泵扬程是怎么定义的？

水泵的扬程是指单位质量的流体通过泵所获得的总能量，即泵在理论上所能提升的流体高度。一般所说的"扬程"，是指它的全扬程，即是吸上扬程与压出扬程之和。

扬程的大小与泵的叶轮直径、转速以及级数有关，泵的叶轮直径越大，转速越高，级数越多，水泵的扬程就越大。

733. 水泵流量怎么计算？

（1）冷却水流量的确定计算。制冷系统的冷却水流量一般可按产品样本提供的数据选取，或用下列公式进行计算

$$L(m^3/h) = \frac{Q(kW)}{(4.5 \sim 5)℃ \times 1.163} \times (1.15 \sim 1.2)$$

式中：Q 为压缩机制冷量，kW。

（2）冷冻水流量。一般可按产品样本提供的数据选取，或用下列公式进行计算

$$L(m^3/h) = \frac{Q(kW)}{(4.5 \sim 5)℃ \times 1.163}$$

（3）水系统管道管径的计算。在中央空调系统中，水系统的管径可按下式计算

$$D(m) = \sqrt{\frac{L(m^3/h)}{0.785 \times 3600 \times V(m/s)}}$$

式中：L 为所求管段的水流量，m/h；V 为所求管段允许的水流速，m/s；D 为管道直径，mm。

（4）流速的确定。当管径 DN 在 100～250 时，流速推荐值为 1.5m/s；当管径小于 DN100 时，流速推荐值为 1.0m/s；当管径大于 DN250 时，流速可加大。

734. 各种制冷机型需要多少冷却水？

中央空调各种制冷机需要多少冷却水估算见表 5-6。

表 5-6　　　　　中央空调各种制冷机冷却水量估算　　　　（t/kW）

活塞式制冷机	0.215
离心式制冷机	0.258
吸收式制冷机	0.3
螺杆式制冷机	0.193-0.322

735. 水泵无隔振安装要求是什么？

无隔振要求水泵的安装方法：在安装过程中主要工作是对安装基础找平、找正，在达到要求后将水泵就位即可。

736. 水泵有隔振安装要求是什么？

常用的隔振装置有两种，即橡胶隔震垫和减震器。

橡胶隔震垫一般是由丁腈橡胶制成，具有耐油、耐腐蚀、耐老化等特点。

安装橡胶隔震垫时要求是：

（1）水泵的基础台面应平整，一保证安装的水平度。

（2）水泵采取锚固方法时应根据水泵的螺钉孔位预留孔洞或预埋钢板，

是地脚螺栓固定尺寸准确。

（3）水泵就位前将隔振垫按设计要求的支撑点摆放在基础台面上。

（4）隔振垫应为偶数，按水泵的中轴线对应布置在基座的四角或周边，应保证各支撑点荷载均匀。

（5）同一台水泵的隔振垫采用的面积、硬度和层数应一致。

减震器安装时，要求其基础平整、各组减震器承受荷载的压缩量应均匀，不得出现偏心。安装过程中应采取保护措施，如安装与减震器高度相同的垫块，以保护减震器在施工过程中不承受载荷，待水泵的配管装配完成后再予以拆除。

737. 怎样用三脚架和倒链吊装水泵？

用三脚架和倒链吊装水泵起吊时，绳索应系在水泵体和电动机体的吊环上，不能系在轴承座上或轴上，以免损伤轴承座或使轴出现变形。操作时在基础上放好垫块，将整体水泵吊装在垫板上，套上地脚螺栓和螺母，调整底座位置，使底座上的中心线和基础上的中心线一致。泵体的纵向中心线是指泵轴中心线，横向中心线应符合设计的图纸要求，其偏差在图样尺寸的±5mm 范围之内，实现于其他设备的良好连接。

738. 水泵吊装后怎样找正？

方法是：安装时将水泵上位到规定位置，使水泵的纵横中心线与基础上的中心线对正。水泵的标高和平面位置的偏差应符合规范要求。泵体的水平允许偏差一般为 0.3～0.5mm/m。用钢板尺检查水泵中心线的标高，以保证水泵能在允许的吸水高度内工作。

水泵调平的测量方法是：

（1）在水泵的轴上用水平仪测轴向水平度。

（2）在水泵的底座加工面或出口法兰上用水平仪测纵、横水平度。

（3）用吊线测量水泵进口法兰垂直面与垂线平行度。

在水泵调平中，如采用无隔振安装方式，应采用垫铁进行调平，如采用有隔振安装方式，应对基础平面的水平度进行严格检查，达到要求后才能安装。

当水泵找正、找平以后，可向其地脚螺栓孔和基础与水泵底座之间的空隙内灌注混凝土，待凝固后再拧紧地脚螺栓，并对水泵的位置和水平度进行复查，以防在灌注混凝土、拧紧地脚螺栓过程中发生位移。

739. 水泵怎么会产生"气蚀"？

水泵产生"气蚀"的原因：水泵的安装位置高出吸液面太多，水泵安装地点的大气压力太低，水泵输送液体的温度过高。

当水泵内因液体汽化或溶解气体逸出而形成的气泡随液体流进水泵内的高压区时，由于压强高的原因而使气泡破灭，于是在局部地区产生高频率、高冲击力的水击，不断击打叶轮及泵内其他部件，使其表面呈蜂窝状或海绵状；另外，在凝结热的助长下，活泼的气体还会与金属发生化学腐蚀，致使金属表面逐渐脱落而破坏，这就是"气蚀"现象。

水泵内"气蚀"严重时会产生大量气泡，影响流体的正常流动，并随之产生剧烈振动和高噪声，甚至造成水泵断流现象，使水泵的扬程、流量和效率显著下降，直至水泵损坏。

740. 怎么选择空调水系统水泵？

空调水系统水泵选择的步骤为：确定水泵流量，确定冷冻水流量，进行水系统水管管径的计算及确定水流速等步骤。

（1）确定水泵流量。冷却水流量一般按产品样本提供数值选取或按照下式计算

$$L(\text{m}^3/\text{h}) = Q/[4.5 \sim 5(\text{℃}) \times 1.163 \times (1.15 \sim 1.2)]$$

（2）确定冷冻水流量。在没有考虑同时使用率的情况下选定的机组，可根据产品样本提供的数值选用。如果考虑了同时使用率，可用下式计算

$$L(\text{m}^3/\text{h}) = Q/[(4.5 \sim 5)\text{℃} \times 1.163]$$

式中：Q 为建筑没有考虑同时使用率情况下的总冷负荷，kW。

（3）进行水系统水管管径的计算。在空调系统中所有水管管径一般按下式计算

$$D(\text{m}) = L(\text{m}^3/\text{h})/[0.785 \times 3600 \times V(\text{m/s})]$$

式中：L 为所求管段的水流量，第一步已计算出；V 为所求管段允许的水流速

（4）确定水流速。一般当管径在 DN100～DN250 时流速推荐为 1.5m/s 左右；当管径小于 DN100 时，推荐流速应小于 1.0m/s；管径大于 DN250 时 流速可再加大。进行计算是应注意管径和推荐流速的对应。

一般选择水泵时，水泵的进出口管径应比水泵所在管段的管径小一个型号。例如：水泵所在管段的管径为 DN125，那么所选水泵的进出口管径应为 DN100。

741. 水泵扬程怎么进行简易估算？

水泵扬程简易估算法：水泵的选择：通常选用比转数 ns 在 130～150 的离心式清水泵，水泵的流量应为冷水机组额定流量的 1.1～1.2 倍（单台取

1.1，两台并联取1.2。按估算可大致取每100m管长的沿程损失为$5mH_2O$，水泵扬程（mH_2O）

$$H_{max} = \Delta P_1 + \Delta P_2 + 0.05L(1+K)$$

式中：ΔP_1为冷水机组蒸发器的水压降；ΔP_2为该环中并联的各占空调末端装置的水压损失最大一台的水压降；L为该最不利环路的管长；K为最不利环路中局部阻力当量长度总和与直管总长的比值，当最不利环路较长时K值取$0.2\sim0.3$，最不利环路较短时K值取$0.4\sim0.6$。

742. 水泵运行中怎么检查？

水泵有些问题或故障在停机状态或短时间运行时是不会出现或产生的，必须运行较长时间才能出现或产生。

(1) 电动机不能有过高的温升，无异味产生。

(2) 轴承温度不得超过周围环境温度$35\sim40℃$，轴承的极限最高温度不得高于$70℃$。

(3) 轴封处（除规定要滴水的型式外）、管接头均无漏水现象。

(4) 无异常噪声和振动。

(5) 地脚螺栓和其他各连接螺栓的螺母无松动。

(6) 基础台下的减振装置受力均匀，进出水管处的软接头无明显变形，都起到了减振和隔振作用。

(7) 电流在正常范围内。

(8) 压力表指示正常且稳定，无剧烈抖动。

743. 水泵定期加油怎么操作？

轴承采用润滑油润滑的，在水泵使用期间，每天都要观察油位是否在油镜标识范围内。油不够就要通过注油杯加油，并且要一年清洗换油一次。根据工作环境温度情况，润滑油可以采用20号或30号机械油。

轴承采用润滑脂（俗称黄油）润滑的，在水泵使用期间，每工作2000h换油一次。润滑脂最好使用钙基脂，也可采用7019号高级轴承脂。

744. 水泵定期更换轴封怎么操作？

由于填料用一段时间就会磨损，当发现漏水或漏水滴数（ml/h）超标时，就要考虑是否需要压紧或更换轴封。对于采用普通填料的轴封，泄漏量一般不得大于$30\sim60ml/h$，而机械密封的泄漏量则一般不得大于$10ml/h$。

745. 水泵定期解体检修怎么操作？

一般每年应对水泵进行一次解体检修，内容包括清洗和检查。清洗主要是刮去叶轮内外表面的水垢，特别是叶轮流道内的水垢要清除干净，因为它对水泵的流量和效率影响很大。此外还要注意清洗泵壳的内表面和轴承。在清洗过程中，对水泵的各个部件进行详细认真的检查，以便确定是否需要修理或更换，特别是叶轮、密封环、轴承、填料等部件要重点检查。

746. 水泵定期除锈刷漆怎么操作？

水泵在使用时，通常都处于潮湿的空气环境中，有些没有进行保温处理的冷冻水泵，在运行时泵体表面更是被水覆盖（结露所致），长期这样，泵体的部分表面就会生锈。为此，每年应对没有进行保温处理的冷冻水泵的泵体表面进行一次除锈刷漆作业。

747. 水泵放水防冻要求是什么？

水泵停用期间，如果环境温度会低于 0℃，就要将内部的水全部放干净，以免水的冻胀作用胀裂泵体。特别是安装在室外工作的水泵（包括水管），尤其不能忽视。

748. 水泵填料函严重漏水怎么维修？

水泵密封填料俗称高压盘根，是将石棉绳编织成 6mm×6mm、8mm×8mm、10mm×10mm 等规格。水泵填料函严重漏水维修时，先用套筒扳手将水泵压盖上螺栓松开取下，然后用一字螺丝刀将压盖撬开，用尖嘴钳将细钢丝弯个钩，用其将水泵填料函中损坏的填料取出，用清水将水泵填料函清理干净。选用与相同规格的高压盘根沿水泵轴顺时针缠绕，厚度要略大于原高压盘根厚度，然后用压盖压紧高压盘根，用螺栓紧固压盖，将高压盘根压进填料函。旋紧螺栓是应成对角压紧，要边旋紧螺栓，边旋转泵轴，周到泵轴旋转灵活，实验室漏水量合乎要求为止。

水泵叶轮与密封环的配合间隙，对吸水管径为 100mm 以下的水泵为 1.5mm 管径为 220mm 以下的为 2mm，维护时若发现超过规定，说明磨损严重，必须予以更换。

第六章 Chapter6

中央空调系统设备安装与运行管理

第一节 中央空调新风机组的安装

749. 中央空调系统设备安装规范和标准有哪些?

(1)《通风与空调工程施工质量验收规范》GB 50243—2016。

(2)《工业金属管道工程施工规范》GBJ 50235—2010。

(3)《现场设备、工业管道焊接工程施工规范》GBJ 50236—2011。

(4)《施工现场临时用电安全技术规范》JGJ 46—2005。

(5)《建筑工程施工质量验收统一标准》GB 50300—2013。

(6)《机械设备安装工程施工及验收通用规范》GB 50231—2009。

(7)《压缩机、风机、泵安装工程施工及验收规范》GB 50275—2010。

750. 对空调处理箱安装基础是怎么要求的?

应采用混凝土平台基础,基础的长度及宽度应按照设备的外形尺寸向外加大 100mm,基础的高度应不小于 100mm,基础的平面必须水平,对角线的水平误差不要超过 5mm。若采用将空气处理箱直接放置在地上,应在其下面垫 3~5mm 的橡胶板或可放置在垫有橡胶板工字钢或槽钢上。

751. 对空调处理箱喷淋段组装是怎么要求的?

空气处理箱各段在施工现场组装时,应注意将各段的安装位置找正、找平,各段连接处要严密牢固可靠,喷淋段不得渗、漏水,凝结水应排放流畅,管道中必须设有水封,试验时不能出现凝结水外溢情况。

喷淋段安装应以水泵的基础为准,先安装喷淋段,然后再从左右两边分组同时进行其他段的安装。

对于风扇电动机单独运输的设备,应先安装风机段的段体,然后再将风机装入段体内。

空气处理箱安装过程中要确保各部件的完好性,发现严重损坏者应要予以更换,轻微损坏者应予以修复后再进行安装。

752. 对空调处理箱表面换热器安装完毕后是怎么要求的?

对于表面换热器安装完毕后应做水压试验,以确保安装质量。其试验压力应等于冷媒水系统最高工作压力的 1.5 倍,最低不得低于 0.4MPa,试验时间为 2~3min,试验时间内压力不得下降。

表面换热器与周围结构之间的缝隙,以及表面换热器之间的缝隙,应采用耐热材料封堵严实,防止出现漏风情况。

表面换热器的冷热媒管道既可并联安装,也可串联安装,安装时应依照设计图纸要求进行安装。对于使用蒸气进行加热的表面换热器管道只能采取并联安装,这一点在安装时要特别予以注意。

753. 空调系统新风机组安装是怎么要求的?

空调系统新风机组安装时箱体内应清理干净无杂物,运输及找正时,要轻搬轻放,严禁磕碰,吊架要牢固可靠、位置正确,有预埋件的可在预埋件上焊吊杆,吊杆丝扣应为 100mm 左右为宜,以备调整水平,没有预埋件的可用膨胀螺栓固定吊杆。空调机组若分段到货,组装时,各功能段应符合设计规定的顺序和要求,各功能段之间的连接应严密,水路畅通。现场组装的机组,漏风量测试结果应符合规范规定。风机盘管安装前应进行单机三速试运转及水压试验,试验合格后才允许安装。风机盘管的支、吊架应牢固可靠,风机盘管安装的位置及高度应正确。供回水管与风机盘管的弹性连接应严密;风管、风口与风机盘管连接要严密、牢固,风管与风机盘管采用软连接,以减轻振动噪声。

754. 新风机组安装工艺流程是怎样的?

新风机组安装工艺流程是:测量、放线→根据设备吊装尺寸固定吊筋→支吊架安装→安装新风机组(包括风机盘管)→安装风阀等设备→待吊顶完成后安装风口→系统检测。

755. 风机安装是怎么要求的?

(1) 设备安装前应进行开箱检查,并形成验收文字记录。参加人员为建设、监理、施工和厂商等方单位的代表。

(2) 型号规格应符合设计规定,其出口方向应正确。

(3) 叶轮旋转应平稳,停转后不应每次停留在同一位置上。

(4) 固定通风机的地脚螺栓应拧紧,并有防松动措施。

(5) 通风机传动装置的外露部位以及直通大气的进、出口,必须装设防护罩(网)或采取其他安全设施。

(6) 叶轮转子与机壳的组装应正确,叶轮进风口插入风机机壳进风口或密封圈的深度，应符合设备技术文件的规定，或为叶轮外径值的 1/100。

（7）安装隔振器的地面应平整，各组隔振器承受荷载的压缩量应均匀，高度误差应小于 2mm。

（8）风机的隔振钢支、吊架，其结构形式和外形尺寸应符合设计或设备技术文件的规定；焊接应牢固，焊缝应饱满、均匀。

756. 新风机组水系统干管安装是怎么要求的？

新风机组水系统干管安装要求是：首先进行支架固定，然后确定干管的位置、标高、管径，干管安装要横平竖直，校正调直，吊顶内总管坡向立管，保证检查维修时排尽管内余水。

757. 新风机组水系统立管安装是怎么要求的？

新风机组水系统立管安装要求是：根据图纸要求或给水配件及设备种类，确定支架高度，管卡每层需装一个，距地 1.5～1.8mm，根据干、支管横线测出立管实际尺寸，统一预制组装，并检查和调直后进行安装，有压管道、立管管卡和管道间加 3mm 厚橡胶垫，立管安装保证垂直直度，允许偏差每米 2mm，10m 以上不大于 30mm。

758. 新风机组水系统支管安装及管道试压是怎么要求的？

新风机组水系统支管安装要求是：安装时先计算出支管尺寸进行预制和组装，检查调直后安装，安装时应大于 0.002 的坡度坡向立管，检查所有支架和管头，清除残丝及污物，应随即用堵头或堵帽堵好管口，为充水试压做准备，实验压力不小于 0.6MPa 且管道实验压力为工作压力的 1.5 倍，不得超过 1MPa，10min 后压力不大于 0.02MPa 为合格，试压结束后及时填写管道系统实验记录。

759. 气处理箱安装中粗、中效空气过滤器是怎么要求的？

在进行粗、中效空气过滤器的安装时除应根据各种空气过滤器自身的特点及安装设计图纸的要求安装外，还应注意要使过滤器与其安装框架之间保持严密和便于空气过滤器的拆卸和更换滤料。

760. 空气处理箱安装过程中高效过滤器安装是怎么要求的？

高效过滤器主要用于洁净室空调系统。因此，高效过滤器的安装必须在空调系统全部安装完毕，空气处理箱、高效过滤器箱、风管机洁净房间经过清扫，空调系统各单体设备试运转后，以及风道内吹出的灰尘稳定后才能进行。高效过滤器安装时应先检查过滤器密封框架的安装质量是否达到密封要求。安装时应保证气流方向与其外框上的箭头方向一致。用波纹板组装的高效过滤器在竖向安装时，必须保证波纹板垂直于地面。高效过滤器的安装过程中，要轻拿轻放，不能弄脏滤纸，更不能用工具敲打高效过滤器，也不能用脏手触摸高效过滤器，以免造成污染。

高效过滤器安装时的密封方法一般采用顶紧法和压紧法。操作的基本方法是：用闭孔海绵橡胶或氯丁橡胶板做密封垫，将过滤器与框架紧压在一起，达到密封效果。必要时也可用硅橡胶涂抹进行密封。

761. 空气处理箱安装完毕后空调系统的起动是怎么要求的？

空调系统的起动就是起动风机、水泵、电加热器和其他空调系统的辅助设备，使空调系统运行，向空调房间送风。起动前，要根据冬夏季节的不同特点，确定起动方法。

空调系统的起动要求是：夏季时，空调系统应首先起动风机，然后再起动其他设备。为防止风机起动时其电动机超负荷，在起动风机前，最好先关闭风道阀门，待风机运行起来后再逐步开启。在起动过程中，只能在一台风机电动机运行速度正常后才能再起动另一台，以防供电线路因起动电流太大而跳闸。风机起动的顺序是先开送风机，后开回风机，以防空调房间内出现负压。风机起动完毕后，再开其他设备。全部设备起动完毕后，应仔细巡视一次，观察各种设备运转是否正常。

冬季时，空调系统起动时应先开启蒸气引入阀或热水阀，接通加热器，然后再起动风机，最后开启加湿器以及泄水阀和凝水阀。

762. 空调系统风机起动时对风门的位置是怎么要求的？

在中央空调系统中风机起动前，要检查一下中央空调系统的风阀位置，应将中央空调系统的出风阀调整到全开位置，打开主干管、支干管、支管上的风量调节阀门，把系统中的三通调节阀则调至中间位置；将回风阀及新风阀调至全关位置，以减小中央空调系统中风机起动过程中的风机电动机的负荷。在风机运行稳定后，再依次打开送、回风口的调节阀门；新风入口、一二次回风口并将加热器前的调节阀开至最大位置，同时将回风管的防火阀放在开启位置。

763. 空调系统风机安装完毕起动前怎么准备？

（1）场地清洁的检查。风机开机前要认真检查风机周围有无异物，防止开机后异物被吸入风机和风道。

（2）检查风机、电动机型号、规格等技术参数是否符合系统设计要求。

（3）用直尺检查风机、电动机的皮带轮是否在一个水平面上，检查风机、电动机联轴器的中心是否在一条直线上，调整好地脚螺栓的松紧度。

259

（4）检查风机进出口柔性接头的密封性是否良好，若有破损及时予以修补。

（5）用手盘动风机的皮带轮或联轴器，检查风机叶轮是否有卡住和摩擦现象；检查风机、电动机之间的传动皮带松紧程度是否合适，皮带的滑动系数应调到 1.05 左右（即电动机转数×槽轮直径与风机转速×槽轮直径之比）。

（6）检查风机轴承中的润滑油是否充足，如不足应加足。

（7）用通电点动方式检查盘动风机叶轮的转动方向是否正确。

（8）检查风机调节阀门启闭是否灵活，定位装置是否牢靠，并将风机的入口阀关闭，以减轻风机起动负荷。

（9）检查电器控制装置、开关等是否正常，接地是否可靠。

764. 空调系统风机起动过程中要注意哪些问题？

在中央空调系统的风机起动过程中，安全起见多采用就地起动方式，因为就地起动可及时发现在起动过程中所出现的问题，以避免设备事故的发生。

（1）在风机起动过程中，若出现风机叶轮倒转的情况时，应随即切断风机的电源，调整风机电源的相序，在风机的叶轮完全停止转动后，才能再次起动风机。

（2）风机起动后应检查风机负荷阀（如风机入口阀或风机出口阀）是否在开启位置，否则应进行处理，使之达到正常运行状态。

（3）风机起动后，应以钳形电流表测量电动机电流值，若超过额定电流值，可逐步关小总管风量调节阀，直至额定值为止。

（4）风机运转一段时间后，用点温计测量风机轴承的温度。一般风机滑动轴承允许最高温度为 70℃，最高温升 35℃，滚动轴承允许最高温度为 80℃，温升 40℃，特殊风机按技术文件规定检查，如发现超过规定值应停机检查。

765. 风机停机检查及维护保养是怎么要求的？

风机停机不使用可分为日常停机（如白天使用，夜晚停机）或季节性停机（如每年 4～11 月份使用，12 月至次年 3 月份停机）。从维护保养的角度出发，停机（特别是日常停机）时主要应做好以下几方面的工作：

（1）皮带松紧度检查。对于连续运行的风机，必须定期（一般一个月）停机检查调整一次；对于间歇运行（如一般写字楼的中央空调系统一天运行 10h 左右）的风机，则在停机不用时进行检查调整工作，一般也是一个月做一次。

（2）各连接螺栓螺母紧固情况检查。在做上述皮带松紧度检查时，同时进行风机与基础或机架、风机与电动机以及风机自身各部分（主要是外部）连接螺栓螺母是否松动的检查紧固工作。

（3）减振装置受力情况检查。在日常运行值班时要注意检查减振装置是否发挥了作用，是否工作正常。主要检查各减振装置是否受力均匀，压缩或拉伸的距离是否都在允许范围内，有问题要及时调整和更换。

（4）轴承润滑情况检查。风机如果常年运行，轴承的润滑脂应半年左右更换一次；如果只是季节性使用，则一年更换一次。

766. 风机运行检查是怎么要求的？

经常用看、听、摸、测检查风机及其相关设备，如电动机的温升情况、风机轴承温升情况（不能超过60℃）、轴承润滑情况、噪声情况、振动情况、转速情况及其风机与风道软接头完好情况。

第二节　中央空调系统运行管理

767. 中央空调系统运行管理基本目标是什么？

中央空调系统运行管理的三个基本目标是：达到满足使用要求，降低运行成本，延长使用寿命。

所谓满足使用要求是指：向人们需要提供一个舒适的室内空气环境，向科学实验、高科技生产场所提供环境保证。

所谓降低运行成本是指：降低中央空调系统能耗费和维护保养费用。

768. 空调制冷设备的平均使用寿命及折旧年限是什么？

空调制冷设备的平均使用寿命见表6-1。

表6-1　　　　　　空调制冷设备的平均使用寿命　　　　　（年）

名称	平均寿命	名称	平均寿命
空气冷却盘管	20	活塞式冷水机组	20
水冷式空调机	15	离心式冷水机组	23
VRV空调	15	吸收式冷水机组	23
水热源热泵（商业用）	19	离心式风机	23
水泵	20	冷却塔	20

中央空调系统管理的标准要求，其折旧年限一般为 10～18 年；而使用寿命的长短主要取决于三个主要因素：①系统和设备类型；②设计、安装、制造质量；③操作、保养、检修水平。

中央空调系统从使用结果来看，一般进口主机（制冷机或锅炉）的使用寿命可达 20～25 年，国产优质主机的使用寿命可达 15～20 年，在室外露天安装并且全年运行的热泵机组平均寿命约为 15 年。

769. 运行管理的基本内容是什么？

中央空调系统能否正常运行，并保证运行质量，主要取决于工程设计质量、施工安装质量、设备制造质量和运行管理质量四个方面的质量因素，任何一个方面的质量达不到要求都会影响系统的正常运行和空调质量。

中央空调系统的管理要做好运行操作、维护保养、计划检修、事故处理、更新改造、技术培训、技术资料管理等七方面的工作。而中央空调系统的运行管理则主要是做好运行操作、维护保养、事故处理和技术资料管理等四方面的工作。

做好中央空调系统的运行管理，首要的是要将管理制度化、操作规范化、人员专业化、职能责任化，即：

（1）各项管理内容都要形成相应的规章制度，做到有章可循、有法可依。

（2）各个操作项目都要制订出安全、合理的规程，做到规范、有序的操作。

（3）管理、操作、维修人员应是空调制冷方面的专业人员或经过专业学习和培训并通过相应考核的技术人员。

（4）管理、操作、维修人员应恪尽职守，规范操作，确保设备安全运行。

770. 空调运行管理交接班制度是怎么要求的？

由于空调系统是一个需要连续运行的系统，因此，搞好交接班是保障空调系统安全运行的一项重要措施。空调系统交接班制度要求是：

（1）接班人员应按时到岗。若接班人员因故没能准时接班，交班人员不得离开工作岗位，应向主管领导汇报，有人接班后，方准离开。

（2）交班人员应如实地向接班人员说明以下内容：

①设备运行情况；②各系统的运行参数；③冷、热源的供应和电力供应情况；④当班运行中所发生的异常情况原因及处理结果；⑤空调系统中设备、供水、供热管路及各种调节器、执行器、各仪器仪表的运行情况；⑥运行中遗留的问题，需下一班次处理的事项；⑦上级的有关指示，生产调度情

况等。

（3）值班人员在交班时若有需要及时处理或正在处理的运行事故时，必须在事故处理结束后方可交班。

（4）接班人员在接班时除应向交班人员了解系统运行的各参数外，应对交班中的疑点问题弄清楚，方可接班。

（5）如果接班人员没有进行认真检查和询问了解情况而盲目地接班后，发现上一班次出现的所有问题（包括事故）均应由接班者负全部责任。

771. 中央空调系统运行管理中怎么对设备巡视？

（1）动力设备的运行情况，包括风机、水泵、电动机的振动、润滑、传动、负荷电流、转速、声响等。

（2）喷水室、加热器、表面冷却器、蒸气加湿器等运行情况。

（3）空气过滤器的工作状态（是否过脏）。

（4）空调系统冷、热源的供应情况。

（5）制冷系统运行情况，包括制冷机、冷媒水泵、冷却水泵、冷却塔及油泵等运行情况和冷却水温度、冷凝水温度等。

（6）空调运行中采用的运行调节方案是否合理，系统中各有关调节执行机构是否正常。

（7）控制系统中各有关调节器、执行调节机构是否有异常现象。

（8）使用电加热器的空调系统，应注意电气保护装置是否安全可靠，动作是否灵活。

（9）空调处理装置及风路系统是否有泄漏现象，对于吸入式空调系统，尤其应注意处于负压区的空气处理部分的漏风现象。

（10）空调处理装置内部积水、排水情况，喷水室系统中是否有泄漏、不畅等现象。

772. 中央空调系统需要怎么调试？

中央空调系统运行管理中，为保证空调系统正常工作，要及时对系统进行调节，其主要内容有：

（1）采用手动控制的加热器，应根据被加热后空气温度与要求的偏差进行调节，使其达到设计参数要求。

（2）对于变风量空调系统，在冬夏季运行方案变换时，应及时对末端装置和控制系统中的夏、冬季转换开关进行运行方式转换。

（3）采用露点温度控制的空调系统，应根据室内外空气条件，对所供水温、水压、水量、喷淋排数进行调节。

（4）根据运行工况，结合空调房间室内外空气参数情况应适当进行运行工况的转换，同时确定出运行中供热、供冷的时间。

（5）对于既采用蒸气、热水加热又采用电加热器作为补充热源的空调系统，应尽量减少电加热器的使用时间，多使用蒸气和热水加热装置进行调节，这样，既降低了运行费用，又减少了由于电加热器长时间运行时引发事故的可能性。

（6）根据空调房间内空气参数的实际情况，在允许的情况下，应尽量减少排风量，以减少空调系统的能量损失。

（7）在能满足空调房间内工艺条件的前提下，应尽量降低室内的正静压值，以减少室内空气向外的渗透量，达到节省空调系统能耗的目的。

（8）空调系统在运行中，应尽可能利用天然冷源，降低系统的运行成本。在冬季和夏季时可采用最小新风运行方式，而在过渡季节中，当室外新风状态接近送风状态点时，应尽量使用最大新风或全部采用新风的运行方式，减少运行费用。

第三节　风机盘管与诱导器设备安装

773. 风机盘管机组安装前需要了解哪些规范和标准？

（1）GB/T 19232—2019《风机盘管机组》。

（2）GB 50243—2016《通风与空调工程施工质量验收规范》。

（3）GB/T 17758—2010《单元式空气调节机》。

774. 风机盘管的安装是怎么要求的？

（1）风机盘管要采取独立支、吊架，与风道连接处要采用橡胶板连接，以保证接口的密封性。

（2）风机盘管进出水管与外管路连接时必须对准，最好采取软接头进行连接。

（3）风机盘管与热媒水管道连接前，应对其管道进行清洗排污后再连接。有条件时应在管道上设过滤器，放置其出现脏堵。

（4）风机盘管的冷媒水管道要做好保温，防止产生凝结水，污染空调房间的天花板。凝结水排水管道应设计不小于 0.003 的坡度，以利于凝结水的排放。

（5）在风机盘管的水系统上应设计膨胀水箱。

（6）安装的风机盘管机组为维修方便，应在风机盘管机组周边预留大于

264

250mm 的活动空间，其间不得设有龙骨。

775. 风机盘管安装是怎么要求的?

(1) 安装前检查铭牌是否与图纸安装位置设备的规格型号相一致。

(2) 检查被安装设备的合格证及安装使用说明书是否齐全。

(3) 检查被安装设备的外壳是否完好无缺。

(4) 检查被安装设备的进出水管口是否密封完好。

(5) 安装前进行单机三速试运转及水压检漏试验。用系统工作压力 1.5 倍的压力作水压试验，检查风机盘管是否耐压，观察时间为 2min，以不渗漏为合格。

(6) 安装前接上临时电源，观察风扇运转时是否与外壳相碰，是否噪声过大，变速是否可靠有效。

(7) 明装风机盘管安装在水平地面上时不得倾斜，暗装吊顶式风机盘管保持水平，并不扭弯，以防冷凝水溢出。

(8) 风机盘管进出水口与系统相连处加软管连接，以切断刚性震动的传递。

(9) 盘管试压合格后，将余水全部排出，并用压缩空气吹干，并将进出管口密封待用。

(10) 暗装吊顶式风机盘管设独立的支吊架，并加设橡胶减振吊架，以切断因设备自身运转所产生的震动传递到建筑物上。

(11) 风机盘管进出水管与系统进、回水系统水管道相接前用压缩空气将系统进、回水管内吹扫干净，确认无灰尘后，方可连接，以防阻堵。

(12) 盘管与阀门及零件相连时，保证有两个管工及两把扳手同时操作，以防用力过大扭弯风机盘管铜质外接管口。

(13) 风机盘管进出水管口与相连接之系统管接口必须保持平行，不得形成连接角度，使其自由轻松连接（无应力连接）。

(14) 风机盘管从已安装就位之日起，至正式交工使用之前的一段时间内，用塑料薄膜将风机盘管包扎好，以防建筑污染。

776. 风机盘管机组水管安装是怎么要求的?

(1) 风机盘管机组水管现场安装前应对其进行试压，检查盘管及各阀是否泄漏，拨动风机叶轮检查有无异物卡壳现象。

(2) 与风机盘管机组连接的风管与水管的质量不得由机组承受。

(3) 排水管应保证足够的坡度，保证排水畅通。

(4) 风机盘管机组进出水管安装时应加保温层，以免夏季使用时产生凝结水。螺纹连接处应采取密封措施（最好选用聚四氟乙烯生料带）。

（5）进出水管与外接管路连接时必须对准，建议采用软管连接；连接时切忌用力过猛，造成盘管弯扭或漏水。

（6）风机盘管冬季供给热水温度应不高于 80℃，要求供给清洁的软化水，夏季供应的冷媒水温度不应低于 6℃。

（7）风机盘管机组安装时，应使凝水盘略向出水接头方向倾斜，保证排水畅通。

（8）风机盘管机组外壳必须可靠接地。机组的电气接线应按随机附带的接线图进行，禁止一个开关控制二台或多台机组。

777. 风机盘管安装前期怎么做准备工作？

风机盘管安装前，应检查电动机的绝缘和风机性能以及叶轮转向是否符合设计要求，并检查各连接点是否松动，防止产生附加噪声。

风机盘管安装前期准备：风机盘管在进行安装之前，首先要检查前期工作是否准备就绪，如风管、水管、电线接口以及机组固定螺杆等。除此之外，为了排除搬运中可能造成的意外情况，安装前应对机组盘管进行（1.0MPa）的探漏检验。

778. 风机盘管怎么安装？

（1）机组吊装。立式机组安装在水平地面上，卧式机组进行吊装，应采用直径 6～8mm 全螺纹螺杆配合平垫圈、弹簧垫圈和螺母进行固定，吊装机组时应确保水盘坡向排水管 5°以上，以利于冷凝水外流。

注意在机组吊装时要保持牢靠，吊装点应紧密牢固，有足够的强度来承受机组运行重量。

（2）机组安装。机组安装时，水管和机组的连接建议采用挠性接管和生胶带密封。管道连接时不可用力过猛，避免用力过猛，导致管道扭裂漏水。

（3）安装过滤器。机组的进水管及冷冻水水泵进口处应安装过滤器，以免水中杂质堵塞盘管；机组进水要经过软化处理，以保证盘管的换热效率。

（4）阀门安装。在机组进出水管道处应安装阀门，便于调节水流量及检修时能及时切断水源。

（5）电路连接。风机盘管电源和开关连接，应严格按照电气原理图进行。电路连接前应先检查电源的电压、频率及相数是否与机组要求一致，注意电源电压偏差不能超过额定电压的 10%。严禁多台机组连接一个温控器进行控制。

779. 风机盘管安装过程中要注意什么？

（1）风机盘管机组在安装时，进出水管接头不得用作手柄搬抬。立式机组安装在水平地面上时不得倾斜，卧式机组吊装要保持水平，切勿使凝水管一端抬高造成凝水外溢。

（2）机组进、出水管与主管之间，应用软管连接，并设阀门，以调节水量及检修时切断水源。管道应有良好的保温，以免夏季结露。螺纹连接处应采取密封措施，进出水管与外管路连接时应紧固进出水管螺母，切忌用力过猛造成盘管弯扭而漏水。

（3）机组凝水盘的排水软管不得有压扁、折弯并保证有足够坡度以利凝水畅通。

（4）机组安装结束后，先用手转动叶轮，如无机械摩擦声，方可按接线图接通电源。虽然该项工作在出厂前安装时已调整好，但由于在装运及安装过程中可能使锅壳变形，故使用时应注意这一点。

（5）与机组连接的风管用水管质量不得由机组承受，接管前要检查机组内有无杂物。

✎ 780. 风机盘管加新风机组时风口怎么布置？

风机盘管的送风口、回风口和送风管、回风管布方式一般是：一台风机盘管设一个送风口；送、回风口距离超过7m但小于10m时，可一台风机盘管设两个送风口；超过10m时宜设两排及以上风机盘管。

一台风机盘管一般设一个回风口。送风管就是风机盘管与送风口的连接管。回风管就是风机盘管与回风口的连接管。

风机盘管的送风口与回风口不在同一水平面时（如送风口为上侧送、回风口为上回），送风口与回风口距离可相对近一些。

风机盘管的送风口与回风口在同一水平面时（如送风口为上侧送、回风口为上侧回；送风口为上送、回风口为上回等），送风口与回风口不宜太近，尽量远一些。

送风口中心距墙不宜小于1m，因送风口一般为散流器，从风口向斜下方吹的气流遇到墙后向下，会使向下的气流过大。

✎ 781. 风机盘管加新风机组时排风口怎么布置？

（1）经房间门下百叶→进入走廊→进入卫生间→经排风机排出室外。

（2）房间吊顶设排风口→风管→经隔墙→进入走廊吊顶→接排风机排出室外。

（3）房间吊顶设排风口→风管→经隔墙进入走廊吊顶内→走廊吊顶下的走廊→卫生间→排风口→接排风机排出室外。

（4）房间吊顶设排风口→接风管→排风机排出室外等。

新风口与排风口的相对位置尽量远，使气流流经整个房间。

782. 卧式风机盘管安装是怎么要求的？

（1）风机盘管机组搬运时要轻拿轻放，切勿将手伸入风机蜗壳中搬抬，以免造成叶轮变形，增加噪声，影响使用效果。

（2）按照设计要求的形式、型号及接管方向（即左式或右式）进行复核，确认无误后才能进行安装。

（3）卧式风机盘管的吊杆必须牢固可靠，标高应根据冷（热）水管、回水管及凝结水管的标高确定，特别是凝结水管的标高必须低于风机盘管凝结水盘的标高，以利于凝结水的排出。

（4）对于卧式暗装的风机盘管，在安装过程中应与室内装饰工作密切配合，防止在施工中损坏装饰的顶棚或墙面。回风口预留的位置和尺寸，应考虑风机盘管的维修和阀门开关的方便。

（5）风机盘管与冷、热水管的连接应按"下送上回"的形式安装，以提高空气处理的热交换性能。

（6）与风机盘管连接的冷、热水管的入水管上，可安装 Y 型水过滤器，以清除管道中的机械杂质和污泥，以免风机盘管堵塞。

（7）风机盘管安装位置必须正确，螺栓配置垫片。风机盘管与风管连接处应用橡胶板连接，保证严密不漏。

783. 风机盘管连接的供、回水管为什么采用柔性连接？

风机盘管连接的供、回水管必须采用柔性连接。这是因为风机盘管工作时，会产生一定程度的振动，采用硬连接不仅会产生较大的噪声，时间长了还会引起接头处漏水，严重时还会损坏风机盘管。柔性连接有两种形式：①特制的橡胶柔性接头，接头的两端各设一只螺纹活接头，一端与管道连接，另一端与风机盘管连接；②退火的纯铜管，两端用扩管器扩成喇叭口形，用螺母拧紧。

784. 卧式风机盘管明暗安装要求是怎么要求的？

（1）卧式明装风机盘管安装进出水管时，可在地面上将进出水管接出机外，吊装后再与管道连接，也可在吊装后，将面板和凝结水盘取下，再进行连接。立式明装风机盘管安装进出水管时，可将机组风口、面板取下进行安装。

（2）暗装卧式的风机盘管应有支、吊架固定，为便于拆卸、维修和更换，土建顶棚应设置比暗装风机盘管四周大 250mm 的活动顶棚，活动顶棚不得有龙骨挡位。

268

（3）水管与风机盘管连接宜采用软管，接管应平直，严禁渗漏。

（4）安装时，需注意机组与供回水管的保温质量，防止产生凝结水，机组凝结水盘应排水通畅，机组的排水应有3％的坡度流向指定位置。

（5）风机盘管同供水管道应清洗排污后连接，在通向机组的供水管上应设置过滤器，防止管道堵塞热交换器。

785. 风机盘管机组安装后启动前怎么做准备工作？

（1）检查空调系统冷媒水的供水温度及水质，要求机组夏季供给冷媒水的温度应不低于7℃，冬季供给的热媒水温度应不高于65℃，水质要清洁、软化。

（2）风机盘管机组的回水管上备有手动放气阀，运行前需要将放气阀打开，待开机后机组盘管中及系统管路内的空气排干净后再关闭放气阀。

（3）通电点动风机盘管机组中的风扇电动机运行一下，听一下风机的运行声是否正常，若出现异常声要检查一下是因轴承缺油造成异常声响，还是因风机扇叶变形造成的声响，予以针对性的排除。一般情况下，风机的轴承因采用双面防尘盖滚珠轴承，组装时轴承已加好润滑脂，因此，使用过程中不需要定期加润滑脂。

（4）风机盘管表面要用吸尘器对盘管进行吸尘处理，使其保持清洁，以保证其具有良好的传热性能。

（5）对装有过滤网的机组应将过滤网清洗干净。

（6）对装有温度控制器的机组夏季使用时，应将控制开关调整后至夏季控制位置，而在冬季使用时，再调至冬季控制位置

786. 风机盘管机组的使用是怎么要求的？

（1）机组使用的冷水温度不低于6℃，热水温度不高于65℃，要求水质干净，最好使用软化水。

（2）机组回水管备有放气阀。为取得机组最佳的换热效果，接通电源使用时须先开启放气阀，将盘管内空气排尽，看见放气管内有水流出再将阀关闭。

（3）机组应定期清洗防尘过滤网上的积尘，否则影响机组性能。如不带过滤网，则要定期清洗换热器。

（4）机组三挡调速开关，运行时最好以高挡起动，再进行其他挡次选择，机组维修时应切断电源。

（5）机组停止使用时，应使盘管内充满水或采用其他办法，以减少管子锈蚀。冬季如不用于采暖，必须采取防冻措施，立式机组应将盘管内水放

尽，卧式机组因有部分水放不尽，可在水中加入防冻液，以免管子冻裂。

787. 冬季停机盘管怎么处理？

如果使用风机盘管的房间冬季不再使用，为防止风机盘管内部结冰冻裂管道的处理方法为：①将盘管理的水全部放掉；②在供水和回水上加盲板；③使用压缩空气吹干净管道系统内部残留的水（依据盘管的大小决定压缩空气吹的时间）；④给盘管加防冻液，不一定要加满，但是要保证盘管的液体充分被防冻液稀释。

788. 怎样防止风机盘管冬季被冻裂？

风机盘管系统冬季停用，为防止冻裂管道，设计时在冷冻水系统并联一台小容量循环泵，这样若系统冬季停用，但有热源，可将热源切换至风机盘管水系统，使小循环泵运行；若无热源，可设一台电加热器（壳管式的与水系统并联）与小循环泵组合运行，使风机盘管水系统管内水温度不低于5℃，保证不冻。要将系统内的水保证5℃，电加热功率不会太大，运行费用也不高，比放水、加防冻液等方法。

789. 诱导器安装前怎么检查？

诱导器安装前必须逐台进行质量检查，检查项目主要有：

（1）各连接部分不能松动、变形和产生破裂等情况；喷嘴不能脱落、堵塞。

（2）静压箱封头处缝隙密封材料，不能有裂痕和脱落；一次风调节阀必须灵活可靠，并调到全开位置。

（3）诱导器经检查合格后按设计要求的型号就位安装，并检查喷嘴型号是否正确。诱导器应每台进行通电试验检查，机械部分不得摩擦，电气部分不得漏电。

（4）诱导器应逐台进行水压试验，试验强度应为工作压力的1.5倍，定压后观察2～3min不渗不漏。暗装卧式诱导器应由支、吊架固定，并便于拆卸和维修。

790. 诱导器的安装是怎么要求的？

（1）卧式吊装诱导器，吊架安装平整牢固、位置正确。吊杆不应自由摆动，吊杆与托盘相连应用双螺母紧固找平正。

（2）诱导器安装前必须的质量检查。静压箱封头处缝隙密封材料，不能有裂痕和脱落；一次风调节阀必须灵活可靠，并调到全开位置；诱导器经检查合格后按设计要求的型号就位安装，并检查喷嘴型号是否正确。

（3）暗装卧式诱导器应由支、吊架固定，并便于拆卸和维修。

（4）诱导器与一次风管连接处应严密，防止漏风。

（5）暗装的卧式风机盘管、吊顶应留有活动检查门，便于机组能整体拆卸和维修。

（6）诱导器水管接头方向和回风面朝向应符合设计要求。立式双面回风诱导器为利于回风，靠墙一面应留 50mm 以上空间。卧式双回风诱导器，要保证靠楼板一面留有足够空间。

（7）冷热媒水管与诱导器连接采用钢管或紫铜管，接管应平直。紧固时应用扳手卡住六方接头，以防损坏铜管。凝结水管宜软性连接，软管长度不大于 300mm，材质宜用透明胶管，并用喉箍紧固严禁渗漏，坡度应正确，凝结水应畅通地流到指定位置，水盘应无积水现象。

（8）诱导器同冷热媒管连接，应在管道系统冲洗排污后再连接，以防堵塞热交换器。

第四节　中央空调风道制作与消声器安装要求

791. 风管制作是怎么要求的？

（1）制作风管要采用电剪联合咬口机、折弯机等设备，风管咬缝必须紧密，宽度均匀，无孔洞胀裂等缺陷，纵向缝应错开，风管外观应平整，折角平直、端面平等，风管与法兰连接应牢固，翻边量符合要求，风管单位面积漏风量应符合规范规定。

（2）法兰焊接应牢固，尺寸正确，法兰孔距应符合设计要求，螺孔应有互换性，采用砂轮锯下料，胎具对口，台钻打孔。

（3）风管吊架安装必须放线，以确保风口位置正确、美观。

792. 风管制作工艺是怎么要求的？

材料选择的要求是：各类风管均采用包钢的热镀锌钢板制作。镀锌钢板表面要求光滑洁净，表面应具有热镀锌特有的镀锌层结晶花纹且镀锌层厚度不小于 0.02mm。

对中、低压系统的风管，其法兰的螺栓及铆钉孔的孔距要求是：孔距不得大于 150mm。矩形风管法兰的四角部位应设有螺孔，角钢法兰不大于 L40 角钢铆钉采用 $\phi 4 \times 8$，不小于 L50 角钢法兰铆钉采用 $\phi 5 \times 10$。

对风管法兰的焊缝的要求是：焊缝应熔合良好、饱满，无假焊和孔洞；法兰平面度的允许偏差为 2mm，同一批量加工的相同规格法兰螺孔排列一致，并具有互换性。

对风管与法兰采用铆接连接的要求是：铆接应牢固，没有脱铆和漏铆现象，翻边应平整、紧贴法兰，其宽度应一致且不应小于 6mm，咬缝与四角处不应有开裂与孔洞。

对风管的加固要求是：圆形风管直径不小于 800mm 且其管段长度大于 1250mm 或总表面积大于 4m² 均应采取加固措施，宜用扁钢加固；矩形风管边长大于 630mm，保温风管边长大于 800mm，管段长度大于 1250mm 或风管单边平面积大于 1.2m²，均应采取加固措施，宜用角钢加固。

对于矩形风管弯管的制作，尽可能采用曲率半径为一个平面边长的内外同心弧形弯管。当采用其他形式的弯管，平面边长大于 500mm 时，必须设置弯管导流片。

793. 风口制作是怎么要求的？

（1）风口下料及成型应使用专用模具完成。

（2）铝制风口所需材料应为型材，其下料成型除应使用专用模具外，还应配备有专用的铝材切割机具。

（3）风口成型后的组装，应有专用的工艺装备，风口组装后，应进行检验。

（4）风口外表装饰面应平整光滑，采用板材制作的风口外表装饰面拼接的缝隙，应不大于 0.2mm，采用铝型材制作应不大于 0.15mm。

（5）风口边长、对角线的允许偏差应符合表 4.2.12 之规定。

（6）风口的转动、调节部分应灵活、可靠，定位后应无松动现象。手动式风口叶片与边框铆接应松紧适度。

（7）插板式及活动篦板式风口，其插板、篦板应平整，边缘应光滑，启闭应灵活，组装后应能达到完全开启和闭合的要求。

（8）百叶风口的叶片间距应均匀，其叶片间距允许偏差为 ±0.1mm，两端轴应同心。叶片中心线直线度允许偏差为 3/1000，叶片平行度允许偏差为 4/1000，叶片应平直，与边框无碰擦。

（9）散流器的扩散环和调节环应同轴，轴间距分布应匀称。

（10）孔板式风口的孔口不得有毛刺，孔径和孔距应符合设计要求。

（11）旋转式风口转动应轻便灵活，接口处不应有明显漏风，叶片角度调节范围应符合设计要求。

（12）球形风口内外球面间的配合应转动自如、定位后无松动。风量调节片应能有效地调节风量。

（13）风口活动部分，如轴、轴套的配合等，应松紧适宜，并应在装配完成后加注润滑油。

（14）如风口尺寸较大，应在适当部位对叶片及外框采取加固补强措施。

794. 怎样风口表面处理？

风口表面处理的原则是：①风口的表面处理，应满足设计及使用要求，可根据不同材料选择如喷漆、喷塑、烤漆、氧化等方式；②油漆的品种及喷涂道数应符合设计文件和相关规范的规定。

795. 风阀制作组装是怎么要求的？

（1）外框及叶片下料应使用机械完成，成型应尽量采用专用模具。

（2）风阀内的转动部件应采用耐磨耐腐蚀材料制作，以防锈蚀。

（3）外框焊接可采用电焊或气焊方式，并应控制焊接变形。

（4）风阀组装应按照规定的程序进行，阀门的结构应牢固，调节应灵活，定位应准确、可靠，并应标明风阀的启闭方向及调节角度。

（5）多叶风阀的叶片间距应均匀，关闭时应相互贴合，搭接应一致；大截面的多叶调节风阀应提高叶片与轴的刚度，并宜实施分组调节。

（6）止回阀阀轴必须灵活，阀板关闭严密。

（7）防火阀制作所用钢材厚度不应小于 2mm，转动部件应转动灵活。易熔件应为批准的并检验合格的正规产品，其熔点温度的允许偏差为 0～2℃。

（8）风阀组装完成后应进行调整和检验，并根据要求进行防腐处理。

796. 风罩类部件的组装是怎么要求的？

风罩类部件的组装要求是：①风罩类部件的组装根据所用材料及使用要求，可采用咬接、焊接等方式；②用于排出蒸气或其他潮湿气体的伞形罩，应在罩口内边采取排凝结液的措施。③在罩类中还应加装调节阀、自动报警、自动灭火、过滤、集油装置及设备。

797. 柔性短管制作是怎么要求的？

柔性短管制作要求是：①柔性短管制作可选用人造革、帆布、树脂玻璃布、软橡胶布、增强石棉布等材料；②柔性短管的长度一般为 150～300mm，不宜作为变径管；③设于结构变形缝的柔性短管，其长度宜为变形缝的宽度加 100mm 及以上；④下料后缝制可采用机械或手工方式，但必保证严密牢固，如需防潮，帆布柔性短管可刷帆布漆；⑤柔性短管与法兰组装可采用钢板压条的方式，通过铆接使二者联合起来；⑥柔性短管不得出现扭曲现象，两侧法兰应平行。

798. 风帽制作是怎么要求的？

风帽主要可分为伞形风帽、锥形风帽和筒形风帽三种。风帽制作要求是：伞形风帽可按圆锥形展开下料，咬口或焊接制成；筒形风帽的圆筒，当风帽规格较小时，帽的两端可翻边卷钢丝加固，风帽规格较大时，可用扁钢或角钢做箍进行加固；扩散管可按圆形大小头加工，一端用翻边卷钢丝加固，一端铆上法兰，以便与风管连接；风帽的支撑一般应用扁钢制成，用以连接扩散管、外筒和伞形帽。

799. 消声器外壳及框架结构的施工是怎么要求的？

（1）消声器外壳根据所用材料及使用要求，应采用咬接、焊接等方式，其方法及要求详见本标准第 4 章有关内容。

（2）消声器框架无论用何种材料，必须固定牢固。有方向性的消声器还需装上导流扳。

（3）对于金属穿孔板，穿孔的孔径和穿孔率应符合设计及相关技术文件的要求。穿孔板孔口的毛刺应锉平，避免将覆面织布划破。

（4）消声片单体安装时，应有规则排列，应保持片距的正确，上下两端应装有固定消声片的框架，框架应固定牢靠，不得松动。

800. 风阀调整是怎么要求的？

手动单叶片或多叶片调节风阀的手轮或扳手，应以顺时针方向转动为关闭，其调节范围及开启角度指示应与叶片开启角度相一致。用于除尘系统间歇工作点的风阀，关闭时应能密封。电动、气动调节风阀的驱动装置，动作应可靠，在最大工作压力下能正常工作。

801. 止回风阀的安装是怎么要求的？

（1）启闭灵活、关闭时应严密。

（2）阀叶的转轴，铰链应采用不易锈蚀的材料制作，保证转动灵活、耐用。

（3）阀片的强度应保证在最大负荷压力下不弯曲变形。

（4）水平安装的止回风阀应有可靠的平衡调节机构。

802. 三通调节风阀安装是怎么要求的？

三通调节风阀安装要求是：①拉杆或手柄的转轴与风管的结合处应严密；②拉杆可在任意位置固定，手柄开关应标明调节的角度；③阀板调节方便，并不与风管相碰擦。

803. 管道保温施工过程中需遵循的原则是什么？

（1）管道安装采取先制作、后安装的施工方法。

（2）管道保温采取分层打压、分层保温的施工方法，然后系统打压。

（3）设备安装先做好辅助设备及部分管道的安装，待设备到货便可实施安装连接。

（4）设备、风管、水管道安装逐层施工，用流水施工方法进行，分别由两个安装小组施工。

804. 中央空调系统风道中消声器安装是怎么要求的？

（1）消声器、消声弯头的制作可参照风管的制作方法。关于阻性消声器的消声片和消声壁，抗性消声器的膨胀腔，共振性消声器中的穿孔板孔径、共振控，阻抗复合式消声器中的消声片、消声壁和膨胀腔等有特殊要求的部分应参照设计和标准图进行制作加工和组装。

（2）消声器等消声设备运输时，不得有变形现象和过大振动，避免外界冲击破坏消声性能。

（3）消声器在安装前应检查支、吊架等固定件的位置是否正确，预埋件或膨胀螺栓是否安装牢固、可靠。支、吊架必须保证所承担的荷载。消声器、消声弯管应单独设支架，不得由风管来支撑。

（4）消声器支、吊架的横托板穿吊杆的螺孔距离，应比消声器宽 40～50mm。为了便于调节标高，可在吊杆端部套 50～100mm 的螺母，以便找平，并用双螺母加以固定。

（5）消声器的安装方向必须正确，与风管或管件的法兰连接应保证严密、牢固。

（6）当通风、空调系统有恒温、恒湿要求时，消声器等消声设备外壳与风管同样作保温处理。

（7）消声器等安装就位后，可用拉线或吊线尺量的方法进行检查，对位置不正、扭曲、接口不齐等不符合要求部位进行修整，达到设计和使用的要求。

805. 中央空调系统消声器（消声弯头）安装是怎么要求的？

（1）安装前检查消声器外表面是否平整，没有明显的凹凸、划痕及锈蚀，保持干净无油污和浮尘。

（2）消声片外包玻璃纤维布平整无破损，两端设置的导风条完好。

（3）检查被安装的消声器外形尺寸及法兰连接尺寸是否与图纸要求一致，尤其是连接法兰的螺栓孔是否相符。

（4）消声器单独设立支托吊架，其质量不由风管承受。

（5）消声器的安装方向正确（指噪声源），消声器不得损坏和受潮。

（6）由两个和两个以上消声器组合成消声组件时，其连接紧密，不得松动。连接处表面过渡圆滑顺气流，并充分考虑声源情况（指单方面或两方面噪声源）。

806. 消声器安装在风道变径处是怎么要求的？

消声器一般不能直接安装在风道变径之处，若直接安装在变径之处，一是导致此处气流涡流增大，通风系统阻力增大；二是消声器进口处中心区域气流来不及充分衰减，直接冲入消声器，此时消声器内实际的气流速度远大于消声器的设计气流速度，使消声器的实际有效长度降低，消声器实际效果远不能达到设计要求。

正确的做法是将变径后的风管延长直径的 $5\sim 8$ 倍后，气流达到稳态时状况再安装消声器，此时消声器才能达到设计效果。

第五节　冷却塔与水泵及管道的安装

807. 冷却塔安装前怎么做准备工作？

（1）冷却塔安装位置。选择通风良好的位置，建筑物保持一定的距离，避免冷却塔出风与进风出现回流情况。

（2）冷却塔安装位置应远离锅炉房、变电站和粉尘过多的场所。

（3）冷却塔安装基础的位置应符合设计要求，其强度达到承重要求。

（4）冷却塔安装基础中预埋的钢板或预留的地脚螺栓孔洞位置应正确。

（5）冷却塔安装的基础标高应符合设计要求，其允许偏差为 $\pm 20\mathrm{mm}$。

（6）冷却塔的部件现场验收合格。

（7）冷却塔进风口与相邻建筑物之间的距离最短不小于 1.5 倍塔高。

（8）冷却塔安装位置附近不得有腐蚀性气体。

808. 冷却塔的安装方式是怎样的的？

冷却塔的安装方式分为高位安装和低位安装。高位安装是指将冷却塔安装在建筑物的屋顶，低位安装是指将冷却塔安装在机组附近的地面上。冷却塔的安装分为整体安装和现场拼装两种。

809. 冷却塔怎么进行整体安装？

冷却塔整体安装操作比较简单，即用起吊设备将整个塔体吊装到基础上，紧固好地脚螺栓，连接好进出水管道及电气控制系统即可。

810. 冷却塔怎么进行现场拼装施工？

冷却塔主体的现场拼装包括支架、托架的安装和塔上、下体的拼装。其操作过程为：

（1）冷却塔体主柱脚与安装基础中预埋的钢板或预留的地脚螺栓紧固好并找平，使其达到牢固。

（2）冷却塔各连接部位的紧固件应采用热镀锌或不锈钢螺栓、螺母。

（3）冷却塔各连接部位紧固件的紧固程度应一致，达到接缝严密，表面平整。

（4）集水盘拼接缝处应加密封垫片，以保证密封严密无渗漏。

（5）冷却塔单台的水平度、铅垂度允许偏差为 2/1000。

（6）冷却塔钢构件在安装过程中的所有焊接处应做防腐处理。

（7）却塔钢构件在安装过程中的所有焊接必须在填料装入前完成，装入填料后，严禁焊接操作，以免引起火灾。

811. 冷却塔内部的填料填充怎么操作？

（1）填料片要求其亲水性好、安装方便、不易阻塞、不易燃烧。在使用塑料填料片时，宜采用阻燃性良好的改性聚乙烯材料。

（2）填料片安装时要求其间隙要均匀、上表面平整、无塌落和叠片现象，填料片不能有穿孔或破裂。填料片与塔体最外层内壁紧贴，之间无空隙。

812. 冷却塔附属部件怎么安装？

冷却塔附属部件包括：布水装置、通风设备、收水器和消声装置等。

（1）冷却塔布水装置安装的总体要求是：有效布水、均匀布水。布水系统的水平管路安装应保持水平，连接的喷嘴支管应垂直向下，并保证喷嘴底面在同一水平面内。

采用旋转布水器布水时，应使布水器旋转正常，布水管端与塔体内壁间隙应为 50mm，布水器的布水管与填料之间的距离不小于 20mm，布水器喷口应光滑，旋转时不能有抖动现象。喷嘴在喷水时不能出现"中空"现象。横流冷却塔采用池式布水，要求其配水槽应水平，孔口硬光滑，最小积水深度为时 50mm。

（2）冷却塔通风设备安装的总体要求。轴流风扇安装是应保证风筒的圆度和喉部尺寸。风扇的齿轮箱和电动机在安装前应检查有无外观上的损坏，各部分的连接件、密封件不得有松动现象，可调整的叶片角度必须一致，其叶片顶端与风筒内壁的间隙应均匀一致。

813. 冷却塔安装后起动前怎么做准备工作？

（1）开启冷却塔集水盘的排污阀门，用清水冲洗冷却塔的集水盘及整个冷却塔内部。

（2）检查风扇皮带轮与电动机皮带轮的平直度与皮带的松紧度是否合适，进行适当调整；调整风扇扇叶的角度，使其一致，并使风扇扇叶与塔体外壳的间隙保持一致。

（3）用手盘动塔体内部的转动部件，检查其运转是否灵活。

（4）检查冷却塔布水器上的喷头是否堵塞，若发现堵塞要逐个拆下进行清洗，以确保每个喷头都能正常工作。

（5）用绝缘电阻表遥测一下风扇电动机的绝缘情况，若小于 2MΩ 时应予更换；同时还应检查风扇电动机的防潮措施是否合乎要求，若有不到位的情况应及时排除。

（6）检查冷却塔内填料的安装是否合乎要求，对存在的问题应及时排除。

（7）向冷却塔中注入冷却水，调整浮球阀的控制位置，使集水盘中的水位保证在溢水口以下 20mm。

（8）测试冷却塔中冷却水的水质是否合乎要求，同时向冷却水中加入适量的阻垢剂。

814. 无隔振要求水泵怎么安装？

水泵的安装分为无隔振要求和有隔振要求两种方式。

无隔振要求水泵的安装方法：在安装过程中主要工作是对安装基础找平、找正，在达到要求后将水泵就位即可。

815. 有隔振要求水泵怎么安装？

常用的隔振装置有两种，即橡胶隔震垫和减震器。

橡胶隔震垫一般是由丁腈橡胶制成，具有耐油、耐腐蚀、耐老化等特点。安装橡胶隔震垫时要：

（1）水泵的基础台面应平整，以保证安装的水平度。

（2）水泵采取锚固方法时应根据水泵的螺钉孔位预留孔洞或预埋钢板，使地脚螺栓固定尺寸准确。

（3）水泵就位前，将隔振垫按设计要求的支撑点摆放在基础台面上。

（4）隔振垫应为偶数，按水泵的中轴线对应布置在基座的四角或周边，应保证各支撑点荷载均匀。

（5）同一台水泵的隔振垫采用的面积、硬度和层数应一致。

减震器安装时，要求其基础平整、各组减震器承受荷载的压缩量应均匀，不得出现偏心；安装过程中应采取保护措施，如安装与减震器高度相同的垫块，以保护减震器在施工过程中不承受载荷，待水泵的配管装配完成后再予以拆除。

816. 水系统安装是怎么要求的？

（1）安装前要仔细研读施工图纸，弄清楚工艺流程及管道、管件、阀门的材质，规格型号，连接方式，支吊架形式，并结合施工现场理解设计意图，明确对安装的技术要求。

（2）施工前要对材料进行检验和试验，不合格品不能投入使用。对焊管要进行清洁及表面出锈处理，直到露出金属光泽再刷两遍防锈漆，管两端各留 100mm 不刷，已备焊接。管壁厚不小于 3mm 的焊管焊接前必须开 V 形坡门。焊缝要求宽度均匀，无夹渣、裂纹、气孔等缺陷。

（3）管道的安装坡度、坡向应符合设计要求，冷却水供水管坡向进口及立管，冷却水回水管坡向使水低头走，凝结水管坡向使水低头走。管道坡度可用吊杆螺栓或支座与管道间的垫板调整。

（4）管道试验应分层进行。冷却水的供水回水管为一个试验压力为 0.8Mpa。凝结水管只做闭水试验，看接口有无渗漏。试验结果应符合 GB 50235—2010《工业金属管道工程施工规范》及 GB 50242—2002《建筑给水排水及采暖工程施工质量验收规范》的规定。

817. 对空调系统的管道保温材料是怎么要求的？

对空调系统的管道保温材料要求是：导热率小、密度在 $450 kg/m^3$ 以下、吸湿率低、抗水蒸气渗透性强、耐热、不燃烧、无毒、无臭味、不腐蚀金属、不易被鼠咬虫蛀、不易腐烂、经久耐用、施工方便价格便宜等特点。

空调管道保温工程中常用的保温材料主要有：岩棉、玻璃棉、矿渣面、珍珠岩、石棉、碳化软木、聚苯乙烯泡沫塑料及聚氨酯泡沫塑料等。

818. 管道保温层设置是怎么要求的？

空调系统的管道保温一般结构为：防锈层、保温层、防潮层、保护层、防腐层等结构组成。

在具体施工中，用于冷媒水管道的保温层与用于热媒水管道保温层的做法有区别。用于冷媒水管道在保温层外必须设防潮层，用于热媒水管道的保温层外不用设防潮层。

819. 空调系统的管道防潮层是怎么要求的？

用于冷媒水管道的保温层与用于热媒水管道保温层的做法有着一定的区别。用于冷媒水管在保温层外必须设防潮层，用于热媒水管道的保温层外不用设防潮层。

空调系统管道防潮层的主要作用是防止水蒸气或雨水渗入管道的保温层，防潮层设置在保温层的外面，一般常用的材料有：沥青、沥青油毡、玻璃丝布、聚乙烯薄膜、铝箔等。

820. 水系统管道保温做法是怎么要求的？

保温材料为软聚氨酯管壳，保温管壳要紧贴外壁，这就要求定购保温材料时，管壳内径要准确。管壳的每段接头处及纵缝处要严密不留纵隙，管道阀门法兰处保温应便于单独拆卸更换。保温层在该处应留出足够的空隙，一般为螺栓长度加 25～30mm，然后用同样的保温碎料填补空隙。沿管道长度每隔 300～350mm 捆扎两道。玻璃丝布保护层施工时，其搭接宽度符合规范规定，搭接均匀、松紧适度。

821. 管道的防腐处理是怎么要求的？

管外表刷防锈漆两道，钢制管材、管件在防腐前管件表面人工除锈杂物清理干净，管材和管件可集中防腐，其端头 150mm 内不防腐，管道焊口、接口等管道试压合格后进行。防腐漆涂刷要均匀，不漏刷、不滴淌，下层涂漆在上层漆干燥后进行，保证防腐漆质量。管道在保温前必须除去表面油污铁锈，使管道露出金属光泽刷防锈漆两遍。

822. 不清楚管道支托架安装是怎么要求的？

管道支架的选型要符合设计，安装时要牢固平整，管道接触良好，对于易发生热位移的供回水管道的固定支架，要做好固定，对于滑动的支架或导向支架的滑动面，应干净平整，不得有歪斜和卡涩现象。

管道支架安装完毕，要在架管前进行全面检查，检查其坐标和标高，核对管件的形式和型号无误后方可进行管道架设安装。

823. 管道在吊顶安装是怎么要求的？

管道在吊顶安装要求是：管道在吊顶安装时管材运到现场利用小车和垂直运输设备放到每层，就地用导链、双头绑扎吊装到操作平台，在吊装过程中，注意检查机具完好、支点牢固、统一指挥、保证安全。在安装施工中，要严格按设计规范施工，管道的安装坡度要符合设计要求。

824. 管材及阀门的检查验收是怎么要求的？

空调水系统选用的焊接钢管，安装前应进行检查和验收，其质量应符合国家现行技术标准，焊接钢管符合 GB 3092《低压流体输送用焊接钢管》标准。

钢管外观检查，外观应无裂纹、缩孔、夹渣，不超过壁厚负偏差的锈蚀和凹陷，焊管的周长偏差为±5mm，且椭圆度允许偏差为管外径的1%。所有管材均应有产品质量合格证和相应技术文件，不合格管材不准使用。

空调水系统选用的阀门，安装前应检查阀门是否有合格证、型号规格是否符合设计，外表无缺陷、缺件。阀门安装前，对同一制造厂生产的同一种规格、型号的总数中抽查10%（至少一个）做强度和严密性试验，如有不合格时，再抽检20%，如仍不合格，则须逐个检查。止回阀严密性试验压力一般为公称压力。安全阀在使用前按设计要求进行调试。

第六节 空调系统的测试设备与使用方法

825. 双金属自记温度计是怎么工作的？

在中央空调系统的测试设备中常用到双金属自记温度计。双金属自记温度计的结构如图6-1所示。它是由双金属片感温元件、自记钟、自计针等组成的自动温度记录仪。

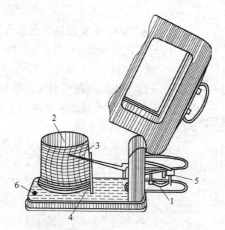

图6-1 双金属自记温度计的结构

1—双金属片；2—自记钟；3—记录笔；4—笔挡手柄；5—调节螺钉；6—按钮

双金属自记温度计的工作原理是：双金属温度计的自记钟机构，使记录纸随滚筒旋转，自动记录一天或一周的空气温度。它的测量范围为−35～＋40℃。双金属温度计在使用前要用0.1刻度的水银温度计进行对比校正，如有误差可通过调整调节螺钉来校正。校正时，一次调整差值的2/3，逐渐较准。

826. 双金属自记温度计怎么使用?

(1) 要水平放置，不能放在热源附近或门、窗口处，要放在房间有代表性的位置上。测定室外温度时，不能放在阳光直射处，要放在百叶窗气象盒中进行测量。

(2) 记录纸要摆正，用金属条压紧在记录筒上。

(3) 记录笔要调整好位置，与记录纸接触松紧度要适当，加足墨水。在记录纸上填好月、日、时，然后上足自记钟发条。

(4) 测量范围为 $-35\sim+40℃$。双金属自记式温度计每次使用前，要用 0.1 刻度的水银温度计进行对比校正，如有误差可通过调整调节螺钉来校正。校正时，一次调整差值的 2/3，逐渐较准。

(5) 双金属片应保持清洁，不准用手触摸。除调节螺丝外，其他螺丝不得松动。

(6) 自记钟走时不准，每天误差超过 10min，可打开记录筒上的调节孔进行调节。

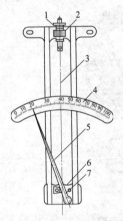

图 6-2 毛发湿度计

1—紧固螺母；2—调整螺钉；
3—毛发；4—刻度尺；5—指
针；6—弧块；7—重锤

827. 毛发湿度计是怎么定义的?

毛发湿度计是当前测定空气湿度的基本仪器，是以一束毛发作为感应元件而能自动连续记录相对湿度随时间变化的仪器。在气温为 $0\sim30℃$ 和相对湿度为 $20\%\sim80\%$ 的条件下，其测量精度较好。

毛发湿度计是利用脱脂毛发随环境湿度的变化而改变其长度的原理制成的一种测量空气湿度的仪器，其形式有指针式和自记式两种。

图 6-2 为指针式毛发温度计的结构图。它是将一根脱脂毛发的一端固定在金属架上，另一端与杠杆相连。当空气的相对湿度发生变化时，毛发会随其发生伸长或缩短的变化，牵动杠杆机构动作，带动指针沿弧形刻度尺移动，指示出空气的相对湿度值。

毛发湿度计测量的基本原理是：毛发孔隙吸附水蒸气而引起毛发长度的变化，毛发孔隙及其孔隙表面对水蒸气分子的吸附情况决定其特性好坏。人的毛发经脱脂处理后，表面贯穿着许多微孔，这些微孔吸附了周围环境中的水蒸气，在微孔中形成弯月面并产生表面张力。当空气中的水蒸气达到饱和时，弯月面表面张力达到最大，毛发伸长到最大位置；随着空气中水蒸气的蒸发，相对湿度降低，一部分水从毛孔中蒸发，毛孔中的弯月面变成凹形，表面张力纵向分力减少，毛发就收缩。空气湿度的变化引起微孔弹性壁的形变，形成毛发长度的变化。毛发湿度计就是利用毛发的长度随相对湿度的改变而变化来测定空气的相对湿度。

828. 毛发湿度计怎么使用?

由于在与毛发相连的机构中存在轴摩擦时会影响它的正确指示，因此，在使用时要先将指针推向使毛发放松的状态，再让它自然复位，观察指示值是否有复现性。平时要保持毛发清洁，如果毛发不干净，可用干净的毛笔蘸蒸馏水轻轻刷洗。再次使用前也要用毛笔蘸蒸馏水洗刷毛发束，使其湿润。若要移动时，动作要轻，并将毛发调至松弛状态。

829. 自记式叶轮风速仪有怎样的结构?

在中央空调系统测试中常用到测试风速的仪器——叶轮风速仪。叶轮风速仪有两种形式：①自记式叶轮风速仪；②转杯式风速风向仪。

自记式叶轮风速仪的结构如图 6-3 所示。它的转轮叶片由几片扭成一定角度的薄叶片组成。转轴与表盘平行或垂直。

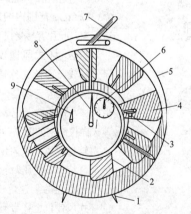

图 6-3 自记式叶轮风速仪

1—圆形框架；2—叶轮；3—长指针；4—短指针；5—计时红指针；
6—回零压杆；7—启动杠杆；8—提环；9—座架

自记式叶轮风速仪可直接读出风速（m/min）。自记叶轮风速仪在表盘左面有一红色计时指针，走一圈为 120s（其中前 30s 和后 30s 分别为准备、收尾时间，实际计数时间只有 60s）。故此时的读数即为每分钟风速，有的在计数机构内已经进行换算，使所得风速为每秒钟风速。

830. 自记式叶轮风速仪怎么工作？

当叶轮受到气流压力作用产生旋转运动时，叶轮转数与气流风速成正比，其转数由轮轴上的齿轮传递给指针和计数器，在表盘上显示出风速值。

831. 不自记叶轮风速仪怎么使用？

不自记叶轮风速仪在使用时，应先关闭风速仪的开关，并将风速仪指针的原始读数记录下来，然后将风速仪放在选定的测点上，使风速仪的表面垂直于气流的方向，转动数分钟，当风速仪叶轮回转稳定后，把风速仪的开关和秒表同时开启，经一定时间（约 1min）后，再同时关闭，然后根据风速仪的读数和秒表所记的时间，即可计算风速为

$$v = \frac{b-a}{t}$$

式中：v 为所测风速，m/s；b 为测定后读数；a 为原始读数；t 为测定时间。

叶轮风速仪使用前，须用风筒校正或和已校正过的叶轮风速仪互校。

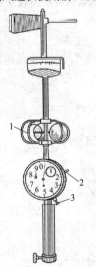

图 6-4 转杯式风速风向仪

1—风杯；2—回零压杆；3—启动压杆

叶轮风速仪测量风速的范围为 0.5～10m/s，较精密的叶轮风速仪只适用于测量 0.3～5.0m/s 范围内的风速。因为测量风速较大，叶片容易受损和弯曲。

832. 杯式风速仪怎么使用？

杯式风速仪又称转杯式风速风向仪。它的风速感应元件是三个（或四个）半球形风杯，转轴与记速表盘平行，转杯式风速风向仪结构如图 6-4 所示。

转杯式风速风向仪的工作原理与叶轮风速仪相似，使用时轮的旋转平面应平行于气流。它的测速范围为 1～40m/s。有的杯式风速仪上还带有风标，用以指示风向。杯式风速仪多用于大风速的测定。

833. 热球风速仪是怎么工作的？

热球风速仪是空调系统测试中常用

的仪表。它是根据流体中热物体的散热率与流速存在一定函数关系而制成的
风速测量仪表，其工作原理如图 6-5 所示。

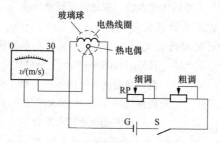

图 6-5　热球风速仪原理图

热球风速仪由两个电路组成：①加热电路；②测温电路。电路的工作原
理是：当一定大小的电流通过加热电路的线圈时，电热线圈发热使玻璃球的
温度升高，测温电路的热电偶产生热电势，由表头反映出来。玻璃球的温
升、热电势大小与气流速度有关。风速越大，球体散热越快，温升越小，热
电势也就越小；反之，风速越小，球体散热就越慢，温升越大，热电势也就
越大。因此，在表头上直接用风速刻度即可读出风速大小。仪表箱上的粗
调、细调是用来调整加热电路电热线圈的，使其保持稳定电流。

热球风速仪具有使用方便、反应快、热惰性小、灵敏度高等特点。它的
测速范围为 0.05～30m/s，测量低速风时尤为优越，是空调系统测试时的常
用仪表。热球风速仪的测头结构娇嫩、易损，使用时要小心。

834. 热球风速仪怎么使用？

（1）将测杆连接导线的插头按正负号或标记插入仪表面板的插座内。

（2）测杆要垂直放置，头部朝上，滑套的缩紧应不使测头露出，应保证
测头在零风速下校准仪表零位。

（3）将选择开关由"断"旋转到"满度"位置，调节满度旋钮，使指针
指示在上限刻度上。若达不到上限刻度，应调换电池。

（4）将选择开关旋转到"零位"的位置上，然后调节"粗调""细调"
旋钮，观察表针是否能处于零位上，若达不到零位应更换电池。

（5）测量时将测头上的红点对着迎风面，测杆与风向呈垂直状态，即可
读数。若出现指针来回摆动时，可读取中间数值。

（6）每次测量 5～10min 后，要重新校对一下"满度"和"零位"

（7）测量完毕后将滑套套紧，使工作开关置于"断"的位置，拔下插

头，收拾好装箱。

(8) 使用中不要用于触摸测头。测头一旦受污染，将影响其正常工作。

(9) 使用完毕后要将电池取出，搬运时要轻拿轻放。

835. 液柱式压力计怎么使用？

图 6-6　U 形管压差计

液柱式压力计又叫做 U 形管压差计，它是最简单的测量风压的仪表，其外形如图 6-6 所示。液柱式压力计的测压原理是：当被测系统内的压力高于外界大气压力时，在系统内压力 p_1 和大气压力 p_2 的压差作用下，U 形管两端出现压力差为

$$\Delta p = p_1 - p_2 = 9.8\rho \cdot h$$

式中：ρ 为 U 形管内注入液体的密度，g/cm^3，常用的液体有水、酒精等，其密度分别为 $1.0g/cm^3$、$0.81g/cm^3$；h 为液体液面高度差，mm。

测量时，将被侧压力经橡胶管与液柱式压力计的接头接通。另一端与大气相通，即可测出压差。若用液柱式压力计测量测量压差时，可将被测压力分别接在 U 形管的两个管口上，这样玻璃管内两液面差所形成的压力与被测压力形成平衡，于是被测压力即可求出。

用液柱式压力计测出的压力（或压差）一般习惯上用液柱高来表示，如 mmHg、mmH_2O 等。

实际工作中也可换算成 Pa（$1mmHg = 13.5951mmH_2O = 133.3224Pa$）为压力单位的压力值。用液柱式压力计测定压力时，在读取数据时要求眼睛与 U 形管上的液面要相平尽量减少视力误差。

U 形管液柱式压力计既可用来测定系统的正压，又可用来测定系统的真空度和负压，但主要在测量精度要求不高的场所中使用，如用来测量各级过滤器的前后压差。

836. 倾斜式微压计怎么使用？

在空调系统的压力测量中，为了测得较小的压力，常采用倾斜式微压计。倾斜式微压计是在液柱式压力计的基础上，将液柱倾斜放置于不同的斜率上制成的，其结构原理如图 6-7 所示。它由一根倾斜的玻璃毛细管做成测量管和一个横断面比测量管断面大得多的液杯构成。测量管与水平面间的夹角。是可调的。

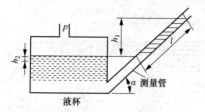

图6-7　倾斜式微压计结构原理

当有一个压力 p 作用于液杯时，设液杯液面下降高度为 h_2，测压管液面升高为 h_1，则液柱上升总高度为

$$h = h_2 + h_1 = h_2 + l\sin\alpha$$

由于液杯面积远大于测压管面积，因此 h_2 实际很小，可以忽略不计，所以

$$h = l\sin\alpha$$

于是所测压力为

$$p = 9.8\rho h = 9.8\rho l\sin\alpha$$

式中：ρ 为工作液体的密度，通常为 $0.81 \mathrm{g/cm^3}$ 的酒精；l 为测量管液面上升长度，mm；α 为测量管与水平面的夹角。

倾斜式微压计是空调系统风压测试的主要仪器，因此，使用时要认真阅读说明书，严格按说明书中规定的操作方法进行操作；同时还必须注意测量管与液杯连接管以及液体内部否有气泡，若存在气泡将造成很大的测量误差。

837. 皮托管构造是怎样的？

皮托管又叫做皮托静压管，是一种与倾斜微压计配合使用，插入流体中与流体流向平行，管嘴对着流向，用以测量流体流速的管状仪器。

皮托管的构造如图 6-8 所示，由外管、内管、端部、水平测压段（测头）、引出接头、定向杆等部分组成。在皮托管测头部分的适当位置上钻有静压感受孔，测头感受的静压，通过内外管间的空腔传向静压引出接头。内管的一头与端部开口处（即总压感受孔）相连，另一端与总压引出接头连接。

838. 皮托管怎么使用？

使用皮托管测压时，需用橡胶（或塑料）软管将其与倾斜微压计连接起来，由微压计指示出风管中的全压、静压和动压值。测试时的连接方法如图 6-9 所示。测试时全压孔必须对准气流，不准倾斜。

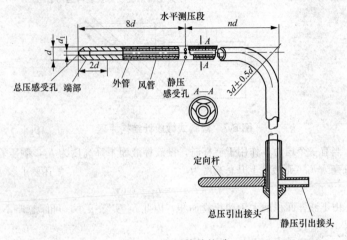

图 6-8 皮托管的构造

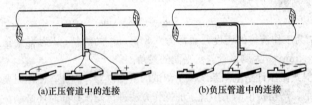

(a)正压管道中的连接   (b)负压管道中的连接

图 6-9 皮托管与微压计的连接

由于皮托管结构上种种因素的影响，它所感受的动压与测试的实际动压间存在着差异，因此，必须用一系数对所测动压进行修正。我国采用的修正法公式为

$$v = \sqrt{\frac{2}{\rho}\xi p_b}$$

式中：v 为气体流速，m/s；ρ 为气体密度，kg/m³；ξ 为皮托管校正系数；p_b 为动压，Pa。

[例 6-1] 将皮托管放置在风管的某一测点上，从微压计上测得动压 $p_b = 150$Pa。已知 $\rho = 1.2$kg/m³，校正系数 $\xi = 1.002$，则该测点气流速度为

$$v = \sqrt{\frac{2}{\rho}\xi p_b} = \sqrt{\frac{2}{1.2} \times 1.002 \times 150} = 15.83 \text{(m/s)}$$

用于管内流速测试的皮托管，其测头直径与所测管道直径之比一般可选为 1/25。测点应选在气流平直段处。

839. 空调系统管内风量怎么测定?

空调系统管内的风量可在送风管道、回风管道、排风和新风管道及各分支管道上采用皮托静压管和微压计配合进行测量。

操作步骤如下:

(1)选择测定断面。测定断面原则上应选择在气流均匀而稳定的直管段上,即尽量选在远离产生涡流的局部构件(如三通、风门、弯头、风口等)的地方。按气流方向,一般应选在离前一个产生涡流的部件4倍以上风管直径(或矩形管道的大边尺寸)、距后一个产生涡流的部件1.5倍以上风管直径(或矩形管道的大边尺寸)的地方为最好。若现场达不到上述要求,可适当降低,但也应使测定断面到前一个产生涡流部件的距离大于测定断面到后一个产生涡流部件的距离,同时应适当增加测定断面上测定点的数目。

(2)确定测点。由于管道断面往往因为内壁对空气流动产生摩擦而引起风速分布不均匀,所以需要按一定的断面划分方法,在同一个断面布置多个测点,分别测得各点动压,求出风速,然后,各点风速相加除以测点数,得出平均风速。

840. 矩形风管测点位置怎么选择和计算?

从测量角度看来,测点越多,所得结果就越准确,但也不能太多,往往根据风管断面的形状和大小,划分成若干个相等的小截面,在每一个小截面的中心布置测点。

矩形风管测点位置如图6-10所示,一般要求各小截面面积不大于0.05m²(即边长小于200mm左右)。

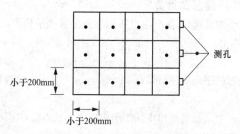

小于200mm

小于200mm

测孔

图6-10 矩形风管的测点布置

841. 矩形圆管测点位置怎么选择和计算?

圆形风管应根据风管直径的大小,将其划分为若干个面积相等的同心圆环。圆环数由直径大小决定,每一个圆环测4个点,并且4个测量点应在互相垂直测孔的两个直径上,测点位置如图6-11所示。

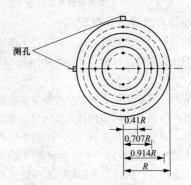

测孔

0.41R

0.707R

0.914R

R

图 6-11　圆形风管的测点布置

各测点距圆心的距离按下式计算

$$R_n = R \sqrt{(2n-1)/2m}$$

式中：R 为风管断面半径，mm；R_n 为从风管中心到第 n 测点的距离，mm；n 为从风管中心算起的测点顺序号；m 为划分的圆环数。圆形风管划分的圆环数见表 6-2。

表 6-2　　　　　　圆形风管划分的圆环数表

圆形风管直径（mm）	200 以下	200～400	400～700	700 以上
圆环个数（个）	3	4	5	5～6

842. 平均风速怎么计算？

计算风道平均风速 v_p，各个测点所测参数的算术平均值，可看作是测定断面的平均风速值，即

$$v_p = (v_1 + v_2 + \cdots + v_n)/n$$

式中：v_p 为断面的平均风速值，m/s；$(v_1 + v_2 + \cdots + v_n)$ 为各测点的风速，m/s；n 为测点数。

在风量测定中，如果是用皮托管测出的空气动压值，实际上就是流动空气所具有的动能，即

$$p = (1/2g)v_p \rho$$

$$v = \sqrt{2gp/\rho} \quad \text{m/s}$$

式中：g 为重力加速度，一般取 $g = 9.8 \text{m/s}^2$；p 为风管内气流的动压，kg/m²；ρ 为风管内空气的密度，常温下 $\rho = 1.2 \text{kg/m}^3$。

将 g 和 ρ 代入上式，则上式可简化为

$$v = 4.04\sqrt{p}$$

利用上式求出每个测点的风速后，再求平均风速值 v_p。

843. 风道风量怎么计算？

计算风道风量 L。如果已知平均风速 v_p，便可计算出通过测量断面的风量。

风管内风量的计算式为

$$L = 3600\rho F v_p \quad \text{mg/h}$$

式中：ρ 为风管内空气的密度，常温下 $\rho = 1.2\text{kg/m}^3$；F 为风管测定断面的面积，m^2；v_p 为风管测定断面上的平均风速，m/s。

在实际测量中，测量截面可能处于气流不稳定区域。因此，在测量仪器使用正确的情况下，测量的动压可能出现负值，这表明某些测点产生了涡流。在一般工程测量中，遇到这种情况，可在计算平均动压时，近似假设负值为零，但测点数不能取消。

844. 风口、回风口风量怎么测定？

对于空调房间的风量或各个风口的风量，如果无法在各分支管上测定，可在送、回风口处直接测定风量，一般可采用热球式风速仪或叶轮风速仪。

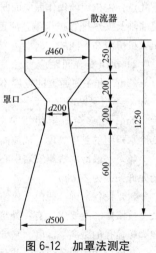

当在送风口处测定风量时，由于该处气流比较复杂，通常采用加罩法测定，即在风口外直接加一罩子，罩子与风口的接缝处不得漏风。这样使得气流稳定，便于准确测量。

在风口外加罩子会使气流阻力增加，造成所测风量小于实际风量。但对于风管系统阻力较大的场合（如风口加装高效过滤器的系统）影响较小。如果风管系统阻力不大，则应采用如图 6-12 所示的罩子。因为这种罩子对风量影响很小，使用简便又能保证足够的准确性，故在风口风量的测定中常用此法。

图 6-12　加罩法测定送风口风量

回风口处由于气流均匀，所以可直接在贴近回风口格栅或网格处用测量仪器测定风量。

第七章 Chapter7

中央空调制冷机组的安装

第一节　制冷机房的安装

845. 冷水机组安装前对场地是怎么要求的？

（1）冷水机组安装前应根据制冷设备安装工程施工及验收规范等有关规定，对设备基础进行核对，满足设计及施工要求，同时做好设备开箱检验工作等，为保证设备安装创造条件。

（2）机组布置及安装间距要求。

1）在冷冻机房中，设备的布置应力求做到流程合理、排列整齐及操作和维修方便，尽量缩短各种管道的长度，注意节约占地面积，同时应注意以下几点：①机组的操作面应面向光线良好、操作和观测方便的方向；②压缩机曲轴及换热排管拔出端，应留有足够的空间，以便于检修；③为确保安全，机房应在不同的方向设两个通向室外的门且门窗均应向外开启。

2）机组安装间距应考虑以下几点：①机房内主要操作通道的宽度为1.5～2m，非主要通道的宽度不小于0.8m；②机组和墙的距离一般为1～1.5m，不应紧贴墙壁布置；③设备的外廓与开关柜等其他电气装置的距离为1.5m；④多台机组相邻安装时，两台机组间的间距应保持1～1.5m；⑤冷水机组的基础高度一般应高出地面0.1m以上。

（3）一般冷水机组安装中心与墙、柱中心间距允许偏差20mm。设备间的允许偏差为10mm。

（4）设备基础一般由土建施工。当混凝土养护期满时，进行检查、验收及交接工作。主要内容有：外形尺寸、基础平面的水平度、中心线、标高、地脚螺栓孔的距离、深度、基础的埋设件等。

基础尺寸主要项目的误差允许范围：长度允许偏差不大于20mm，凹凸程度允许偏差不大于10mm，地脚孔中心距允许偏差不大于5mm，机组主要轴线间尺寸允许偏差不大于1mm。如有不合格，应及时处理，重新组织验收。验收合格后，在设备基础上画出纵横中心线。

846. 冷水机组安装前对机组开箱检查内容是什么？

(1) 制冷设备的安装前，应对其包装箱进行检查，看包装是否完好，运输过程中的防水、防潮、防倒置措施是否完善，查看箱体外形有无损伤，核实箱号、箱数、机组型号、附件及收发单位是否正确等信息。

(2) 拆启包装箱时用开箱工具先开启箱顶木板，再开启四周的箱板，打开包装箱后，应先找到随机附的装箱单，逐一核对箱内物品与装箱单是否相符。

(3) 检查机组型号是否与合同相符，随机文件是否齐全。

(4) 观察机组外观有无损伤，管路有无变形，仪表盘上仪表有无损坏，压力表是否显示压力，各阀门、附件外观有无损坏、锈蚀等。

847. 制冷机组的安装是怎么要求的？

(1) 在机组安装前，应准备好安装时需要的工具和设备，如真空泵、氮气瓶、制冷剂钢瓶、U形水银压力计、检漏仪等。

(2) 检查机组的安装基础。机组安装基础由土建施工方按机组供货商提供的设备图纸进行施工，安装前应按设计要求对基础进行检查，主要检查内容包括：外形尺寸、基础平面的水平度、中心线、标高和中心距离；混凝土内的附件是否符合设计要求，地脚螺栓的尺寸偏差是否在规定范围内。要求基础的外观不能有裂缝、蜂窝、空洞等。

(3) 在检查合格后，按图纸要求在基础上画出设备安装的横纵基准线。

(4) 用吊装设备将机组吊装到基础上。吊装的钢丝绳应设在冷凝器或蒸发器的筒体支座外侧且不要碰到仪表盘等易损部件，并在钢丝绳与机组接触点垫上木板。

(5) 在用吊装设备将机组就位后，要检查机组的横纵中心线与基础上的中心线对正，若不正时可用撬杠等设备予以修正。

(6) 设备就位后，用水平仪放在机组压缩机的进、排气口法兰端面上，对机组进行校平，要求机组的横纵向水平度要求小于 $1/1000$，不平处可用平垫铁垫平。

(7) 机组冷媒水和冷却水的进出口应安装软接头，各进出水管应加设调节阀、温度计、压力表，在机组冷媒水和冷却水管路上要安装过滤器，水管系统的最高处要设放空气管。

(8) 机组电气系统安装前要对单体设备进行调试。

(9) 仪表与电气设备的连接导线应注明线号，并与接线端子牢固连接、整齐排列。

848. 冷却塔安装怎么操作？

中央空调制冷系统所用的冷却塔必须安装在通风良好的场所，尽量避免装在有热量产生和粉尘飞扬场所的下风口。冷却塔本体一般安装在冷冻站建筑物的屋顶上。

(1) 冷却塔本体的安装。

1) 安装时应根据施工图纸的坐标位置就位，并应找平找正。

2) 冷却塔的出水管口及喷嘴方向、位置应准确。

3) 冷却塔塔底与基础预埋钢板直接定位焊接。

(2) 冷却塔部件的安装。

1) 淋水装置和布水装置的安装。薄膜式淋水装置有膜板式、低蜂窝式、点波式和斜波纹式等不同形式。布水装置有固定管式布水器两种。施工时根据各自的特点按照随机技术资料的要求进行安装。

2) 通风设备的安装。抽风式冷却塔、电动机盖及转子应有良好的防水措施，接线端子一般用松香或其他密封材料密封；鼓风式冷却塔为防止风机溅上水滴，风机与冷却塔体距离一般不小于 2m。

3) 收水器的安装。收水器一般安装在配水管上、配水槽中或槽的上方，阻留排出塔外空气中的水滴，起到水滴与空气分离的作用。在抽风式冷却塔中，收水器与风机应保持一定的距离，以防止产生涡流而增大阻力，降低冷却效果。

849. 中央空调水系统水泵安装前怎么做准备工作？

(1) 测量水泵安装基础的尺寸、位置、标高是否符合设计要求。

(2) 开箱检查不应有缺件、损坏和锈蚀现象。管口保护物和堵盖应完好。

(3) 水泵盘车应灵活，无卡阻现象，无异常声音。

(4) 用水平仪检查底座的水平度，用楔铁找平，并安装牢固。

850. 中央空调水系统水泵安装是怎么要求的？

(1) 小型整体式水泵水平度，每米不超过 0.1mm。离心水泵的联轴器应保持同轴度，轴向倾斜每米不得超过 0.8mm，径向位移不得超过 ±0.1mm。

(2) 水泵与管路连接后，应复核找正。如由于管路连接不正常时，应调整管路。

(3) 泵的管路应按规范设有支架，不允许管路的质量加在泵上，以免应力过大使泵损坏。

（4）钢管与水泵相互连接的法兰端面应平行、对中，不能借法兰螺栓或管接头强行连接。

（5）排出管路阀门的安装顺序为：泵出口—闸阀—止回阀—出水管。一般排出管径 350mm 以上、扬程 50m 以上的泵，应采用缓闭式止回阀。

（6）严禁水泵在无水状态下进行通电试车。

851. 水泵安装工艺过程是怎样的？

（1）安装前检查水泵叶轮是否有阻滞、卡涩现象，声音是否正常。

（2）水泵就位后进行找平找正。通过调整垫铁，使之符合下列要求：整体泵安装以进出口法兰面为基准进行找平，水平度允许偏差纵向 0.05mm/m，横向为 0.10mm/m。

（3）采用联轴器传动的泵，两轴的对中偏差及两半联轴器两端面间隙要符合泵的技术文件要求和施工及验收规范要求。

（4）与泵连接的接管设置单独的支架。接管与水泵连接前，管路必须清洁，密封面和螺纹不能有损坏，相互连接的法兰端面或螺纹轴心必须平行、对中，不得借法兰螺栓或管接头强行连接。配管中要注意保护密封面，以保证连接处的气密性。

（5）有拆检及清洗要求的泵体，必须对泵进行拆检并编号，用机油清洗后再按编号重新组装。

（6）水泵试车前，先拆除联轴器的螺栓，使电动机与机械分离（不可拆除的或不需拆除的例外），盘车应灵活，无阻卡现象。检查完后，再重新连接联轴器并进行校对。打开泵进水阀门，起动电动机。叶轮正常后再正式起动电动机，待泵出口压力稳定后，缓慢打开出口阀门调节流量。泵在额定负荷下运行 4h 后，无异常现象为合格。

（7）管路与泵连接后，如在管路上进行焊接和气割，必须拆下管路或采取必要措施，防止焊渣进入泵内损坏水泵。

852. 冷水机组安装怎么操作？

（1）搬运和吊装安装前避免设备的变形和受潮，使用衬垫将设备垫好。起吊机组时钢丝绳应挂在机组的规定起吊处，使负荷均匀分布。吊索与设备接触部位要用软质材料衬垫，防止设备受损或擦伤表面的油漆。要尽量水平起吊，起吊时最大允许倾斜 20°。

（2）设备就位将制冷机组吊放在基础上，调整设备使之与中心线相符。

（3）套穿地脚螺栓时应注意螺栓顶端高出螺母 2~3 扣。

（4）设备安装时的找平找正对安装质量有重要的作用。一般冷水机组各部件已组装在公共底盘上，安装时只需在每个地脚螺栓孔附近放置斜垫铁，调整垫铁使底盘水平。机组纵横向水平度允许偏差 0.2‰；然后用手锤逐个敲击垫铁，检查是否均已压紧。

（5）浇灌地脚机组找平后，应及时在地脚螺栓孔、底盘及基础间隙之间浇灌混凝土。浇灌前必须彻底清除基础面上和地脚孔内的杂物、灰土、油垢及积水，浇灌须一次完成且浇灌密实，做好养护。当强度达到 75％以上时，拧紧地脚螺栓。机组底盘外面的灌浆层应在砂浆稍硬后压光抹平，并向四周抹坡度，以防止运行中油水流向底盘。

853. 风冷式制冷机组怎么安装？

风冷制冷机组的冷凝器是翅片式，机组顶部就安装有散热风机，直接通过风机来散热以达到换热效果。相对来说，它的安装要比水冷式冷水机简单很多，只要把风冷制冷机组和被冷却设备之间通过管道连接起来即可。风冷制冷机组的安装程序是：

（1）在安装之前，要选择一块平整的空地，能重新做水泥基础最好，保证地面的水平度，在安装完成风冷制冷机组以后，还要有空余空间便于日后的维护保养，并且保证地面能承受住冷水机组的运行质量。

（2）风冷制冷机组型号不同，进出水口管径也不一样，在安装之时，要选择相匹配管径的水管且正确连接。

（3）不管在任何负荷情况下，要保证风冷制冷机组的水流量是正常稳定的。

（4）所有冷冻水管道的设计及安装应按照相关标准进行，水泵要位于机组的进水管上，以保证机组的正压和流量。

（5）管道应有独立于风冷制冷机组的牢固支撑，避免应力施加在风冷制冷机组的部件上。为了减少噪声和振动，能在管道上安装隔振器最好。

（6）为了能安全稳定的运行风冷制冷机组，确保各个部件正常使用，可将不好的水质进行处理，避免各种杂物或腐蚀沉淀物存在管道、蒸发器、冷凝器中影响换热效果，增加后期的维护保养费用。

854. 将风冷式制冷机组固定到基础上怎么操作？

风冷制冷机组在安装时应按照机房平面设计图"放线"，找出地基基础中心线，划定纵横基准线和基础位置。基础的设计应能曾受机组的动、静载荷及振动，并考虑邻近设备和建筑物有无特殊要求。基础的浇灌，必须符合机房设计图或厂商提供的资料要求。

基础防振装置中水平垫铁是在基础施工时预埋的，风冷制冷机组有四个地脚，每一个地脚都要准备一块调节垫板，每块垫板上有两个调节螺纹孔，把调节螺栓的一头支在预埋垫铁上，慢慢转动调节螺栓。

在调节螺栓时，冷水机组随着调节铁板上下升降，以此来调整整个机组的水平度。调好之后，调节垫板和不平垫铁分离，两个平面不接触，用高强度等级的混凝土砂浆灌进调节垫板和水平垫铁之间的全部缝隙。

当混凝土砂浆干固以后，可拆下调节螺栓，只剩下定位螺栓，这样，整个风冷式冷水机就完全支在两块防振橡胶上，能达到给机组防振的目的。备注：定位螺栓只起到定位作用，没有固定作用，共有四个定位螺栓。

855. 风冷式制冷机组时对场地是怎么要求的？

（1）组合式空调机组在安装前必须清理干净，保证箱内无杂物。

（2）机组下部的凝结水排放管，排放管设水封，水封的高度必须根据机组的余压进行确定。

（3）组合式空调机组各功能段之间的连接必须严密，并保证机组整体平直，检查门开启灵活。

（4）整体式新风机组在安装前，打开设备活动面板，用手盘动风机，检查有无叶轮与机壳相碰的金属摩擦现象，风机减振部分是否符合要求。

（5）机组减振器要严格按照设计的型号、数量和安装位置进行安装。安装后检查空调机组的水平度，如不符合要求，要对减振器进行调整。

（6）空调机组下部的冷凝水排放管应有水封，与外管路的连接应正确。

856. 集中式空调机组箱体是怎么要求的？

集中式空调机组箱内的隔热、隔声材料应具有无毒、无异味、自熄性和不吸水性能。

不应使用裸露的含石棉或玻璃纤维的材料。隔热、隔声材料与面板之间应粘贴牢固、平整、无缝隙，保证在运行时箱体外表面无冷露。

集中式空调机组应有凝结水处理装置，在运行中箱体外不应有渗漏水，箱体内不应有积水，排水应畅通。

集中式空调机组箱体和检查门应具有良好的气密性，机组的漏风率应不大于5%，检查门锁紧性能要好，防止因内、外压差而自行开闭。

集中式空调机组盘管的迎风面风速超过2.5m/s时，应加设挡水板。喷水段进、出风侧应有挡水板。

857. 消声器的安装是怎么要求的？

（1）消声器安装前应保持干净，做到无油污和浮尘。

（2）消声器安装的位置、方向应正确，与风管的连接应严密，不得有损害与受潮现象。同组同类型消声器不宜直接串联。

(3) 现场安装的组合式消声器，消声组件的排列、方向和位置应符合设计要求。单个消声器组件的固定应牢固。

(4) 消声器、消声弯管均设独立支、吊架。

858. 空调系统调试前怎么做准备工作？

(1) 联合甲方监理、电气施工单位检查空调系统供电是否正常。

(2) 工具仪表的准备。人字梯若干、安全带若干、热电式风速仪，空调系统调试所使用的测试仪器和仪表，性能应稳定可靠，并经过检测。

(3) 资料报表的准备。各设备单机试运转、系统调试均需填写相应表格。

(4) 提前 3～5 天通知监理工程师及甲方代表，做好现场签证工作。

859. 空调系统调试是怎么要求的？

(1) 通风机、空调机组的单机试运转及调试。通风机以及空调机组中的风机、叶轮旋转方向正确、运转平稳、无异常振动与声响，其电动机运行功率应符合设备技术文件的规定。在额定转速下连续运转 2h 后，滑动轴承外壳最高温度不得超 70℃，滚动轴承不得超 80℃。

(2) 风机盘管的单机试运转。风机盘管机组的三速风量调节开关、温控开关的动作应正确，并与机组运行状态一一对应。

(3) 空气幕的单机试运转。电源开关动作应正确，电动机运转平稳，无异常振动与声响。

(4) 防火阀的操作应灵活、可靠。

(5) 空调系统无生产负荷的联合试运转及调试的主要工作是：

1) 各空调风系统需要经过平衡调整，各风口或吸风罩的风量与设计风量的允许偏差不应大于 15%。

2) 空调工程水系统应冲洗干净、不含杂物，并排除管道系统中的空气；系统连续运行应达到正常、平稳。

3) 模拟火灾条件下空调机组的风机应能立即停止运行。

860. 集中式空调系统的名义工况有哪些？

(1) 名义风量。指机组在规定的运行工况下每小时所处理的空气量，一般应以标准状态的空气体积流量表示（m³/h）。

(2) 名义供冷量。指机组在规定的运行工况下的总除热量，其中包括显热和潜热的除热量（W 或 kW）。

(3) 名义供热量。指机组在规定的运行工况下的总显热量（W 或 kW）。

（4）机组余压。指机组克服自身阻力后在出风口处的余压值（Pa）。

（5）水阻力。指进入和离开机组的水静压差（Pa）。

861. 集中式空调机组运行工况是怎么规定的？

（1）冷（热）盘管的排数为 4 排。

（2）冷盘的进/出水温升为 5℃。

（3）热盘水温度为 60℃。

（4）蒸汽排管的进气压力为 70kPa，温度为 112℃。

（5）通过盘管的迎风面风速为 2.5m/s。

862. 集中式空调机组调整时的技术参数是怎么要求的？

（1）基本参数应符合的规定。

1）机组实测值不低于额定值的 95%，全压实测值不低于额定值的 88%。

2）机组额定供冷量的空气焓降值应不低于 17kJ/kg，新风机组的空气焓降值应不小于 34kJ/kg。

3）机组供热的空气温升要求。蒸气加热时温升 20℃，热水加热时温升 15℃。

4）机组在 85% 的额定电压下应能正常起动和工作。

（2）机组的盘管及其管路在下列相应条件下应能长期正常运行且无渗漏。

1）冷水盘管在 0.98MPa 压力或通过热水使用时，60℃的热水条件下。

2）热水盘管在 0.98MPa 压力、130℃的热水条件下。

3）热水盘管在 0.07MPa 压力、112℃的蒸气条件下。

第二节　活塞式制冷压缩机的运行操作

863. 制冷机组试运行是怎么要求的？

制冷机组安装完毕正式投入运行前，要按出厂技术文件和规范进行试运转工作。制冷设备试运转前，要求对设备及其附属装置进行全面检查，符合要求后方可进行试运转。

制冷机组试运行需要进行全面检查的主要工作内容是：

（1）相关的电气、管道或其他专业的安装工程已结束，电气控制系统检验已完成，试运转准备工作就绪，现场已清理完毕，人员组织已落实。

（2）试运转前必须检查电动机转向、润滑部位的油脂等情况，要符合要求。有关保护装置应安全可靠、工作正常。

（3）在试运转时，附属系统应运转正常，压力、流量、温度等均符合设备随机技术文件的规定。

（4）严格按顺序进行运转，即应先无负荷，后负荷；先从部件开始，由部件至组件，由组件到单台设备试运转，然后进行联动试车。

（5）水泵必须带负荷试车。运转中不应有不正常的声音，密封部位不得有泄漏，各固件不得有松动，水泵轴承温升符合设备随机技术文件的规定。

（6）风机、水泵叶轮旋转方向必须正确，测试其转速，并保持在额定转速下试运转时间不得少于 2h。

（7）运转中不应有异常振动和声响，各静密封处不得泄漏，紧固连接部位不应松动。

（8）测试制冷机轴承温升，滑动轴承的最高温度不得超过 70℃，滚动轴承的最高温度不得超过 75℃。

（9）试运转时须测试设备的运转噪声值是否满足产品说明书和有关规范要求。

（10）电动机的运行电流和功率不应超过额定值。

（11）冷却塔单机试车应按照厂家说明书并在厂家指导下进行，测试其运转参数进行记录，并测试其运转噪声值于允许噪声水平相比较。

（12）冷水机组的空气负荷试运转必须在厂家技术人员的配合和指导下进行。

（13）冷水机组一般应在制造厂已充灌好制冷剂，并提供充灌证明；如未充灌制冷剂，应要求厂商现场安装时充灌制冷剂。

864. 制冷机组负荷试运转前怎么做准备工作？

（1）应按设备技术文件的规定冲洗润滑系统。

（2）加入油箱的冷冻机油规格及油面高度应符合技术文件的要求。

（3）抽气回收装置中压缩机的油位应正常，转向应正确，运转应无异常现象。

（4）各保护继电器的整定值应整定正确。

（5）各类压缩机的能量调节装置开度，应按设备技术文件的要求调整一致。

865. 制冷机组带负荷试运转是怎么要求的？

（1）制冷机组润滑油系统应清洗干净，加入冷冻机油的规格及数量应符合随机文件的要求。

（2）制冷机组水系统应按要求供冷却水。

（3）制冷机组起动油泵及调节润滑系统，其供油系统工作状态应正常。

（4）制冷机组电气系统工作正常，保护继电器整定值正确，油箱电加热运行正常。

（5）瞬间点动电动机的检查。转向应正确，其转动应无阻滞现象。

（6）起动压缩机，当制冷机组的电动机为水冷却时，其连续运转时间不应小于0.5h；当机组的电动机为氟冷却时，其连续运转时间不应大于10min；同时检查油温、油压，轴承部位的温升，制冷机组的声响和振动均应正常。

（7）制冷机组能量调节装置启闭应灵活、可靠。

866. 调试前活塞式压缩机怎么检查？

（1）检查压缩机曲轴箱的油位是否合乎要求，油质是否清洁。

（2）通过储液器的液面指示器观察制冷剂的液位是否正常，一般要求液面高度应在示液镜的1/3～2/3处。

（3）开启压缩机的排气阀及高、低压系统中的有关阀门，但压缩机的吸气阀和储液器上的出液阀可先暂不开启。

（4）检查制冷压缩机组周围及运转部件附近有无妨碍运转的因素或障碍物。对于开启式压缩机可用手盘动联轴器数圈，检查有无异常。

（5）对具有手动卸载—能量调节的压缩机，应将能量调节阀的控制手柄放在最小能量位置。

（6）接通电源，检查电源电压。

（7）开启冷却水泵（冷凝器冷却水、汽缸冷却水、润滑油冷却水等）。对于风冷式机组，开启风机运行。

（8）调整压缩机高、低压力继电器及温度控制器的设定值，使其指示值在所要求的范围内。压力继电器的压力设定值应根据系统所使用的制冷剂、运转工况和冷却方式而定，一般在使用R22为制冷剂时，高压设定范围为1.5～1.7MPa。

（9）开启冷媒水泵，使蒸发器中的冷媒水循环起来。

（10）检查制冷系统中所有管路系统，确认制冷管道无泄漏。水系统不允许有明显的漏水现象。

867. 活塞式压缩机试机起动怎样操作？

（1）开启式压缩机起动准备工作结束以后，向压缩机电动机瞬时通、断电，点动压缩机运行2～3次，观察压缩机电动机起动状态和转向，确认正常后，重新合闸正式起动压缩机。

（2）压缩机正式起动后逐渐开启压缩机的吸气阀，注意防止出现"液击"的情况。

（3）同时缓慢打开储液器的出液阀，向系统供液，待压缩机起动过程完毕，运行正常将出液阀开至最大。

（4）对于没有手动卸载—能量调节机构装置的压缩机，待压缩机运行稳定以后，应逐步调节卸载—能量调节机构，即每隔15min左右转换一个挡位，直到达到所要求的挡位为止。

（5）在压缩机起动过程中应注意观察：压缩机运转时的振动情况是否正常，系统的高低压及油压是否正常，电磁阀、自动卸载—能量调节阀、膨胀阀等工作是否正常等。待这些项目都正常后，起动工作结束。

868. 活塞式制冷压缩机起动运行后怎么管理？

当压缩机投入正常运行后，必须随时注意系统中各有关参数的变化情况，如压缩机的油压、吸气压力、排气压力、冷凝压力、排气温度、冷却水温度、冷媒水温度、润滑油温度、压缩机、电动机、水泵、风机电动机等的运行电流。同时，在运行管理中还应注意以下情况的管理和监测：

（1）在运行过程中压缩机的运转声音是否正常，如发现不正常应查明原因，及时处理。

（2）在运行过程中，如发现汽缸有冲击声，则说明有液态制冷剂进入压缩机的吸气腔，此时应将能量调节机构置于空挡位置，并立即关闭吸气阀，待吸入口的霜层溶化后，使压缩机运行大约5～10min后，再缓慢打开吸气阀，调整至压缩机吸气腔无液体吸入且吸气管底部有结露状态时，可将吸气阀全部打开。

（3）运行中应注意监测压缩机的排气压力和排气温度，对于使用R12或R22的制冷压缩机，其排气温度不应超过130℃或145℃。

（4）运行中，压缩机的吸气温度一般应控制在比蒸发温度高5～15℃范围内。

（5）压缩机在运转中各摩擦部件温度不得超过70℃，如果发现其温度急剧升高或局部过热时，则应立即停机进行检查处理。

（6）随时检测曲轴箱中的油位、油温，若发现异常情况应及时采取措施处理。

869. 活塞式压缩机运行中怎么补充润滑油？

活塞式制冷压缩机在运行过程中，虽然大部分随排气被带走的冷冻润滑油，在油气分离器的作用下，会回到压缩机，但仍有一部分会随制冷剂的流动而进入整个系统，造成曲轴箱内冷冻润滑油减少，影响压缩机润滑系统的正常工作。因此，在运行中应注意观测油位的变化，随时进行补充。

活塞式制冷压缩机在运行过程中冷冻润滑油的补充操作方法是：当曲轴箱中的油位低于油面指示器的下限时，可采用手动回油方法，观察油位能否回到正常位置。若仍不能回到正常位置，则应进行补充润滑油的工作。补油时应使用与压缩机曲轴箱中的润滑油同标号、同牌号的冷冻润滑油。加油时，将加氟管一端拧紧在曲轴箱上端的加油阀上，另一端用手捏住管口放入盛有冷冻润滑油的容器中。将压缩机的吸气阀关闭，待其吸气压力降低到 0 时（表压），同时打开加油阀，并松开捏紧加油管的手，润滑油即可被吸入曲轴箱中，待从视油镜中观测油位达到要求后，关闭加油阀，然后缓慢打开吸气阀，使制冷系统逐渐恢复正常运行。

870. 活塞式压缩制冷系统存有空气特征是什么？

制冷系统在运行过程中会因各种原因使空气混入系统中，由于系统混有了空气，将会导致压缩机的排气压力和排气温度升高，造成系统能耗的增加，甚至造成系统运行事故。因此，应在运行中要及时排放系统中的空气。

制冷系统中混有空气后的特征为：压缩机在运行过程中高压压力表的表针出现剧烈摆动，排气压力和排气温度都明显高于正常运行时的参数值。

871. 活塞式压缩制冷系统"排空"怎么操作？

对于氟利昂制冷系统，由于氟利昂制冷剂的密度大于空气的密度。因此，当氟利昂制冷系统中有空气存在时，一般会聚集在储液器或冷凝器的上部。所以，氟利昂制冷系统在运行过程中"排空"可这样操作：

关闭储液器或冷凝器的出液阀（事先应将电气控制系统中的压力继电器短路，以防止它的动作导致压缩机无法运行），使压缩机继续运行，将系统中的制冷剂全部收集到储液器或冷凝器中，在这一过程中让冷却水系统继续工作，将气态制冷剂冷却成为液态制冷剂。当压缩机的低压运行压力达到 0（表压）时，停止压缩机运行。

在系统停机约 1h 后，拧松压缩机排气阀的旁通孔丝堵，调节排气阀至三通状态，使系统中的空气从旁通孔逸出。若在储液器或冷凝器的上部设有排气阀时，可直接将排气阀打开进行"排空"。在放气过程中可将手背放在气流出口，感觉一下排气温度。若感觉到气体较热或为正常温度，则说明排出的基本上是空气；若感觉排出的气体较凉，则说明排出的是制冷剂，此时应立即关闭排气阀口，排气工作可基本告一段落。

872. 活塞式压缩制冷系统"排空"效果怎么检验?

为检验"排空"效果,可在"排空"工作告一段落后,恢复制冷系统运行(同时将压力继电器电路恢复正常)后,再观察一下运行状态。若高压压力表不再出现剧烈摆头,冷凝压力和冷凝温度在正常值范围内,可认为"排空"工作已达到目的。若还是发现存有空气的现象,就应继续进行"排空"工作。

873. 制冷系统在运行中怎么调节?

制冷系统在运行中的调节,要对系统中蒸发温度和压力,冷凝温度和压力,吸、排气温度和压力及制冷剂液体的过冷度等进行调节,其中最基本的调节参数是蒸发温度和蒸发压力,冷凝温度和冷凝压力的调节。

874. 制冷系统在运行中怎样进行蒸发温度调节?

在制冷系统中,蒸发温度的确定应能满足空调系统运行的要求。若空调系统采用水冷式表面冷却器处理空气,进入表面冷却器的水温要求 7℃时,则制冷系统中蒸发温度应为 2℃左右。在制冷系统的运行中,一般是通过蒸发器上的压力表读数,根据所使用的制冷剂热力性质来确定其蒸发温度,因此对制冷系统中蒸发温度的调节实质上是对其蒸发压力的调节。

制冷系统运行中蒸发温度和蒸发压力的调节是通过调节进入蒸发器中的液体制冷剂量实现的。制冷系统中的节流阀开度过小,就会造成供液量的不足,则蒸发温度和压力下降。同时由于供液量的不足,则蒸发器上部空出部分蒸发空间,该部分空间面积将会成为蒸发气体的加热器,使气体过热,从而使压缩机的吸、排气温度升高。相反,如果节流阀开度过大,则系统供液量过多,蒸发器内充满制冷剂液体,则蒸发压力和温度都升高,压缩机就可能发生湿压缩。

因此,在空调制冷系统运行中,恰当和随时调节蒸发温度是保证系统正常运行,满足空调运行所需,经济合理的重要措施之一。

875. 制冷系统在运行中怎样进行冷凝温度调节?

在制冷系统运行中一般应避免冷凝压力和温度的过高,因为过高的冷凝压力和温度不但会降低系统的制冷量,还会过多的消耗电能。一般常采用降低冷凝温度和压力来提高系统的制冷量,降低压缩机的功耗。

在实际制冷系统的运行管理中,可采用增加冷却水量或降低冷却水温,或同时增加冷却水量而又降低冷却水温来实现冷凝温度和压力的降低。

在制冷系统中,冷凝温度一般并不是直接用温度计测量出来的,而是通过冷凝器上的压力表读数(在排气阻力较小时,也可用排气压力读数),由制冷剂热力性质表中查出。

876. 制冷压缩机的吸气温度与哪些因素有关？

制冷压缩机的吸气温度一般是从吸气阀前的温度计读出，它应稍高于蒸发温度。吸气温度的变化主要与制冷系统中节流阀的开启大小及制冷剂循环量的多少有关，另外吸气管路过长和保温效果较差也是吸气温度变化的一个因素。

制冷剂在一定压力下蒸发吸收冷媒的热量后而成为蒸气，沿吸气管路进入压缩机吸气腔的。对压缩机而言，吸入干饱和蒸气（既无过热度，而又无过湿度）是最为有利的，效率最高。但在实际的运行中，为了保证压缩机的安全运行，防止液压缩和增加吸气管路保温层的造价过高，一般要求吸气温度的过热度在 3～5℃ 范围内较好。吸气温度过低说明液态制冷剂在蒸发器中汽化不充分，进入压缩机的湿蒸气就有造成"液击"的可能。

877. 制冷压缩机压缩比与排气温度有什么关系？

制冷压缩机的排气温度与系统的吸气温度、冷凝温度、蒸发温度及制冷剂的性质有关。在冷凝温度一定时，蒸发温度越低，蒸发压力也越低，制冷压缩比 p_k/p_0 就越大，则排气温度就越高；若蒸发温度一定时，冷凝温度越高，其压缩比也越大，排气温度也越高；若蒸发温度与冷凝温度均保持不变，则因使用的制冷剂性质不同，其排气温度也不同。

各种型号的活塞式制冷压缩机，为了保证运行的安全、可靠，都规定了各自的最高排气温度和压缩比。一般单级制冷压缩机的排气温度不超过 130～145℃，如无资料可查时，对于单级制冷压缩机的排气温度可按下式计算（t_0、t_k 计算时只取其绝对值）

$$t_p = (t_0 + t_k) \times 2.4℃$$

活塞式制冷机组在运行中，如果排气温度太高，会给制冷压缩机带来不良的后果，如耗油量增加。当排气温度接近润滑油的闪点温度时，将会使润滑油发生炭化，形成固体状而混入制冷系统中，影响阀片的正常工作，造成压缩机的吸、排气阀关闭不严密，直接影响压缩机的正常工作；同时也会使排气阀片、阀簧、安全压板弹簧等零件在高温状态下疲劳，加速老化，缩短使用寿命。

878. 制冷系统液态制冷剂过冷度怎么调节？

在制冷系统的运行中，为提高制冷循环的经济性和制冷剂的制冷系数，同时有利于制冷系统的稳定运行。对进入制冷压缩机吸气腔的低压蒸气进行过热，可防止进入压缩机汽缸中的低压蒸气携带液滴，避免"液击"现象的产生。通过换热器后制冷剂液体的过冷度与进入换热器的低温低压制冷剂气体的温度和蒸气量有直接关系，而经过换热器后进入压缩机吸气腔中气体的过热度取决于通过换热器盘管中液态制冷剂的温度和液体量。因此，可用减小出换热器的液体制冷剂与气态制冷剂之间的温差来满足液态过冷度和气态过热度的要求。

879. 制冷压缩机产生湿行程时怎样调节？

活塞式制冷压缩机在运行中发生湿冲程是因为大量制冷剂的液体进入汽缸形成的。若不及时进行调整，将会导致压缩机毁坏。

活塞式制冷压缩机正常运行时发出轻而均匀的声音，而发生湿冲程时，制冷压缩机的声音将会变得沉重且不均匀。

制冷压缩机在运行中发生湿冲程的调节方法是：立即关闭制冷系统中的供液阀，关小压缩机的吸气阀。如果此时湿冲程现象不能消除，可关闭压缩机的吸气阀，待压缩机排气温度上升，可再打开压缩机吸气阀，但必须注意运转声音与排气温度。

若在系统的回气管中存有液体制冷剂时，可采用压缩机间歇运行的办法来处理，同时注意吸气阀的开度大小，以避免"液击"的发生，使回气管道中的制冷剂液体不断汽化，以致最后完全排除。当排气温度上升达 70℃ 以上后，再缓慢地、时开时停地打开压缩机吸气阀，恢复压缩机的正常运行。

若在处理湿冲程的过程中，压缩机的油压和油温明显降低，使润滑油的黏度变大，润滑条件恶化，为避免压缩机机件的严重磨损，一般可采取加大曲轴箱中油冷却器内水的流量和温度，使进入曲轴箱的液态制冷剂迅速汽化，提高曲轴箱内油的温度，防止油冷却器管组的冻裂。

880. 活塞式制冷压缩机的正常运行标志内容是什么？

(1) 压缩机在运行时其油压应比吸气压力高 0.1～0.3MPa。

(2) 曲轴箱上若有一个视油孔时，油位不得低于视油孔的 1/2；若有两个视油孔时，油位不超过上视孔的 1/2，不低于下视孔的 1/2。

(3) 曲轴箱中的油温一般应保持在 40～60℃，最高不得超过 70℃。

(4) 压缩机轴封处的温度不得超过 70℃。

(5) 压缩机的排气温度，视使用的制冷剂不同而不同。采用 R12 制冷剂时不超过 130℃，采用 R22 制冷剂时不超过 145℃。

(6) 压缩机的吸气温度比蒸发温度高 5～15℃。

(7) 压缩机的运转声音清晰均匀且又有节奏，无撞击声。

（8）压缩机电动机的运行电流稳定，机温正常。

（9）装有自动回油装置的油分离器能自动回油。

881. 活塞式制冷机手动正常停机怎么操作？

氟利昂活塞式制冷压缩机正常的停机操作对于装有自动控制系统的压缩机由自动控制系统来完成，对于手动控制系统则可按下述程序进行：

（1）在接到停止运行的指令后，首先关闭储液器或冷凝器的出口阀（即供液阀）。

（2）待压缩机低压压力表的表压力接近于零，或略高于大气压力时（大约在供液阀关闭 10～30min 后，视制冷系统蒸发器大小而定），关闭吸气阀，停止压缩机运转，同时关闭排气阀。如果由于停机时机掌握不当，而使停机后压缩机的低压压力低于 0 时，则应适当开启一下吸气阀，使低压压力表的压力上升至 0，以避免停机后，由于曲轴箱密封不好而导致外界空气的渗入。

（3）停冷媒水泵、回水泵等，使冷媒水系统停止运行。

（4）在制冷压缩机停止运行 10～30min 后，关闭冷却水系统，停止冷却水泵、冷却塔风机工作，使冷却水系统停止运行。

（5）关闭制冷系统上各阀门。

（6）为防止冬季可能产生的冻裂故障，应将系统中残存的水放干净。

882. 制冷设备运行中突然停电怎么操作？

制冷设备在正常运行中，突然停电时，首先应立即关闭系统中的供液阀，停止向蒸发器供液，避免在恢复供电而重新起动压缩机时，造成"液击"故障。接着应迅速关闭压缩机的吸、排气阀。

恢复供电以后，可先保持供液阀为关闭状态，按正常程序起动压缩机，待蒸发压力下降到一定值时（略低于正常运行工况下的蒸发压力），可再打开供液阀，使系统恢复正常运行。

883. 制冷设备运行中冷却水突然中断怎么操作？

制冷系统在正常运行工况条件下，因某种原因，突然造成冷却水供应中断时，应首先切断压缩机电动机的电源，停止压缩机的运行，以避免高温高压状态的制冷剂蒸气得不到冷却，而使系统管道或阀门出现爆裂事故。之后关闭供液阀、压缩机的吸、排气阀，然后再按正常停机程序关闭各种设备。

在冷却水恢复供应以后，系统重新起动时可按停电后恢复运行时的方法处理。但如果由于停水而使冷凝器上的安全阀动作过，就还须对安全阀进行试压一次。

884. 制冷设备运行中冷媒水突然中断怎么操作？

制冷系统在正常运行工况条件下，因某种原因，突然造成冷媒水供应中断时，首先应关闭供液阀（储液器或冷凝器的出口控制阀）或节流阀，停止向蒸发器供应液态制冷剂。关闭压缩机的吸气阀，使蒸发器内的液态制冷剂不再蒸发或蒸发压力高于0℃时制冷剂相对应的饱和压力。继续开动制冷压缩机使曲轴箱内的压力接近或略高于0时，停止压缩机运行，然后其他操作再按正常停机程序处理。

当冷媒水系统恢复正常工作以后，可按突然停电后又恢复供电时的起动方法处理，恢复冷媒水系统正常运行。

885. 制冷设备运行中突遇火情怎么操作？

在制冷空调系统正常运行情况下，空调机房或相邻建筑发生火灾危及系统安全时，首先应切断电源，按突然停电的紧急处理措施使系统停止运行，同时向有关部门报警，并协助灭火工作。

当火警解除之后，可按突然停电后又恢复供电时的起动方法处理。恢复系统正常运行。

第三节 螺杆式制冷压缩机的运行操作

886. 螺杆式制冷压缩机的充氟怎么操作？

螺杆式制冷压缩机在安装或维修工作结束以后，完成了制冷系统检漏和抽真空工作，当机组的真空度达到要求以后，可向机组内充灌制冷剂，其操作方法是：

（1）打开机组冷凝器、蒸发器的进、出水阀门。

（2）起动冷却水泵、冷媒水泵、冷却塔风机工作，使冷却水系统和冷媒水系统处于正常的工作状态。

（3）将制冷剂钢瓶置于磅秤上称重，并记下总质量。

（4）将加氟管一头拧紧在氟瓶上，另一头与机组的加液阀虚接，然后打开氟瓶瓶阀。当看到加液阀与加氟管接口处有氟雾喷出时，就说明加氟管中的空气已排净，应迅速拧紧虚接口。

（5）打开冷凝器的出液阀、制冷剂注入阀、节流阀，关闭压缩机吸气阀，制冷剂在氟瓶与机组内压差作用下进入机组中。当机组内压力升至0.4MPa（表压）时，暂时将注入阀关闭，然后使用电子卤素检漏仪对机组的各个阀口和管道接口处进行检漏，在确认机组各处无泄漏点后，可将注入阀再次打开，继续向机组中充灌制冷剂。

（6）当机组内制冷剂压力和氟瓶内制冷剂压力平衡以后，可将压缩机的吸气阀稍微打开一些，使制冷剂进入压缩机内，直至压力平衡；然后可起动压缩机，按正常的开机程序，使机组处于正常的低负荷运行状态（此时应关闭冷凝器的出液阀），同时观察磅秤上的称量值。当达到充灌量后将氟瓶的瓶阀关闭，再将注入阀关闭，充灌制冷剂工作结束。

887. 螺杆式制冷压缩机首次充灌润滑油怎么操作？

向螺杆式制冷压缩机充灌冷冻润滑油的方法有两种情况：①机组内没有润滑油的首次加油方法；②机组内已有一部分润滑油，需要补充润滑油的操作方法。

螺杆式制冷压缩机首次充灌冷冻润滑油有以下三种常用方法：

（1）使用外油泵加油。将所使用的加油泵油管一端接在机组油粗过滤器前的加油阀上，另一端放入盛装冷冻润滑油的容器内，同时，将机组的供油止回阀和喷油控制阀关闭，打开油冷却器的出口阀和加油阀，然后起动加油泵，使冷冻润滑油经加油阀进入机组的油冷却器内，冷冻润滑油充满油冷却器后，将自动流入油分离器内，达到给机组加油的目的。

（2）使用机组本身油泵加油。操作时，将加油管的一端接在机组的加油阀上，另一端置于盛油容器内，开启加油阀及机组的喷油控制阀、供油止回阀，然后起动机组本身的油泵，将冷冻润滑油抽进系统内。

（3）真空加油法。真空加油法是利用制冷压缩机机组内的真空将冷冻润滑油抽入机组内的。操作时，要先将机组抽成一定程度的真空，将加油管的一端接在加油阀上，另一端放入盛有冷冻润滑油的容器中，然后打开加油阀和喷油控制阀，冷冻润滑油在机组内、外压差作用下被吸入机组内。

机组加油工作结束后，可起动机组的油泵，通过油压调节阀来调节油压，使油压维持在 0.3～0.5MPa（表压）范围。开启能量调节装置，检查能量调节在加载和减载时工作能否正常，确认正常后可将能量调节至零位，然后关闭油泵。

888. 怎么给螺杆式制冷机组补充润滑油？

螺杆式制冷机组在运行过程中，发现冷冻润滑油不足时的补油操作方法是：将氟利昂制冷剂全部抽至冷凝器中，使机组内压力与外界压力平衡，此时可采用利用机组本身油泵加油的操作方法向机组内补充冷冻润滑油。同时，应注意观察机组油分离器上的液面计，待油面达到标志线上端约 2.5cm 时，停止补油工作。

特别要注意的是：在进行补油操作中，压缩机必须处于停机状态。如果想在机组运行过程中进行补油操作，可将机组上的压力控制器调到"抽空"位置，用软管连接吸气过滤器上的加油阀，将软管的另一端插入盛油容器的油面以下，但不得插到容器底部；然后关小吸气阀，使吸气压力至真空状态，此时，可将加油阀缓缓打开，使冷冻润滑油缓慢地流入机组，达到加油量后关闭加油阀，调节吸气阀使机组进入正常工作状态。

889. 螺杆式压缩机试机前需要做哪些准备工作？

（1）将机组的高低压压力继电器的高压压力值调定到高于机组正常运行的压力值，低压压力值调定到低于机组正常运行的压力值；将压差继电器的调定值定到 0.1MPa（表压），使其能控制当油压与高压压差低于该值时自动停机，或机组的油过滤器前后压差大于该值时自动停机。

（2）检查机组中各有关开关装置是否处于正常位置。

（3）检查油位是否保持在视油镜 1/2～1/3 的正常位置上。

（4）检查机组中的吸气阀、加油阀、制冷剂注入阀、放空阀及所有的旁通阀是否处于关闭状态，但是机组中的其他阀门应处于开启状态。应重点检查位于压缩机排气口至冷凝器之间管道上的各种阀门是否处于开启状态，油路系统应确保畅通。

（5）检查冷凝器、蒸发器、油冷却器的冷却水和冷媒水路上的排污阀、排气阀是否处于关闭状态，而水系统中的其他阀门均应处于开启状态。

（6）检查冷却水泵、冷媒水泵及其出口调节阀、止回阀是否能正常工作。

890. 螺杆式制冷机组试运行起动程序及运转怎么调整？

螺杆式制冷机组试运行起动程序及运转调整方法是：

（1）起动冷却水泵、冷却塔风机，使冷却水系统正常循环。

（2）起动冷媒水泵并调整水泵出口压力使其正常循环。

（3）对于开启式机组，应先起动油泵，待工作几分钟后再关闭，然后用手盘动联轴器，观察其转动是否轻松。若不轻松，就应进行检查处理。

（4）检查机组供电的电源电压是否符合要求。

（5）检查系统中所有阀门所处的状态是否符合要求。

（6）闭合控制电柜总开关，检查操作控制柜上的指示灯能否正常亮。若有不亮者，就应查明原因及时排除。

（7）起动油泵，调节油压使其达到 0.5～0.6MPa，同时将手动四通阀的手柄分别转动到增载、停止、减载位置，以检验能量调节系统能否正常工作。

（8）将能量调节手柄置于减载位置，使滑阀退到零位，然后检查机组油温。若低于 30℃就应起动电加热器进行加热，使温度升至 30℃以上，停止电加热器，再起动压缩机运行，同时缓慢打开吸气阀。

（9）机组起动后检查油压，并根据情况调整油压，使它高于排气压力 0.15～0.3MPa。

（10）依次递进，进行增载试验，同时调节节流阀的开度，观察机组的吸气压力、排气压力、油温、油压、油位及运转声音是否正常。如无异常现象，就可对压缩机继续增载至满负荷运行状态。

891. 螺杆式制冷压缩机试机时要停机怎么办？

（1）机组第一次试运转时间一般以 30min 为宜。达到停机时间后，先进行机组的减载操作，使滑阀回到 40%～50%位置，关闭机组的供液阀，关小吸气阀，停止主电动机运行，然后再关闭吸气阀。

（2）待机组滑阀退到零位时，停止油泵运行。

（3）关闭冷却水水泵和凉水塔风机。

（4）待 10min 以后关闭冷媒水水泵。

892. 螺杆式制冷压缩机正常开机怎么操作？

螺杆式制冷压缩机在经过试运转操作，并对发现的问题进行处理后，即可进入正常运转操作程序。其操作方法是：

（1）确认机组中各有关阀门所处的状态是否符合开机要求。

（2）向机组电气控制装置供电，并打开电源开关，使电源控制指示灯亮。

（3）起动冷却水泵、冷却塔风机和冷媒水泵，应能看到三者的运行指示灯亮。

（4）检测润滑油油温是否达到 30℃。若未达到 30℃，就应打开电加热器进行加热，同时可起动油泵，使润滑油循环温度均匀升高。

（5）油泵起动运行以后，将能量调节控制阀置于减载位置，并确定滑阀处于零位。

（6）调节油压调节阀，使油压达到 0.5～0.6MPa。

（7）闭合压缩机，起动控制电源开关，打开压缩机吸气阀，经延时后压缩机起动运行，在压缩机运行以后进行润滑油压力的调整，使其高于排气压力 0.15～0.3MPa。

（8）闭合供液管路中的电磁阀控制电路，起动电磁阀，向蒸发器供液态制冷剂，将能量调节装置置于加载位置，并随着时间的推移，逐级增载，同时观察吸气压力，通过调节膨胀阀，使吸气压力稳定在 0.36～0.56MPa（表压）范围内。

（9）压缩机运行以后，当润滑油温度达到 45℃时断开电加热器的电源，同时打开油冷却器的冷却水的进、出口阀，使压缩机运行过程中，油温控制在 40～55℃范围内。

（10）若冷却水温较低，可暂时将冷却塔的风机关闭。

（11）将喷油阀开启 1/2～1 圈，同时应使吸气阀和机组的出液阀处于全开位置。

（12）将能量调节装置调节至 100% 的位置，同时调节膨胀阀使吸气过热度保持在 6℃以上。

893. 螺杆式制冷机组在运行中怎么检查？

螺杆式制冷机组投入运行后，应做如下检查，确保机组安全运行：

（1）冷媒水泵、冷却水泵、冷却塔风机运行时的声音、振动情况，水泵的出口压力、水温等各项指标是否在正常工作参数范围内。

（2）润滑油的油温是否在 60℃以下，油压是否高于排气压力 0.15～0.3MPa，油位是否正常。

（3）压缩机处于满负荷运行时，吸气压力值是否在 0.36～0.56MPa 范围内。

（4）压缩机的排气压力是否在 1.55MPa 以下，排气温度是否在 100℃以下。

（5）压缩机运行过程中，电动机的运行电流是否在规定范围内。若电流过大，就应调节至减载运行，防止电动机由于运行电流过大而烧毁。

（6）压缩机运行时的声音、振动情况是否正常。

上述各项中，若发现有不正常情况时，就应立即停机，查明原因，排除故障后，再重新起动机组。切不可带着问题让机组运行，以免造成重大事故。

894. 螺杆式压缩机运行中油压和油温怎么调节？

螺杆式压缩机在运行中油压和油温的调节方法是：

（1）螺杆式压缩制冷机组运行中油压的调节。螺杆式压缩制冷系统运行中油压的调节是通过调节油压调节阀开度的大小来实现的。当机组运行中油压偏低时，可顺时针转动阀杆，油压偏高时，可逆时针转动阀杆。

油压调节阀在系统运行中，调节润滑油的压力，保证油压高于排气压力 0.15～0.3MPa，使机组的有关部位得到良好的润滑，保证机组的正常运转，使过量的润滑油回到油冷却器中。

油压调节阀的阀体为一筒形零件，来自油泵的高压油由端部的进油口进入，由侧面的出油口流出，阀头被一弹簧压在阀口上，弹簧变形的大小决定了调节后油压的大小。当阀杆顺时针转动时，使弹簧受到压缩，油压上升，如果阀杆逆时针转动时，使弹簧变形减小，阀头在油压力的作用下向右移动，油压降低。

（2）油温的调整。螺杆式制冷压缩机组在运行中，规定了油温不得低于30℃，也不得高于60℃。其油温的调整是由油分离器中的电加热器和油冷却器来实现的。

如果油温偏低，可开启油分离器中的电加热器对其加热升温；如果油温过高，可加大进入油冷却器内的冷却水量或降低冷却水温度，或既加大冷却水量又降低冷却水温。

895. 螺杆式制冷机组制冷量怎么调整？

螺杆式制冷压缩机组制冷量的调节是通过安装在制冷压缩机内的滑阀控制装置来实现的。滑阀的位置受油活塞位置控制。手动四通阀有增载、停止和减载三个手柄位置。

对于未装电磁四通阀或装有电磁四通阀但处于不工作状态的机组，当油压处于正常状态时，可将手动四通阀的手柄置于增载位置，此时能量指针指示为100%，工作腔的有效长度最大。

如果在增载过程中，根据需要将手动四通阀旋向中间定位位置，油活塞在前后腔压力相同，滑阀位置相应确定，从而实现能量的无级调节。

如果将手动四通阀旋向减载位置，此时工作腔的有效长度最短，相应的压缩机能量最小，为全负荷的15%，而指示针在表板上的指示为"0"位。

采用滑阀调节可使机组的制冷量在15%～100%无级调节。滑阀所在的位置可通过制冷量指示器上的指针或仪表箱上的制冷量指示仪表指示出来。当制冷量逐渐减少时，电动机的功率消耗也相应减少。但要注意，机组上能量指示百分比只代表滑阀的位置及制冷量大小的变化，而不等于制冷量的百分比。

896. 螺杆式压缩机内容积比怎么调节？

根据机组运行的工况计算外压力比为

$$外压力比 = \frac{冷凝压力}{蒸发压力} = \frac{排气压力 + 0.1}{吸气压力 + 0.1}$$

压力单位为 MPa。

开动油泵，将四通阀调至增载位置，使滑阀左移贴紧可调滑阀，此时可检查能量指示装置指针所指示压力比数值是否等于外压力比，如内压力比与外压力比不相等，则应进行调节。

将四通阀调至减载位置，使滑阀离开可调滑阀，当能量指针指向所需调定压力比时，可将四通阀旋向定位位置，然后卸下调节丝杆的密封帽，缓慢旋转调节丝杆，顺时针旋转时压力比减小，逆时针旋转时压力比增加，直至与可调滑阀相贴合。调节结束后，可将滑阀减载一部分后再次增载，使滑阀贴紧可调滑阀，此时检查能量指针指示数值与外压力比是否相等，如内外压力比不等，可再重复调节，直至相等为止。操作完毕装上密封帽，内容积比调节结束，之后可再按正常程序开车。在建议有可能时，最好停车进行调节。

螺杆式制冷压缩机起动运行起来以后，应注意观测其运行中的主要工作参数，看其工作状态是否正常。

897. 螺杆式制冷压缩机正常运行的标志是什么？

(1) 压缩机排气压力为 $10.8 \times 10^5 \sim 14.7 \times 10^5$ Pa（表压）。

(2) 压缩机排气温度为 $45 \sim 90℃$，最高不得超过 $105℃$。

(3) 压缩机的油温为 $40 \sim 55℃$。

(4) 压缩机的油压为 $1.96 \times 10^5 \sim 2.94 \times 10^5$ Pa（表压）。

(5) 压缩机的运行电流在额定值范围内，以免因运行电流过大而造成压缩机电动机的烧毁。

(6) 压缩机运行过程中声音应均匀、平稳，无异常声音。

(7) 机组的冷凝温度应比冷却水温度高 $3 \sim 5℃$，冷凝温度一般应控制在 $40℃$ 左右，冷凝器进水温度应在 $32℃$ 以下。

(8) 机组的蒸发温度应比冷媒水的出水温度低 $3 \sim 4℃$，冷媒水出水温度一般为 $5 \sim 7℃$。

898. 螺杆式制冷压缩机紧急停机怎么操作？

螺杆式制冷压缩机在正常运行管理过程中，如发现异常现象，为保护机组安全，就应实施紧急停机。其操作方法是：①停止压缩机运行；②关闭压缩机的吸气阀；③关闭机组供液管上的电磁阀及冷凝器的出液阀，停止向蒸发器供液；④停止油泵工作；⑤关闭油冷却器的冷却水进水阀；⑥停止冷媒水泵、冷却水泵和冷却塔风机；⑦切断总电源。

899. 螺杆式制冷压缩机出现故障自动停机怎么操作？

螺杆式制冷压缩机在运行过程中，若机组的压力、温度值超过规定值范围时，机组控制系统中的保护装置会发挥作用，自动停止压缩机工作，这种现象称为机组的自动停机。

螺杆式制冷压缩机机组自动停机时，其机组的电气控制板上相应的故障指示灯会点亮，以指示发生故障的部位。遇到此种情况发生时，主机停机后，其他部分的停机操作可按紧急停机方法处理。在完成停机操作工作后，应对机组进行检查，待排除故障后才可以按正常的起动程序进行重新起动运行。

900. 螺杆式压缩机机组长期停机操作是怎么要求的？

由于用于中央空调冷源的螺杆式制冷压缩机是季节性运行，因此，机组的停机时间较长。为保证机组的安全，在季节停机时，可按以下方法进行停机操作：

（1）在机组正常运行时，关闭机组的出液阀，使机组进行减载运行，将机组中的制冷剂全部抽至冷凝器中。为使机组不会因吸气压力过低而停机，可将低压压力继电器的调定值调为 0.15MPa。当吸气压力降至 0.15MPa 左右时，压缩机停机，当压缩机停机后，可将低压压力值再调回。

（2）将停止运行后的油冷却器、冷凝器、蒸发器中的水卸掉，并放干净残存水，以防冬季冻坏其内部的传热管。

（3）关闭好机组中的有关阀门，检查是否有泄漏现象。

（4）每星期应起动润滑油油泵运行 10～20min，以使润滑油能长期均匀地分布到压缩机内的各个工作面，防止机组因长期停机而引起机件表面缺油，造成重新开机时的困难。

第四节　离心式制冷压缩机的运行操作

901. 离心式压缩机起动前压力检漏试验怎么操作？

压力检漏是指将干燥的氮气充入离心式制冷压缩机的系统内，通过对其加压来进行检漏的方法。其具体操作方法是：

（1）充入氮气前关闭所有通向大气的阀门。

（2）打开所有连接管路、压力表、抽气回收装置的阀门。

（3）向系统内充入氮气。充入氮气的过程可分成两步进行。第一步先充入氮气，至压力为 0.05～0.1MPa 时止，检查机组有无大的泄漏。确认无大的泄漏后，再加压。第二步对于使用 R12、R22、R134G 为制冷剂的机组，可加压至 1.2MPa 左右（对使用 R11、R123 机组加压至 0.15MPa 左右为宜）。若机组装有防爆片装置的，则氮气压力应小于防爆片的工作压力。

充入氮气工作结束后，可用肥皂水涂抹机组的各接合部位、法兰、填料盖、焊接处，检查有无泄漏，若有泄漏疑点就应做好记号，以便维修时用。对于蒸发器和冷凝器的管板法兰处的检查，应卸下水室端盖进行检查。

在检查中若发现有微漏现象，为确定是否泄漏，可向系统内充入少量氟利昂制冷剂，使氟利昂制冷剂与氮气充分混合后，再用电子检漏仪或卤素检漏灯进行确认性检漏。

在确认机组各检测部位无泄漏以后，应进行保压试漏工作，其要求是：在保压试漏的24h内，前6h机组的压力下降应不超过2%，其余18h应保持压力稳定。若考虑环境温度变化对压力值的影响，可按下式计算压力变化的波动值 Δp

$$\Delta p = p_1 \frac{273 + t_2}{273 + t_1}$$

式中：p_1 为试验开始时机组内的压力，Pa；t_1 为试验开始时的环境温度，℃；t_2 为试验结束时的环境温度，℃。

902. 离心式压缩机起动前机组干燥除湿怎么操作？

离心式制冷压缩机起动前压力检漏合格后，下一步工作是对机组进行干燥除湿。干燥除湿的方法有两种：①真空干燥法；②干燥气体置换法。

真空干燥法的具体操作方法是：用高效真空泵将机组内压力抽至 666.6~1333.2Pa 的绝对压力，此时水的沸点降至 1~10℃，使水的沸点远低于当地温度，造成机组内残留的水分充分汽化，并被真空泵排出。

干燥气体置换法的具体方法是：利用真空泵将机组内抽成真空状态后，充入干燥氮气，促成机组内残留的水分汽化，通过观察 U 形水银压力计水银柱高度的增加状况，反复抽真空充氮气 2~3 次，以达到除湿目的。

903. 离心式压缩机起动前真空检漏试验怎么操作？

机组的真空度应保持在 1333Pa 的水平。真空检漏试验的操作方法是：

将机组内部抽成绝对压力为 2666Pa 的状态，停止真空泵的工作，关闭机组连通真空泵的波纹管阀，等待 1~2h 后，若机组内压力回升，可再次起动真空泵抽空至绝对压力 2666Pa 以下，以除去机组内部残留的水分或制冷剂蒸气。若如此反复多次后，机组内压力仍然上升，可怀疑机组某处存在泄漏，应重做压力检漏试验。

从停止真空泵最后一次运行开始计时，若 24h 后机组内压力不再升高，可认为机组基本上无泄漏，可再保持 24h。若再保持 24h 后，机组内真空度的下降总差值不超过 1333Pa，就可认为机组真空度合格。若机组内真空度的下降超过 1333Pa，则需要继续做压力检验直到合格为止。

904. 离心式制冷压缩机组怎么进行加油操作？

离心式制冷压缩机在压力检漏和干燥处理工作程序完成以后，在制冷剂充灌之前进行冷冻润滑油的充灌工作，其操作方法是：

（1）将加油用的软管一端接在油泵油箱（或油槽）的润滑油充灌阀上，另一端的端头上用 300 目铜丝过滤网包扎好后，浸入油桶（罐）之中。开启充灌阀，靠机组内、外压力差将润滑油吸入机组中。

（2）对使用 R134a（或 R123）机组，初次充灌的润滑油油位标准是从视油镜上可看到油面高度为 5～10mm。因为当制冷剂充入机组后，制冷剂在一定温度、压力下溶于油中使油位上升。机组中若油位过高，就会淹没增速箱及齿轮，造成油溅，使油压剧烈波动，进而使机组无法正常运行。而对使用 R22 的机组，由于润滑油与制冷剂互溶性差，所以可一次注满。

（3）冷冻润滑油初次充灌工作完成后，应随即接通油槽下部的电加热器，加热油温至 50～60℃后，电加热器投入"自动"操作。润滑油被加热以后，溶入油中的制冷剂会逐渐逸出。当制冷剂基本逸出后，油位处于平衡状态时，润滑油的油位应在视镜刻度中线±5mm 的位置上。若油量不足，就应再接通油罐，进行补充。

（4）进行补油操作时，由于机组中已有制冷剂，使机组内压力大于大气压力，此时，可采用润滑油充填泵进行加油操作。

905. 离心式制冷压缩机充氟怎么操作？

离心式制冷压缩机在完成了充灌冷冻润滑油的工作程序后，下一步应进行制冷剂的充灌操作，其操作方法是：

（1）用铜管或 PVC（聚氯乙烯）管的一端与蒸发器下部的加液阀相连，而另一端与制冷剂储液罐顶部接头连接，并保证有良好的密封性。

（2）加氟管（铜管或 PVC 管）中间应加干燥器，以去除制冷剂中的水分。

（3）充灌制冷剂前应对油槽中的润滑油加温至 50～60℃。

（4）若在制冷压缩机处于停机状态时充灌制冷剂，可起动蒸发器的冷媒水泵（加快充灌速度及防止管内静水结冰）。初灌时，机组内应具有 0.866×10^5 Pa 以上的真空度。

（5）随着充灌过程的进展，机组内的真空度下降，吸入困难时（当制冷剂已浸没两排传热管以上时），可起动冷却水泵运行，按正常起动操作程序运转压缩机（进口导叶开度为 15%～25%，避开喘振点，但开度又不宜过大），使机组内保持 0.4×10^5 Pa 的真空度，继续吸入制冷剂至规定值。

在制冷剂充灌过程中，当机组内真空度减小，吸入困难时，也可采用吊高制冷剂钢瓶提高液位的办法继续充灌，或用温水加热钢瓶。但切不可用明火对钢瓶进行加热。

（6）充灌制冷剂过程中应严格控制制冷剂的充灌量。各机组的充灌量均标明在《使用说明书》及《产品样本》上。机组首次充入量约为额定值的50%左右。待机组投入正式运行时，根据制冷剂在蒸发器内的沸腾情况再作补充。

制冷剂一次充灌量过多，会引起压缩机内出现"带液"现象，造成主电动机功率超负荷和压缩机出口温度急剧下降。而机组中制冷剂充灌量不足，在运行中会造成蒸发温度（或冷媒水出口温度）过低而自动停机。

906. 离心式制冷压缩机负荷试机前的检查及准备工作怎么做？

（1）检查主电源、控制电源、控制柜、起动柜之间的电气线路和控制管路，确认接线正确无误。

（2）检查控制系统中各调节项目、保护项目、延时项目等的控制设定值，应符合技术说明书上的要求，并且要动作灵活、正确。

（3）检查机组油槽的油位，油面应处于视镜的中央位置。

（4）油槽底部的电加热器应处于自动调节油温位置，油温应在 50～60℃范围内；点动油泵使润滑油循环，油循环后油温下降应继续加热使其温度保持在 50～60℃范围，应反复点动多次，使系统中的润滑油温超过 40℃以上。

（5）开启油泵后调整油压至 0.196～0.294MPa。

（6）检查蒸发器视液镜中的液位，看是否达到规定值。若达不到规定值，就应补充，否则，不准开机。

（7）起动抽气回收装置运行 5～10min，并观察其电动机转向。

（8）检查蒸发器、冷凝器进出水管的连接是否正确，管路是否畅通，冷媒水、冷却水系统中的水是否灌满，冷却塔风机能否正常工作。

（9）将压缩机的进口导叶调至全闭状态，能量调节阀处于"手动"状态。

（10）起动蒸发器的冷媒水泵，调整冷媒水系统的水量和排除其中的空气。

（11）起动冷凝器的冷却水泵，调整冷却水系统的水量和排除其中的空气。

（12）检查控制柜上各仪表指示值是否正常，指示灯是否亮。

（13）抽气回收装置未投入运转或机组处于真空状态时，它与蒸发器、冷凝器顶部相通的两个波纹管阀门均应关闭。

（14）检查润滑油系统，各阀门应处于规定的启闭状态，即高位油箱和油泵油箱的上部与压缩机进口处相通的气相平衡管应处于贯通状态。油引射装置两端波纹管阀应处于暂时关闭状态。

（15）检查浮球阀是否处于全闭状态。

（16）检查主电动机冷却供、回液管上的波纹管阀，抽气回收装置中回收冷却供、回液管上波纹管阀等供应制冷剂的各阀门是否处于开启状态。

（17）检查各引压管线阀门、压缩机及主电动机气封引压阀门等是否处于全开状态。

907. 离心式制冷压缩机负荷试机怎么操作？

（1）起动冷却水泵和冷媒水泵。

（2）打开主电动机和油冷却水阀，向主电动机冷却水套及油冷却器供水。

（3）起动油泵，调节油压，使油压（表压）达到 $19.6 \times 10^5 \sim 29.6 \times 10^5$ Pa。

（4）起动抽气回收装置。

（5）检查导叶位置及各种仪表。

（6）起动主电动机，开启导叶，达到正常运行。

在确认机组一切正常后，可停止负荷试机，以便为正式起动运行做准备。

908. 离心式制冷压缩机负荷试机停机怎么操作？

（1）停止主电动机工作，待完全停止运转后再停油泵。

（2）停止冷却水泵和冷媒水泵运行，关闭供水阀。

（3）根据需要接通油箱的电加热器或使其自动工作，保持油温在 55～60℃范围内，以便为正式运行做准备。

909. 离心式压缩机正式开机操作是怎么要求的？

离心式压缩机的起动运行方式有"全自动"运行方式和"部分自动"即手动起动运行方式两种。离心式压缩机无论是全自动运行方式或部分自动运行方式的操作，其起动连锁条件和操作程序都是相同的。制冷机组起动时，若起动连锁回路处于下述任何一项时，即使按下起动按钮，机组也不会起动，例如：导叶没有全部关闭，故障保护电路动作后没有复位，主电动机的起动器不处于起动位置上，按下起动开关后润滑油的压力虽然上升了，但升至正常油压的时间超过了20s，机组停机后再起动的时间未达到15min，冷媒水泵或冷却水泵没有运行或水量过少等。

当主机的起动运行方式选择"部分自动"控制时，主要是指冷量调节系统是人为控制的，而一般油温调节系统仍是自动控制，起动运行方式的选择对机组的负荷试机和调整都没有影响。

机组起动方式的选择原则是：新安装的机组及机组大修后进入负荷试机调整阶段，或者蒸发器运行工况需要频繁变化的情况下，常采用主机"部分自动"的运行方式，即相应的冷量调节系统选择"部分自动"的运行方式。

当负荷试机阶段结束或蒸发器运行的使用工况稳定以后，可选择"全自动"运行方式。

无论选择何种运行方式，机组开始起动时均由操作人员在主电动机起动过程结束达到正常转速后，逐渐开大进口导叶开度，以降低蒸发器出水温度，直到达到要求值，然后将冷量调节系统转入"全自动"程序或仍保持"部分自动"的操作程序。

910. 离心式压缩机正式开机怎么操作?

(1) 起动操作。对就地控制机组（A型），按下"清除"按钮，检查除"油压过低"指示灯亮外，是否还有其他故障指示灯亮。若有就应查明原因，并予以排除。

对集中控制机组（B型），待"允许起动"指示灯亮时，闭合操作盘（柜）上的开关至起动位置。

(2) 起动过程监视与操作。在"全自动"状态下，油泵起动运转延时20s后，主电动机应起动。此时应监听压缩机运转中是否有异常情况，如发现有异常情况应立即进行调整和处理，若不能马上处理和调整就应迅速停机处理后再重新起动。

当主电动机运转电流稳定后，迅速按下"导流叶片开大"按钮。每开启5%～10%导叶角度，应稳定3～5min，待供油压力值回升后，再继续开启导叶。待蒸发器出口冷媒水温度接近要求值时，对导叶的手动控制可改为温度自动控制。

911. 离心式压缩机在起动过程中应注意监测什么?

离心式压缩机在起动过程中应注意监测冷凝压力表上读数不允许超过极限值 0.78×10^5 Pa（表压），否则会停机。若压力过高，必要时就可用"部分自动"起动方式运转抽气回收装置约30min或加大冷却水流量来降低冷凝压力。

压缩机进口导叶由关闭至额定制冷量工况的全开过程，供油压力表上读数约下降 $(0.686\sim1.47)\times10^5$ Pa（表压）。若下降幅度过大，就可在表压 1.57×10^5 Pa 时稳定 30min，待机组工况平稳后，再将供油压力调至规定值 $(0.98\sim1.47)\times10^5$ Pa（表压）的上限。

912. 离心式压缩机在起动过程中为什么要观察油槽油位？

离心式压缩机在起动过程中要注意观察机组油槽油位的状况，因为过高的供油压力将会造成漏油故障。压缩机运行时，必须保证压缩机出口气压比轴承回油处的油压约高 0.1×10^5 Pa，只有这样才能使压缩机叶轮充气密封、主电动机充气密封、增速箱箱体与主电动机回液（气）腔之间充气密封起到封油的作用。

油槽油位的高度反映了润滑油系统循环油量的大小。机组起动之前，制冷剂可能较多地溶解于油中，造成油槽视镜中的油位上升。随着进口导叶开度的加大、轴承回油温度上升及油槽油温的稳定，在油槽油面及内部聚集着大量的制冷剂气泡，若此时油压指示值稳定，则这些气泡属于机组起动及运行初期的正常现象。待机组稳定运行 $3\sim4$h 后，气泡即慢慢消失，此时油槽中的油位，才是真正的真实油位。

913. 离心式压缩机在起动过程中油压呈下降变化怎么办？

在机组起动时，由于油槽中有大量的气泡产生，供油压力会呈缓慢下降的趋势，此时，应严密监视油压的变化。当油压降到机组最低供油压力值（如表压 0.78×10^5 Pa）时，应做紧急停机处理，以免造成机组的严重损坏。

914. 离心式压缩机在起动过程中对油温是怎么要求的？

离心式压缩机组起动及运行过程中油槽中的油温应严格控制在 $50\sim60$℃。若油槽中油温过高，可切断电加热器或加大油冷却器供液量，使油温下降；机组供油油温应严格控制在 $35\sim50$℃，与油槽油温同时调节；机组轴承中，叶轮轴上的推力轴承温度最高，应严格控制各轴承温度不大于 65℃。

915. 离心式压缩机组在启动过程中需要注意什么？

(1) 压缩机进口导叶关至零位。

(2) 油槽中油温需不小于 40℃。

(3) 供油压力需大于 250kPa。

(4) 冷媒水和冷却水供应正常。

(5) 两次开机时间间隔大于 20min。

916. 怎么确认离心式压缩机机组机械部分运转是否正常？注意问题有哪些？

(1) 注意监听压缩机转子、齿轮啮合、油泵、主电动机径向轴承等部分，是否有金属撞击声、摩擦声或其他异常声响，并判断压缩机在出现异常声响后是否停机。

(2) 监视供油压力表、油槽油位、控制柜上电流表、制冷剂液位等的摆动、波动情况，并判断发生强烈振动的原因，决定是否停机。

(3) 若需用"部分自动"方法停机时，应记录（或自动打印出）停机时运行的各主要参数的瞬时读数值，供判断分析故障用。

(4) 检查机组外表面是否有过热状况，包括主电动机外壳、蜗壳出气管、供回油管、冷凝器筒体等位置。

(5) 冷凝器出水温度一般应在 18℃ 以上。为确保主电动机的冷却效果，冷凝器的进水温度与蒸发器的出水温度之差应大于 20℃。

(6) 轴承回油温度与供油温度之差应小于 20℃ 且应在运行过程中保持稳定。

(7) 机组运行记录表应妥善保存，以备分析检查之用。

917. 离心式压缩机正常运行的标志是什么？

(1) 压缩机吸汽口温度应比蒸发温度高 1～2℃ 或 2～3℃。蒸发温度一般在 0～10℃，一般机组多控制在 0～5℃。

(2) 压缩机排汽温度一般不超过 60～70℃。如果排汽温度过高，会引起冷却水水质的变化，杂质分解增多，使设备被腐蚀损坏的可能性增加。

(3) 油温应控制在 43℃ 以上，油压差在 0.15～0.2MPa。润滑油泵轴承温度应为 60～74℃。如果润滑油泵运转时轴承温度高于 83℃，就会引起机组停机。

(4) 冷却水通过冷凝器时的压力降低范围应为 0.06～0.07MPa，冷媒水通过蒸发器时的压力降低范围应为 0.05～0.06MPa。如果超出要求的范围，就应通过调节水泵出口阀门及冷凝器、蒸发器的进水阀门进行调整，将压力控制在要求的范围内。

(5) 冷凝器下部液体制冷剂的温度，应比冷凝压力对应的饱和温度低 2℃ 左右。

(6) 从电动机的制冷剂冷却管道上的含水量指示器上，应能看到制冷剂液体的流动及干燥情况在合格范围内。

(7) 机组的冷凝温度比冷却水的出水温度高 2～4℃，冷凝温度一般控制在 40℃左右，冷凝器进水温度要求在 32℃以下。

（8）机组的蒸发温度比冷媒水出水温度低 2～4℃，冷媒水出水温度一般为 5～7℃。

（9）控制盘上电流表的读数不大于规定的额定电流值。

（10）机组运行声音均匀、平稳，听不到喘振现象或其他异常声响。

918. 离心式压缩机故障怎么进行停机？

离心式制冷机组的故障停机是指机组在运行过程中某部位出现故障，电气控制系统中保护装置动作，实现机组正常自动保护的停机。

离心式压缩机机组在运行中出现故障时，机组控制装置会有报警（声、光）显示，操作人员可按机组运行说明书中的提示，先消除报警的声响，再按下控制屏上的显示按钮，故障内容会以代码或汉字显示，按照提示，操作人员即可进行故障排除。若停机后按下显示按钮时，控制屏上无显示，则表示故障已被控制系统自动排除，应在机组停机 30min 后再按正常启动程序重新启动机组。

919. 离心制冷压缩机运行中怎么调节？

离心式制冷压缩机常用进口节流调节、转速调节和进口导叶调节三种方式。

（1）制冷压缩机进口节流调节。这种调节方法是在离心式制冷压缩机的进气管路上安装节流阀，改变节流阀的开度，即可改变压缩机运行的特性曲线和机组的运行工况，适应空调负荷的变化。

这种进口节流调节方法一般用于离心式制冷压缩所配电动机转速无法改变的小制冷量的机组上，方法简单、操作方便。

（2）制冷压缩机转速调节。离心式制冷压缩机的转速调节是一种经济的调节方法，可避免其他任何调节方法所带来的附加损失。在采用转速调节时，随着压缩机转速的下降，其对应压力下的压缩机喘振流量点向小流量方向逐渐移动。如果转速增加，效果则相反。离心式制冷机组在采用等制冷量调节时（即蒸发温度 t_0 一定），一般是改变冷凝器冷却水的进水温度来调节的。

（3）制冷压缩机进口导叶调节。目前，空调用离心式制冷压缩机基本上都是采用这种调节方法来进行系统能量调节的。这是由于离心式制冷压缩机采用轴向或径向进口导叶调节方法简单、调节工况范围较宽，仅在导叶角度接近全闭时类似于进口节流情况外，其余角度调节的经济性均优于进口节流调节方法。

920. 离心式压缩机采用进口导叶调节要注意什么？

离心式压缩机运行时采用进口导叶调节制冷负荷时应注意以下两个问题：

(1) 对于空调用离心式制冷压缩机，进口导叶开度在70%时，压缩机效率最高；但开度在70%～100%时，负荷制冷量调节性较差，约为3.6%；当开度小于30%时，随着导叶开度的减小，进口导叶的节流作用增加，气流的冲击损失增加，效率急剧下降。因此应尽量避免导叶开度在30%以下运行。

(2) 采用手动方式调节进口导叶开度时，必须缓慢均匀。一般每次加大角度以5°～10°为宜，切忌猛开和猛闭。这是因为水温的变化需要有一段缓慢上升或缓慢下降的过程才能稳定。而且这个过程比手动调节导叶的开闭速度要慢得多。例如：因减少制冷量而关小进口导叶角度时，如果关小导叶的幅度和速度过大，压缩机吸入的气体流量突然减小，但此时冷水的出水温度较低，因而压缩机将在小流量、高压比区运行，容易发生喘振。同样，如果需增大制冷量而开大导叶角度时，开大导叶的幅度和速度过大时，压缩机的吸入气体量即会突然增大，但此时水温高，因而造成压缩机在大流量、低压比区运行，容易发生堵塞现象（堵塞的状态与喘振相似），故影响机组的正常运行。

921. 离心式制冷压缩机为什么会喘振？

离心式制冷机组在运行中发生喘振时，随着刺耳的噪声，压缩机将产生剧烈的振动并且轴承温度急剧上升（尤其是压缩机转子上的推力轴承）。同时由于压缩机气流出口产生反复倒灌、吐出、来回撞击，使主电动机交替出现空载和满载，主电动机运行电流表指针和压缩机出口压力计（如 U 形水银压力计）的水银面产生大幅度无规律的强烈摆动和跳动。压缩机的转子在电动机内轴向发生来回窜动，并伴有金属的摩擦和撞击声。

离心式制冷压缩机在运行中产生喘振的原因，主要是由于压缩机叶轮内气流流量减少，其运行工况点将向高压缩比方向移动，进入压缩机的制冷剂气流方向发生变化，从而使气流在叶轮入口处产生较大的正冲角，因而叶轮上叶片的非工作面产生严重的气流"脱离"现象，气动损失增大，在叶轮的出口处产生负压区，这样就使冷凝器或蜗壳内原有正压气流沿压降方向倒灌，这股倒灌的气流退回叶轮内，又使叶轮内的混合流量增大，叶轮又可正常工作。如果此时的运转仍未脱离喘振点（区），又反复出现气流的负压区和"倒灌"，气流这种周期性的往返脉动，正是压缩机出现喘振的根本原因。

压缩机的运行工况进入喘振并不是突然发生的，喘振的程度随着工况运行点向小流量方向深入到喘振区内越来越加剧。由于压缩机的喘振现象破坏性较大，因此运行中应力求避免此现象的产生，一旦产生则应采取紧急措施迅速排除。

922. 离心式制冷压缩机反喘振怎么调节？

离心式制冷压缩机的防喘振调节一般有两种方法：①将冷凝器顶部与蒸发器顶部（或压缩机进气管段）连接成旁通回路且在回路上设置旁通调节阀，此种方式防喘振的工作原理是：使压缩机的部分排气不参加制冷循环而直接回到压缩机入口，补充可能出现的最小喘振流量，使压缩机的运行点脱离喘振区，如果制冷量越小，进入压缩机喘振区越远，这时，进行防喘振调节的旁通回路中的调节阀开度应越大，反之则应开度越小；②对制冷压缩机的进口导叶开度限位，即设置防止制冷压缩机运行时产生喘振的进口导叶最低位置。

制冷压缩机的堵塞是指其工作流量达到最大值，即达到了叶轮流道喉部所能允许通过的最大流量数值，也就是压缩机流道中某个最小截面处的气流速度达到了音速。叶轮对气体所做的功被全部用来克服流动损失，而气体的压力并不升高（压缩比为无限小），机组就会在大制冷量运行区域出现与喘振类似的堵塞现象，对应于堵塞时的流量，为机组的极限流量。

923. 离心式压缩机运行中怎么进行停机操作？

离心式压缩机运行中正常停机的操作，一般采用手动方式，停机操作基本上可按正常起动过程的逆过程进行。正常停机操作程序如图 7-1 所示。

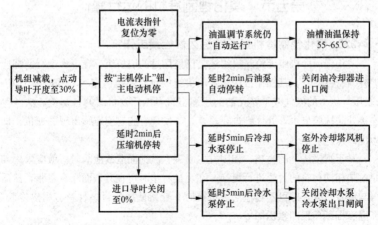

图 7-1 离心式制冷机组正常停机操作程序

924. 离心式制冷机组正常停机过程中应注意什么问题？

（1）停机后，油槽油温应继续维持在 50～60℃，以防止制冷剂大量溶入冷冻润滑油中。

（2）压缩机停止运转后，冷媒水泵应继续运行一段时间，保持蒸发器中制冷剂的温度在 2℃以上，防止冷媒水产生冻结。

（3）在停机过程中要注意主电动机有无反转现象，以免造成事故。主电动机反转是由于在停机过程中，压缩机的增压作用突然消失，蜗壳及冷凝器中的高压制冷剂气体倒灌所致的。因此，压缩机停机前在保证安全的前提下，应尽可能关小导叶角度，降低压缩机出口压力。

（4）停机后，抽气回收装置与冷凝器、蒸发器相通的波纹管阀、小活塞压缩机的加油阀、主电动机、回收冷凝器、油冷却器等的供应制冷剂的液阀，以及抽气装置上的冷却水阀等应全部关闭。

（5）停机后仍应保持主电动机的供油、回油的管路畅通，油路系统中的各阀一律不得关闭。

（6）停机后除向油槽进行加热的供电和控制电路外，机组的其他电路应一律切断，以保证停机安全。

（7）检查蒸发器内制冷剂液位高度，与机组运行前比较，应略低或基本相同。

（8）再检查一下导叶的关闭情况，必须确认处于全关闭状态。

第五节　溴化锂制冷机的运行操作

925. 溴化锂制冷机起动前怎么做检漏工作？

溴化锂制冷机组无论新机组还是已使用过的旧机组，在每次运行前都应进行气密性检查，其操作方法是：向机组的真空系统内充入 0.08～0.1MPa（表压）压力的氮气或干燥无油的压缩空气，然后在机组的各焊缝、法兰等连接处涂抹肥皂水，并仔细进行检查。若发现有脂皂泡连续出现的部位，即为泄漏点。

对于视镜法兰的衬垫，如因发生断裂、破损而造成泄漏时，就应采用与原衬垫相同材料的衬垫进行更换。在更换衬垫时可在其表面涂真空脂，然后再与设备压紧，即可不再泄漏。更换时一般所使用的衬垫材料有耐热橡胶、高温石棉纸、聚四氟乙烯等。

926. 溴化锂制冷机体怎么修补？

溴化锂制冷机体有漏点的修补的方法是：焊接处有砂眼、裂缝时可用焊接方法修补；传热管胀口泄漏，可采取重新扩张口进行维修，管壁破裂可焊补或更换，真空隔膜阀的胶垫或阀体泄漏则应更换。

若机组有的位置的裂痕或砂眼不太好进行焊接时，就使用铁粉与102黏合剂进行混合后涂抹在裂痕处即可。

机组在修补后应重做压力试验，直到确认无泄漏时为止。

为检验机组的密封性能，可在确认无泄漏后进行保压24h的试验。考虑到环境因素，一般要求24h后机组压力降低不得大于66.65Pa。

927. 溴化锂制冷机抽真空要注意什么？

溴化锂制冷机确认无泄漏后，一定先放掉试漏用的气体后再做真空工作。在进行真空检漏试验时，可采用真空泵对机组进行抽真空。抽真空操作时应注意：为防止真空泵因长时间工作而造成泵体内温度过高而影响其工作性能，可采取间歇抽空操作。当真空泵过热时，应及时更换机体内已经乳化了的泵油，并注意真空泵体表面不应出现凝露现象，若有凝露现象应使用热气将其除去。

当机组内压力达到65Pa以下保压24h后，其压力回升值在5～10Pa范围内为合格；否则，应继续进行检漏、修补和真空试验，直到合格为止。

928. 溴化锂制冷机组利用设备抽空后怎么读取参数？

溴化锂制冷机进行真空检漏时，常用的真空测量仪表有U形管绝对压力计和旋转式真空计等（见图7-2、图7-3）。这两种测量仪表均可直接读出机内的绝对压力。

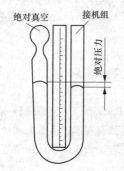
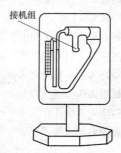

图 7-2　U形管绝对压力计　　　图 7-3　旋转式真空计

绝对压力值与测量时的温度有关。考虑温度对绝对压力的影响时，机组内绝对压力升高值 Δp 应按下式计算

$$\Delta p = p_2 - p_1 \frac{273 + t_2}{273 + t_1} (\text{Pa})$$

式中：p_1、t_1 为开始试验时机内的绝对压力（Pa）和温度（℃）；p_2、t_2 为试验结束时机内的绝对压力（Pa）和温度（℃）。

929. 溴化锂制冷机起动前怎么检查？

（1）电器、仪表的检查。检查的内容包括电源供电电压是否正常，控制箱动作是否可靠，温度与压力继电器的指示值是否符合要求，调节阀的设定值是否正确，动作是否灵敏，流量计与温度计等测量仪表是否达到精度要求。

（2）检查各阀门位置是否符合要求。

（3）检查真空泵油位与动作。真空泵油位应在视油镜中部，观察泵润滑油的颜色，若呈乳白色，就应更换新油。用手转动带盘，检查转动是否灵活，转向是否正确。

（4）检查屏蔽泵电动机的绝缘电阻值是否符合要求。

（5）检查蒸气凝结水系统、冷却水系统和冷媒水系统的管路。若冷却水和冷媒水系统均为循环水时，还要检查水池水位。水位不足时，要添加补充水。

930. 溴化锂制冷机组清洗怎么操作？

开机前溴化锂机组在经过严格的气密性检验后，必须进行清洗，清洗的目的为：①检查屏蔽泵的转向和运转性能；②清洗内部系统中的污垢；③检查冷剂和溶液循环管路是否畅通。开机前溴化锂机组清洗的操作方法是：

（1）将蒸馏水或符合要求的自来水充入机组内，充灌量可略大于机组所需的溴化锂溶液量。

（2）分别起动发生器泵和吸收器泵，并注意观察运行电流是否正常，泵内有无"喀喀"声。若有"喀喀"声则说明泵的转向接反了，应及时调整。

（3）起动冷却水泵和冷媒水泵。

（4）向机组内送入表压为 $0.1\sim0.3\text{MPa}$ 的蒸气，连续运转 30min 左右。

（5）观察蒸发器视孔有无积水产生，如有积水产生就可起动蒸发器泵，间断地将蒸发器内的水旁通至吸收器内；若无积水产生就说明管道有堵塞，应及时处理。

（6）清洗后将所有对外的阀门打开放气、放水。如果机体内过脏时，应

反复进行上述过程，直至放出的水透明度良好时为止。

（7）清洗工作结束后，可向机组内充入氮气，将机组内的存水压出、吹净。

（8）完成以上各项操作后，起动真空泵运行，抽气至相应温度下水的饱和蒸气压力状态。

931. 溴化锂机组清洗时对自来水质是怎么要求的？

清洗时最好选用蒸馏水。若没有蒸馏水，也可使用符合表 7-1 水质要求的自来水。

表 7-1   清洗用水质要求

不纯物	允许限度	不纯物	允许限度
pH	7	Na^+，K^+	$50×10^{-6}$以下
硬度（Ca，Mg）	$20×10^{-6}$以下	Fe^{2+}	$5×10^{-6}$以下
油分	0	HN_4^+	少
Cl_4^{2-}	$10×10^{-6}$以下	Cu^{2+}	$5×10^{-6}$以下
SO_4^{2-}	$50×10^{-6}$以下		

932. 溴化锂溶液充加怎么操作？

溴化锂吸收式制冷机所使用的溴化锂溶液都是以溶液状态供应的，其质量分数一般在 50％左右。虽然溶液浓度较低，但在机组调试过程中可进行调整，使其达到正常运行所需的浓度要求。

市场供应的溴化锂溶液一般已加入 0.15％～0.25％的缓蚀剂（铬酸锂）。溶液的 pH 值已调至 9.0～10.5，可直接加入机组中。其操作方法是：

（1）检查机组内的绝对压力，使其保持在 6Pa 以下，若机组内有残余水分，则应保持与当时气温相应的饱和蒸汽压力。

（2）溶液充灌时，一般可把溶液先倒入事先准备好的溶桶内，然后用橡胶管（硬橡胶管）与灌注瓶连好后，从溶液灌注瓶上引出一根橡胶管与溶液注入阀相连。溶液充灌示意图如图 7-4 所示。溶液注入瓶与橡胶管内应充满溴化锂溶液，以排除管内的空气，而溶液桶与溶液注入瓶之间的连接管不用注入溶液。

（3）由于此时机组内真空度很高，因此打开溶液注入阀后，溴化锂溶液便会由溶液桶经橡胶管进入溶液注入瓶中，然后再经橡胶管进入机组中。通过调节注入阀的开启度，可控制注入速度，以便溶液注入瓶中的液位基本稳定。

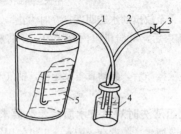

图 7-4　溶液充灌示意图

1、2—软管；3—溶液取样阀；4—溶液灌注瓶；5—溶液桶

　　充灌过程中应注意使橡胶管中充满溶液，并始终插入溶液中，以防止空气进入机组内。此外，还应注意使橡胶管的端口与桶底或瓶底保持 30～50mm 的距离，以免桶底或瓶底的异物被吸入机组内。

　　（4）当预定的溶液量充灌完毕后，关闭注入阀，起动发生器泵，观察发生器和吸收器中的液位。若发生器的液位高于最高一排传热管 10～20mm，吸收器的液位也在抽气管下部与液囊上部之间，则可认为充灌的溶液量基本合适；否则，可停止发生器泵工作，继续进行充灌，直到满足要求为止。

933. 溴化锂机组冷剂水充加怎么操作？

　　溴化锂吸收式制冷机冷剂水的加入操作。溴化锂吸收式制冷机中使用的冷剂水一般为蒸馏水或离子交换水（软水）。冷剂水的注入方法与溴化锂溶液的注入方法相同，其水质要求见表 7-1。

　　冷剂水的充注量与溴化锂溶液的浓度有关。对于浓度为 50% 的溶液，可先不加入冷剂水，而是通过机组运行时浓缩来产生冷剂水。如冷剂水量不足时再进行补充。机组中溴化锂溶液与冷剂水量是随着运转工况的变化而变化的。在高浓度下运行时（如加热蒸气压力较高，冷却水进口温度较高，冷媒水出口温度较低），溴化锂溶液量会减少，而冷剂水量会增加；反之，低浓度下运行时（如加热蒸气压力较低，冷却水进口温度较低，冷媒水出口温度较高），溴化锂溶液量会增加，而冷剂水量会减少。因此，在运行中应注意适当的调整。

934. 溴化锂吸收式制冷机冷剂水取出怎么操作？

　　在溴化锂机组的运行过程中，如产生的冷剂水量过多，就会影响机组的正常运行，必须排出一部分冷剂水，才能将溴化锂溶液的浓度调整到所需要的范围。冷剂水取出的操作方法是：

（1）在蒸馏水水瓶的橡胶塞上打两个直径为 6～8mm 的孔，然后插入两根铜管，在两根铜管上分别套紧抽气管和取水管。

（2）按图 7-5 所示的方法，将蒸馏水瓶与真空泵和机组的冷剂水取样阀连接好。

（3）起动真空泵对蒸馏水瓶内进行抽真空，运行 10～20min 然后再关闭真空泵。

（4）起动冷剂水泵运行 10～20min 后，打开冷剂水取样阀，冷剂水会自动流入瓶中。当一瓶水灌满后，应关闭取样阀，拔出瓶塞，记录水量，然后可数次重复上述过程，直到冷剂水量符合要求时为止。

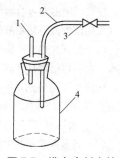

图 7-5　排出冷剂水的
接管示意图

1—接真空泵；2—软管；
3—冷剂取样阀；4—玻璃容器

935. 溴化锂制冷机组的开机怎么操作？

溴化锂制冷机组的起动有自动和手动两种方式。一般机组起动时，为保证安全，多采用手动方式起动，待机组运行正常后再转入自动控制。

手动起动的操作方法如图 7-6 所示。

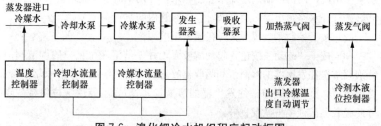

图 7-6　溴化锂冷水机组程序起动框图

936. 溴化锂制冷机组起动过程中要注意哪些问题？

（1）起动冷却水泵和冷媒水泵后，要慢慢打开两泵的排出阀，并逐步调整流量至规定值，通水前应将封头箱上的放气旋塞打开，以排除空气。

（2）起动发生器泵后，调节送往发生器的两阀门开度，分别调节送往高压发生器、低压发生器中的溴化锂溶液流量，使高、低压发生器的液位保持一定。在采用混合溶液喷淋的两泵系统中，可调节送往引射器的溶液量，引射由溶液热交换器出来的浓溶液，使喷淋在吸收器管簇上的溶液具有良好的喷淋效果。

（3）在专设吸收器溶液泵的系统中，起动吸收器泵后，打开泵的出口阀门，使溶液喷淋在吸收器的管簇上。根据喷淋情况，调整吸收器的喷淋溶液量（采用浓溶液直接喷淋的系统，可省略这一调节步骤）。

（4）打开加热蒸汽阀时，应先打凝结水放泄阀，排除蒸气管道中的凝结水，然后再慢慢打开蒸气截止阀，向高压发生器供气。对装有调节阀的机组，缓慢打开调节阀，按 0.05、0.1、0.125MPa（表压）的递增顺序提高压力至规定值。在初始运行的 20～30min 内，蒸气压力不宜超过 0.2～0.3MPa（表压），以免引起严重的气水冲击。

（5）当蒸发器液囊中的冷剂水液位达到规定值（一般以蒸发器视镜浸没且水位上升速度较快为准）时，起动冷剂泵（蒸发器泵），调整泵出口的喷淋阀门，使被吸收掉的蒸气与从冷凝器流下来的冷剂水相平衡，机组至此也完成了起动过程，应逐渐转入正常运转状态。

（6）机组进入正常运行后，可在工作蒸汽压力为 0.2～0.3MPa（表压）的工况下，起动真空泵运行，抽出机组中残余的不凝性气体。抽气工作可分若干次进行，每次 5～10min。

937. 单效蒸汽型溴冷机组开机怎么操作？

（1）起动冷却水泵、冷冻水泵及冷却塔风机，慢慢打开冷却水泵及冷冻水泵排出阀，向机组输送冷却水和冷冻水，并调整流量至规定值（允许偏差5%）。打开水路系统上的放气阀，以排除管内的空气。

（2）按下控制箱电源开关，接通机组电源。

（3）按下"起动"按钮，起动溶液泵，并调节溶液泵出口的调节阀门，分别调节送往发生器的溶液量和吸收器喷淋所需要的溶液量（若采用浓溶液直接喷淋，则只需调节送往发生器的溶液量），使发生器的液位保持一定，并使吸收器溶液喷淋状况良好。

（4）打开蒸气管路上的凝水排放阀，并打开蒸气凝水管路上的放水阀，放尽凝水系统的凝水。然后慢慢打开蒸气截止阀，向发生器供气，对装有减压阀的机组，还应调整减压阀，调整进入机组的蒸气压力达到规定值。

（5）随着发生器中溶液沸腾和冷凝器中冷凝过程的进行，吸收器液面降低，冷剂水不断地由冷凝器流向蒸发器，冷剂水逐渐聚集在蒸发器水盘（或液囊）内，当蒸发器水盘（或液囊）中冷剂水的液位达到规定值时，起动冷剂泵，机组逐渐进入正常运行。

938. 单效蒸汽型溴冷机组停机怎么操作？

机组停机操作过程中要使溶液充分稀释，以防止溴化锂溶液结晶。此外，还要视机房内可能出现的最低温度，做出不同的处理。环境温度在 0℃

以上或暂时停机的操作步骤为：

（1）慢慢关闭蒸气截止阀，停止向机组供气。

（2）溶液泵及冷剂泵继续运行，机组进入稀释状态，在稀释过程中，若蒸发器冷剂水液位很低，冷剂泵吸空，应关闭冷剂泵。

（3）溶液泵及冷剂泵运行30min，或发生器浓溶液出口温度降低到70%，依次停止冷剂泵和溶液泵。

（4）分析溶液质量分数，确认停机期间溶液不会产生结晶。

（5）停止冷冻水泵、冷却水泵及冷却塔风机。

（6）切断电气控制箱上电源。

939. 单效蒸汽型溴冷机组长期停机怎么操作？

（1）慢慢关闭蒸气截止阀。

（2）打开冷剂水旁通阀，关闭冷剂泵出口阀门，将蒸发器中的冷剂水全部旁通至吸收器，关停冷剂泵。

（3）溶液泵继续运转，分析溴化锂溶液质量分数，确认在停机期间溶液不会结晶，再关停溶液泵。

（4）停止冷冻水泵、冷却水泵及冷却塔风机。

（5）切断电气控制箱上的电源。

（6）将冷凝器水室、吸收器水室、蒸发器水室、发生器水室及凝水管路上的放水阀打开，放尽存水，以防冻结。必要时在冷剂泵内注入一些溴化锂溶液，以防停机期间，冷剂泵内的存水冻结而损坏冷剂泵。

940. 双效蒸气型溴冷机组开机怎么操作？

（1）起动冷却水泵、冷冻水泵及冷却塔风机，缓慢打开冷却水泵和冷冻水泵排出阀，向机组输送冷却水和冷冻水，并调整流量至规定值（允许偏差5）；同时，打开水管路系统上的放气阀，以排除水路内的空气。

（2）按下机组控制箱内的电源开关，接通机组电源。

（3）起动溶液泵，通过调节溶液泵出口阀门，分别调节送往高压发生器和低压发生器的溶液量。对串联流程的双效机组，只需调节送往高压发生器的溶液量，将高、低压发生器的液位稳定在顶排传热管，并使吸收器维持良好的喷淋状态。

（4）打开蒸气管路上的凝水排放阀，打开蒸气凝水管路上的放水阀，放尽凝水管路系统的凝水。

（5）慢慢打开蒸气阀门，向高压发生器供气。对装有减压阀的机组，还应调整减压阀，调整进入机组的蒸气压力到规定值。

（6）随着发生过程的进行，冷凝器中来自高压发生器管内的冷剂蒸汽凝水和冷凝的冷剂水一起流向蒸发器，当蒸发器水盘（或液囊）中的水达到规定值时，起动冷剂泵，机组便逐渐进入正常运行。

941. 双效蒸气型溴冷机组停机怎么操作？

双效蒸气型溴化锂吸收式冷水机组停机操作步骤是：慢慢关闭蒸气截止阀，逐步停止向高压发生器供气。其余程序同单效蒸气型溴化锂吸收式冷水机组停机步骤。

942. 溴冷机手动停机怎么操作？

（1）关闭加热蒸气截止阀，停止对发生器或高压发生器供应蒸气。

（2）关闭加热蒸气后，让溶液泵、冷却水泵、冷媒水泵再继续运行一段时间，使稀溶液和浓溶液充分混合 15～20min 后，再依次停止溶液泵、发生器、冷却水泵、冷媒水泵和冷却塔风机的运行。若停机时外界温度较低，而测得的溶液浓度较高时，为防止停机后结晶，应打开冷剂水旁通阀，把一部分冷剂水通入吸收器，使溶液充分稀释后再停机。

（3）当停机时间较长或环境温度较低时，一般应将蒸发器中的冷剂水全部旁通入吸收器中，使溶液经过充分混合、稀释，确定溶液不会在停机期间结晶后方可停泵。

（4）停止各泵运行后，切断电源总开关。

（5）检查机组各阀门的密封情况，防止停机期间空气漏入机组内。

（6）停机期间，若外界温度低于 0℃，就应将高压发生器、吸收器、冷凝器和蒸发器传热管及封头内的积水排除干净，以防冻裂。

（7）在长期停机期间，每天应派人专职检查机组的真空情况，保证机组的真空度。有自动抽气装置的机组可不派人专职管理，但不能切断机组和真空泵的电源，以保证真空泵的自动运行。

943. 溴化锂制冷机自动停机怎么操作？

（1）通知锅炉房停止送气。

（2）按下"停止"按钮，机组控制机构自动切断蒸气调节阀，机组转入自动稀释运行。

（3）发生泵、溶液泵以及冷剂水泵稀释运行大约 15min 之后，其温度继电器动作，溶液泵、发生泵和冷剂泵自动停止。

（4）切断电气开关箱上的电源开关，切断冷却水泵、冷媒水泵、冷却塔风机的电源，记录下蒸发器与吸收器液面高度，记录下停机时间，但应注意，不能切断真空泵自动起停的电源。

（5）若需要长期停机，在按"停止按钮之前，就应打开冷剂水再生阀，让冷剂水全部导向吸收器，使溶液全部稀释，并将机组内的残存冷却水、冷媒水放净，防止冬季冻裂管道。

944. 溴化锂吸收式制冷机紧急停机怎么处理？

在溴化锂吸收式制冷机运行过程中，由于断水、断电等原因致使机组被动停机时，应做以下紧急处理：

（1）立即关闭蒸气阀门。

（2）打开凝结水疏水的旁通阀。

（3）将冷剂水旁通至吸收器。

945. 直燃型溴冷机组开机怎么操作？

（1）起动冷却水泵、冷冻水泵及冷却塔风机，慢慢打开冷却水泵和冷冻水泵排出阀，并调整流量到规定值（允许偏差 5%），打开水室上的排气阀，以排除空气。

（2）按下控制箱电源开关，接通机组电源。制冷—采暖转换开关置于制冷挡。

（3）关闭机组中制冷—采暖阀，也就是说将机组从制热循环变换到制冷循环。

（4）起动溶液泵，调节溶液泵出口的调节阀门，分别调节送往发生器和吸收器喷淋所需要的溶液量。发生器的液位应在顶排传热管处，吸收器喷淋状况应良好（若采用浓溶液直接喷淋，则只需调节送往发生器的溶液量）。

（5）打开燃料供应阀门，先使燃烧器小火燃烧，发生器内溶液经预热后沸腾。约 10~15min 后，燃烧器转入大火燃烧。与其同时，给燃烧器供应足够的空气且打开排气风门到适当位置，通过对排烟情况的分析，了解燃烧是否充分。

（6）随着发生器中溶液沸腾、浓缩，冷剂水不断流向蒸发器，当蒸发器水盘（或液囊）中水位达到规定值时，起动冷剂泵，机组逐渐进入正常运行。若机组由采暖工况直接转入工制冷工况，则机组起动前应先开起动真空泵，抽除采暖工况运行时漏入机内的空气，以及因腐蚀产生的氢气等不凝性气体。

946. 直燃型溴化锂吸收式冷水机组停机怎么操作？

直燃型溴化锂吸收式冷水机组停机操作方法是：关闭燃料供应阀，停止向高压发生器供热。其余步骤同蒸气型溴化锂吸收式冷水机组。

947. 直燃型溴化锂机组采暖开机怎么操作？

(1) 将控制箱内制冷—采暖转换开关置于采暖挡。

(2) 将蒸发器中冷剂水全部旁通至吸收器。

(3) 打开机组中制冷—采暖切换阀。

(4) 将冷却水管路的水放尽。

(5) 起动热水泵（即制冷工况中的冷冻水泵），慢慢打开排出阀，并调整流量至规定值或规定值（允许偏差5%），打开水室上的排气阀，以排除空气。一般情况下采暖工况热水进出口温度均不超过60℃计，因此冷冻水泵和热水泵为同一水泵，有关的管路也互用。若另设热水加热器或热水温度较高时，热水泵与冷冻水泵是否通用应根据管路布置与热水温度而定。

(6) 起动溶液泵，调节溶液泵出口的调节阀门，调节送往发生器的稀溶液量，发生器的液位至顶排传热管附近。

(7) 打开燃料供应阀，先使燃烧器小火燃烧，发生器内溶液经预热沸腾、浓缩。一定时间后，燃烧器进入大火燃烧。与此同时，应供给燃烧器足够的空气且打开排气风门至适当位置，通过对排气情况的分析，了解燃烧是否充分等。

948. 直燃型溴化锂机组采暖停机怎么操作？

(1) 关闭燃料供应阀，停止向高压发生器供热。

(2) 停止热水泵运转。

(3) 其余步骤同蒸气型溴化锂吸收式冷水机组。

949. 溴冷机运行中溶液浓度怎么测定与调整？

溴化锂制冷机组运行初期，首先要对各设备的液位进行调整，特别是溴化锂溶液的液位，否则，机组就无法正常运行。如果发生器液位过高，溶液就会从折流板的上部直接进入发生器溶液出口管，使机组能力下降。若发生器液位过低，则发生器出口溶液质量分数过高，易产生结晶，同时，发生器液位过低，随着溶液沸腾，冷剂蒸气夹带着溴化锂液滴一起向上冲击传热管，特别在高压发生器中，溶液温度高，沸腾又剧烈，形成强烈的冲刷腐蚀，易使发生器传热管发生点状侵蚀，甚至会使传热管发生穿孔事故。

950. 溴化锂机组运行中溶液浓度怎么测定与调整？

溶液循环量是否合适，可通过测量吸收器出口稀溶液的浓度和高、低压发生器出口浓溶液的浓度来判断，测量稀溶液浓度的方法比较简单，只要打开发生器泵出口阀用量筒取样即可。取样后，用浓度计可直接测出其浓度值。而测量浓溶液浓度取样就比较困难。这是因为浓溶液取样部分处于真空状态，不能直接取出，必须借助于如图7-7所示的取样器，通过抽真空的方式对浓溶液取样，把取样器取出的溶液倒入量杯，通过如图7-8所示的浓度测量装置来测量溶液的密度和温度，然后从溴化锂溶液的密度图表中查出相应的浓度。

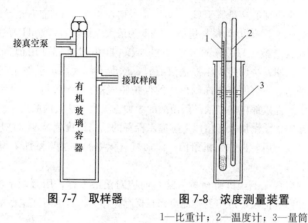

接真空泵

有机玻璃容器

接取样阀

图 7-7　取样器

图 7-8　浓度测量装置
1—比重计；2—温度计；3—量筒

通常高、低压发生器的放气范围为4％～5％，通过调节进入高、低压发生器的溶液循环量，可调整两个发生器的放气范围，直到达到要求为止。

951. 冷剂水相对密度怎么测量，再生怎么处理？

冷剂水相对密度（比重）正常是溴化锂制冷机正常运行的重要标志之一。测量时可按冷剂水取出的方法，抽取冷剂水，然后用比重计直接进行测定。

一般冷剂水的相对密度小于1.04属于正常运行。若冷剂水的相对密度大于1.04，则说明冷剂水中已混有溴化锂溶液，冷剂水已被污染。应查出原因，及时予以排除。同时，应对已污染的水进行再生处理，直到相对密度接近1.0为止。

冷剂水的再生处理方法是：关闭冷剂泵出口阀，打开冷剂水旁通阀，使蒸发器液囊中的冷剂水全部旁通入吸收器中，冷剂水旁通后，关闭旁通阀，停止冷剂泵运行。待冷剂水重新在冷剂水液囊中聚集到一定量后，再重新起动冷剂泵运行。如果一次旁通不理想，可重复2～3次，直到冷剂水的密度合格为止。

952. 溴化锂溶液中铬酸锂含量参数怎么调整？

溴化锂机组运行初期，溶液中铬酸锂含量因生成保护膜会逐渐下降。此外，如果机组内含有空气，即使是极微量的，也会引起化学反应，溶液的pH值增加，甚至会引起机组内部的腐蚀。因此，机组运行一段时间后，应取样分析铬酸锂的含量、pH值以及铁、铜、氯离子等杂质的含量。

当铬酸锂的含量低于0.1％时，应及时添加至0.3％左右；pH值应保持在9.0～10.5（9.0为最合适值，10.5为最大允许值）。若pH值过高，就可用加入氢溴酸（HBr）的方法调整；若pH值过低，可用加入氢氧化锂（LiOH）的方法调整。添加氢溴酸时，浓度不能太高，添加速度也不能太快；否则，将会使筒体内侧形成的保护膜脱落，引起铜管、喷嘴的化学反应，以及焊接部位的点蚀。氢溴酸的添加方法是：从机内取出一部分溶液放在容器中，缓慢加入5倍以上蒸馏水稀释的适当浓度氢溴酸（浓度为4％），待完全混合后，再注入机组内。添加氢氧化锂的方法与添加氢溴酸的方法相同。

一般情况下，机组初投入运行时应对溶液取样，用万能纸测试其pH值，并做好记录。取出的样品应密封保存，作为运行中溶液定期检查时的对比参考。

953. 溴冷机组中液位调整哪些部件？

溴化锂吸收式机组中的液位调整包括高压发生器、低压发生器、吸收器中的溴化锂溶液液位的调整和蒸发器中冷剂水液位的调整，液位调整又有手动调节和自动调节两种方式。

调整溶液液位前，应先调节发生器的液位，待其调整到规定值并且稳定后，再进行吸收器中液位的调整。

954. 溴冷机组高压发生器液位手动怎么调整？

高压发生器液位调整的手动方式，就是调节溶液泵出口处溶液调节阀的开度，从而控制送到发生器的稀溶液流量，使发生器的溶液液位至传热管顶排附近。但是，高压发生器的液位是随热源变化而波动的。这是由于高压发生器流出的浓溶液流经热交换器而进入吸收器（或低压发生器），靠的是高压发生器中冷剂蒸气压力与吸收器（或低压发生器）压力的差。高压发生器的压力是随着加热量的升高而增大，加热量的降低而减小。另一方面，由吸收器通过溶液泵与溶液热交换器送至高压发生器的稀溶液量，与高压发生器的压力有关。高压发生器压力升高，则送至高压发生器的稀溶液量减少，更促使高压发生器液位降低；反之，高压发生器液位升高，沸腾的液滴随冷剂蒸气进入冷凝器，易造成冷剂水的污染。所以，为了使高压发生器液位维持稳定，需要调节溶液泵出口溶液调节阀，或调节送至高压发生器的稀溶液量。

▲955. 溴冷机组高压发生器液位怎么自动调整？

高压发生器的液位自动调节是在发生器溶液出口壳体上装有液位计，当发生器液位较高时，就给装于溶液泵出口的溶液调节阀或与溶液泵相连的变频器发出信号，通过执行机构关小调节阀或通过变频器降低溶液泵的转速，使进入发生器的稀溶液量减少；反之，发生器液位偏低时，溶液调节阀开大或溶液泵转速上升，从而使发生器的液位稳定在一定位置。液位计一般有电极式和浮球式两种。也有在高压发生器浓溶液出口外装有浮球阀，该浮球感测高压发生器中的液位。当高压发生器液位上升时，浮球阀开大，流出的溶液量加大，使高压发生器中液位保持恒定。

高压发生器的液位高度虽然在机组出厂时已调节好，但现场调试时，高压发生器液位的设定值还要根据实际液位的高低加以调定。

▲956. 溴化锂冷机组低压发生器液位手动怎么调整？

低压发生器的液位调整一般都是手动进行的。由于双效溴化锂机组的溶液流动方式不同，所以低压发生器液位调节方法也有差异。对于并联流程，调节装于溶液泵出口进入低压发生器管路上的调节阀。对于串联流程，是调节从高压发生器出口经热交换器进入低压发生器管路上的调节阀。

对于沉浸式低压发生器，调节进入低压发生器进口管上溶液调节阀，使发生器液位至顶排传热管。若低压发生器壳体上有视镜，液位可一目了然；但如果低压发生器上无视镜，则可通过测量低压发生器出口处溶液质量分数的方法来判断。若质量分数过高，说明液位过低，则必须加大调节阀的开度；若机组熔晶管发烫，则说明低压发生器液位过高，部分溶液从熔晶管经热交换器而流至吸收器，此时要关小溶液阀。

▲957. 溴冷机组吸收器液位怎么调整？

溴化锂机组在运行时若冷却水温度低，或冷媒水出口温度高，就会使机组内溴化锂溶液质量分数低，造成吸收器溶液多，液位很高；反之，机内溴化锂溶液质量分数高，吸收器液位低，机组内溶液量就不足。

若吸收器液位过高，调整时可通过排液阀放出；若液位过低，就需要补充适量溴化锂溶液。

在吸收器中，溴化锂溶液的取出或加入的原则是：机组在低质量分数下运行时，吸收器中的液位不能浸没抽气管，使机组无法抽气；机组在高质量分数下运行时，吸收器中溶液不致吸空，影响机组的正常运行。

不同厂家的产品，其吸收器的筒体形状、管排布置方式等均有所差异；吸收器内抽气管的布置位置也不尽相同，吸收器液囊的结构与储液量也不同。因此，在满足上述原则的前提下，吸收器中溶液的充注量宜少为好。一般的机组吸收器液囊上均设有视镜，初始调整时，可调至最上部的可视位置。

958. 溴冷机组蒸发器液位异常的原因是什么？

蒸发器水盘（或液囊）中冷剂水的液位过低，冷剂泵会吸空。冷剂水不足或吸收器吸收冷剂水量大于冷凝器流入蒸发器的冷剂水量时，冷剂水液位将下降，装在蒸发器液囊上的液位控制装置将动作，自动停止冷剂泵运转。随着冷剂水的积聚，液位很快上升，又会自动起动冷剂泵，致使冷剂泵频繁起停。

在溴化锂吸收式机组中，充注的溴化锂溶液和冷剂水的量是一定值，机组在运行中，若溶液质量分数高，则冷剂水析出多，蒸发器液位上升，溶液质量分数低，则冷剂水就少，蒸发器液位下降。机组在深秋运行时，如冷却水温度过低，则吸收器溶液质量分数低，溶液中水分增多，蒸发器的冷剂水减少，则可能导致冷剂泵吸空，此时要从外界补充冷剂水。

959. 溴冷机组蒸发器液位调整的方法是什么？

溴化锂制冷机组在盛夏运行时，冷却水温度可能很高，则溶液质量分数升高，溶液中水分减少，蒸发器水盘中水分增加，则可能发生冷剂水溢流现象，此时要从系统中抽出冷剂水。

若机组蒸发器上装有两个视镜，即高液位视镜和低液位视镜时，只要将蒸发器中冷剂水的液位调节在两视镜之间，既不超过高位视镜，又可从低位视镜看到冷剂液位即可，否则要进行液位调整。

有的机组蒸发器水盘上有溢流口或装有溢流管且在蒸发器水盘下方的机组壳体上装有视镜，可从视镜上看出蒸发器溢流口（或溢流管）是否有溢流，若发生溢流现象，则说明冷剂水过多，需放出部分冷剂水。有时，冷剂水的液位高于蒸发器液囊上的视镜，只要溢流口（或溢流管）不发生溢流，说明冷剂水尚可，不必放出。

目前很多机组均装有冷剂储存器。设置冷剂储存器的目的是适应机组在各种负荷工况下稳定运转，无需如上所述低质量分数运行时补充冷剂水，高质量分数运行时取出冷剂水。当蒸发器中的冷剂水不足时，可通过冷剂储存器补给，过剩时，可通过冷剂储存器加以储存。

960. 溴化锂溶液的铬酸锂含量是怎么要求的?

溴化锂溶液加铬酸锂后,应检测酸碱度和铬酸锂的含量。

调试初期溶液的铬酸锂含量为 0.3%左右,酸碱度(pH 值)为 10.0 左右。运行初期由于溶液流通使器壁上形成保护膜,加之有空气腐蚀的缘故,铬酸锂含量会减少,反应是使用一段时间后溶液由金黄色变成暗黄直至黑黄色。因此需对铬酸锂含量随时进行调整。

溶液的碱度会随机组运行时间的增长而增大。机组气密性越差,碱度的增长越快,从化学反应方程式中可看出

$$3Fe+2Li_2CrO_4+2H_2O \rightarrow 3FeO+Cr_2O_3+4LiOH$$

碱度大会引起碱性腐蚀,因此应将 pH 值控制在 10.5 以下。

机组中的主要传热管为紫铜管。钢耐碱不耐酸,因此,pH 值不应小于9.0,应控制在偏碱度为宜,即 pH 值为 9.5~10.5。

液样的选定方法为:对开机前的混合溶液可直接取液样。但机组在运行中,将形成以下几个不同的溶液浓度:发生器流出的浓溶液、进发生器的稀溶液、吸收泵喷淋的中间浓度溶液。由于稀溶液为主体,所以溶液样品应以稀溶液为准。

961. 溴化锂溶液 pH 值和铬酸锂含量怎么测定?

(1) pH 值的测定。称取 10g 混合液,加入 90mL 蒸馏水稀释摇匀,放入烧杯中用酸度计或万能 pH 试纸测即可直接取得结果。

(2) 铬酸锂含量的测定。取 15g 混合样品,称准至 0.0002g,置于250mL 碘量瓶中,加入 25mL 蒸馏水,2g 碘化钾和 10mL4 当量浓度硫酸,摇匀于暗处放置 10min;加 150mL 蒸馏水(不超过 10℃),用 0.1 当量浓度的硫代硫酸钠标准溶液滴定,近终点时加 3mL0.5%的淀粉指示液,继续滴定至溶液由蓝色变为亮绿色;同时作空白试验,测得铬酸锂在溴化锂溶液中的百分比含量为

$$m = \frac{铬酸锂含量}{溴化锂溶液} \times 100\% = \frac{(V_1-V_2)c0.0433}{G}$$

式中:m 为铬酸锂在溴化锂溶液中的质量百分比含量,%;V_1 为硫代硫酸钠标准溶液用量,mL;V_2 为空白试验硫代硫酸钠标准液用量,mL;c 为硫代硫酸钠标准溶液的当量浓度,N;G 为样品质量,g;0.0433 为每毫克当量铬酸锂的克数。

962. 溴化锂溶液 pH 值调整和铬酸锂怎么添加？

当溴化锂溶液的 pH 值和铬酸锂含量超出应用范围时，应予以调整或添加。

国产铬酸锂为液状，含量约为 34%，为紫红色，pH 值为 1.0。在加入铬酸锂的同时还要添加一部分氢氧化锂，以调整溶液的 pH 值。氢氧化锂为强碱，呈白色的颗粒状，进入机组前应进行稀释。

调整 pH 值和铬酸锂含量的要求是：

(1) 铬酸锂和氢氧化锂必须用蒸馏水稀释方可添加，但须空车运行。

(2) 试剂的注入口应设在溶液进吸收器的管段。

(3) 试剂的添加应分几次完成，每次均应取样测定，测定间隔时间应在 24h 以上。

(4) 调整铬酸锂含量和 pH 值可同时进行。先以调整铬酸锂含量为主，然后调整溶液 pH 值。

(5) 如需添加氢溴酸（HBr），绝不能直接注入机组。要从机内取出相当质量（或全部放出）的溶液注入容器中，慢慢加入用 5 倍以上蒸馏水稀释后的氢溴酸溶液（浓度约为 4%），待完全混合后，方能注入机组内。

963. 机组空载运行时添加铬酸锂及调整 pH 值怎么操作？

(1) 将定量的铬酸锂放入容器中，加定量的蒸馏水均匀搅拌稀释。

(2) 加入少量的氢氧化锂水溶液。

(3) 测定混合液的 pH 值，使其达到 9.0 为止。

(4) 将混合液注入机组并运行溶液泵。

(5) 起动真空泵，抽出可能带入的空气及预膜过程产生的不凝性气体。

(6) 空车运行 24h 后，取样测定铬酸锂含量。

(7) 继续重复 (1)~(6) 的操作过程，直至铬酸锂含量达到 0.2%~0.3% 为止。

(8) 用添加铬酸锂的相似方法注入氢氧化锂水溶液，隔 1~2h 测定、调整使 pH 值达到要求。

添加各种助剂须注意以下两点：①在注入添加剂的全过程中，应连续运行溶液泵让溶液与添加剂充分混合，使均匀地形成保护膜，并防止产生凝胶质使喷嘴和溶液热交换器传热管的肋片阻塞或引起点蚀；②在机组运行初期，由于添加剂的加入会引起新的化合与分解反应，有可能减少制冷量，但经过一段时间的运行，此种现象随着溶液的充分混合会自然消失。

964. 根据溴化锂溶液颜色变化怎么判定缓蚀剂的消耗情况?

在溴化锂制冷机组运行过程中,因各种原因溶液中的缓蚀剂会消耗很大,为保证机组安全运行,应随时监视机组中溶液的颜色变化,并根据颜色变化来判定缓蚀剂的消耗情况,及时调整缓蚀剂的加入量。溶液颜色与缓蚀剂的消耗情况见表7-2。

表 7-2　　　　　　　　　溶液的目测检查

项目	状态	判断
颜色	淡黄色	缓蚀剂消耗大
	无色	缓蚀剂消耗过大
	黑色	氧化铁多,缓蚀剂消耗大
	绿色	铜析出
浮游物	极少	无问题
	有铁锈	氧化铁多
沉淀物	大量	氧化铁多

注　1. 除判断沉淀物多少外,均应在取样后立刻检验。

　　2. 检查沉淀物时,试样应静置数小时。

　　3. 观察颜色时,试样也应静置数小时。

965. 溴化锂溶液中辛醇补充的简单办法是什么?

在溴化锂制冷机组的运行中,为了提高机组的性能,在溶液中一般都要加入一种能量增强剂——辛醇。辛醇的添加量一般为溶液量的 $0.1\% \sim 0.3\%$。辛醇的加入方法与加入氢酸溴的方法相同。机组在运行过程中,由于一部分辛醇会漂浮在冷剂水的表面或在真空泵排气时,随同机组内的不凝性气体被一同排出机外,使机组内辛醇循环量减少。判别辛醇是否需要补充的简单办法是:在机组的正常运行中,可在低负荷运行时,将冷剂水旁通至吸收器中,当发现抽出的气体中辛辣味较淡时,可进行适当的补充。

966. 溴化锂机组真空泵在运行中应注意哪些问题?

在溴化锂制冷机组的运行中,正确使用真空泵是保证机组安全有效运行的一个重要工作。真空泵在运行管理中应注意:

(1) 正确起动真空泵。真空泵在起动前必须向泵体内加入适量的真空泵油,采用水冷式的真空泵应接好水系统,盖好排气罩盖,关闭旁通抽气阀,起动真空泵运行 $1\sim2min$。当用手感觉排气口时发现无气体排出,并能听到泵腔内排气阀片有清脆的跳动声时,应立即打开抽气阀进行抽空运行,直到机组内达到要求的真空度时为止。

当机组内真空度达到要求后,关闭机组的抽气阀,打开旁通抽气阀,即可停止真空泵运行。

(2) 真空泵性能的检测。真空泵性能的检测分为两部分:①运转性能:真空泵在运转中应使油位适中,传动皮带的松紧度合适,传动皮带与防护罩之间不能有摩擦现象,固定应稳固,泵体不得有跳动现象,排气阀片跳动声清脆而有节奏;②抽气性能:检查抽气性能的方法是:关闭机组抽气阀或卸下抽气管段至真空泵吸气口,在吸气口接上麦氏真空计,起动真空泵抽气至最高极限,测量绝对压力极限值。如果真空计中测得的数值与真空泵标定的极限值一致,则说明抽气性能良好。

967. 使用真空泵是怎么要求的?

(1) 真空泵抽气的适应气压为 0.2~0.3MPa(表压)。

(2) 吸收器内溶液的液位应以不淹没抽气管为准。

(3) 应在机组运行工况稳定时抽气。

(4) 机组在进行调整溶液的循环量及吸收器的喷淋量时不得进行抽真空。

(5) 抽气位置应在自动抽气装置(辅助吸收器)部位,而不应在冷凝器部位直接抽气。

968. 真空泵抽入溶液后怎么处理?

真空泵在使用过程中,如果由于使用不当而造成溴化锂溶液进入泵体时,可按下述方法处理:

(1) 立即放出被污染的真空泵油且在真空泵空车运行中连续多次换油,以稀释泵体内溶液的浓度,达到缓解腐蚀的效果。

(2) 拆洗真空泵,修理或更换被损坏的真空泵零部件并组装后,重新检测其性能。

(3) 在进行真空泵单机运转实验时,应堵住吸气口,盖上排气罩盖,以防止喷油。

969. 真空泵在使用过程中怎么保养?

溴化锂制冷机在使用真空泵过程中,当真空泵油内出现凝结水珠时,其极限抽空能力由不大于 6×10^{-2} Pa 下降到 5.7×10^{-2} Pa,若此时发现真空泵油出现浮化,就应立即更换新油。将油排放到一个大容器内,待油水分离后可再用一次。

真空泵停止使用时要进行净缸处理,方法是:起动真空泵运行 3~5min

后停泵,打开放油口把油彻底放干净,最后再注入纯净的真空泵油进行保养。

970. 真空泵若混入溴化锂溶液会怎么样?

真空泵若在操作中出现失误,溴化锂溶液有可能被抽入泵腔内,而发出"啪啪"音响,这时应立即停泵,将真空泵拆开进行彻底清洗,并用高压气体将润滑油孔道吹干净。重新组装完毕后,再充灌进适量的再生真空泵油,运转10min后将油放掉,如此反复2～3次,即可避免泵腔因接触溴化锂溶液而产生的腐蚀。

真空泵内进入溴化锂溶液后,应即时进行维修保养,若让溴化锂溶液在真空泵中停留10天以上,将会使真空泵受到严重的损坏。

971. 真空泵年度检修保养内容是什么?

(1) 滚动轴承的检查和更换。真空泵上的滚动轴承损坏率很高,应每年按水泵检修标准检修一次。

(2) 滑动轴承的检修和更换。真空泵高低压腔隔板上装有黄铜滑动轴承。滑动轴承在真空泵中兼有支撑转子和密封压腔的双重作用。滑动轴承的标准配合间隙应小于0.05mm,如配合间隙大于0.1mm,就应更换滑动轴承。

(3) 轴封的检修。真空泵的轴封是个橡胶密封件。检查的重点应是轴封的弹性、变形、锁紧弹簧张力以及轴与轴封的配合松紧程度等。若发现轴封有损坏部位,就应更换新轴封。

第八章 Chapter8

制冷机组常见故障与排除

第一节 活塞式制冷压缩机的常见故障与排除

972. 用看的方法怎么判断制冷机组运行中的故障？

看制冷机组运行中高、低压力值的大小、油压的大小、冷却水和冷媒水进出口水压的高低等参数，这些参数值以满足设定运行工况要求的参数值为正常，偏离工况要求的参数值为异常，每一个异常的工况参数都可能包含着一定的故障因素。此外，还要注意看制冷机组的一些外观表象，例如出现压缩机吸气管结霜这样的现象，就表示制冷机组制冷量过大、蒸发温度过低、压缩机吸气过热度小、吸气压力低。这对于活塞式制冷机将会引起"液击"；对于离心式冷水机组则会引起喘振。

973. 用摸的方法怎么判断制冷机组运行中的故障？

在全面观察各部分运行参数的基础上，进一步体验各部分的温度情况，用手触摸冷水机组各部分及管道（包括气管、液管、水管、油管等），感觉压缩机工作温度及振动，两器的进出口温度，管道接头处的油迹及分布情况等。正常情况下，压缩机运转平稳，吸、排气温差大，机体温升不高；蒸发温度低，冷冻水进、出口温差大；冷凝温度高，冷却水进、出口温差大；各管道接头处无制冷剂泄漏则无油污等。任何与上述情况相反的表现，都意味着相应的部位存在着故障因素。

用手摸物体对温度的感觉特征见表8-1。

表 8-1　　　　　触摸物体测温的感觉特征

温度（℃）	手感特征	温度（℃）	手感特征
35	低于体温	50	稍热但可长时间承受
40	稍高于体温，微温舒服	55	有较强热感，产生回避意识
45	温和而稍带热感	60	有烫痛感，触4s急缩回

续表

温度（℃）	手感特征	温度（℃）	手感特征
65	强烫灼感，触 3s 缩回	80	有烘酌感，用一触即回，稍停留则有轻度灼伤
70	强烫灼感，手指触 3s 缩回	85	有辐射热，焦灼感，触及烫伤
75	手指触有针刺感，1～2s 缩回	90	极热，有畏缩感，不可触及

用手触摸物体测温，只是一种体验性的近似测温方法，要准确测定制冷压缩机的温度应使用点温计或远红外线测温仪等测温仪器，从而迅速准确地判断故障。

974. 用听的方法怎么判断制冷机组运行中的故障？

通过对运行中的冷水机组异常声响来分析判断故障发生的性状和位置。除了听冷水机组运行时总的声响是否符合正常工作的声响规律外，重点要听压缩机、润滑油泵及离心式冷水机组抽气回收装置的小型压缩机、系统的电磁阀、节流阀等设备有无异常声响。例如，运转中听到活塞式或离心式压缩机发出轻微的"嚓，嚓，嚓"声或连续均匀轻微的"嗡，嗡"声，说明压缩机运转正常；如听到的是"咚，咚，咚"声或叶轮时快时慢的旋转声，或者有不正常的振动声音，表明压缩机发生了液击或喘振。

975. 用测的方法怎么判断制冷机组运行中的故障？

在看、听、摸等感性认识的基础上，使用万用表、钳型电流表、兆欧表、点温计或远红外线测温仪等仪器仪表，对机组的绝缘、运行电流、电压、温度等进行测量，从而准确找出故障的原因，及其发生的部位，迅速予以排除。

976. 活塞式制冷压缩机大、中、小检修时间是怎么要求的？

活塞式制冷压缩机的维护，以开启式压缩机为例，一般应根据运行时间来决定，一般正常运行情况下，压缩机累计运行 1000h 以后应进行小修，压缩机累计运行 2000h 以后应进行中修，压缩机累计运行 3000h 以后应进行大修。

977. 制冷机组故障分析的基本程序是什么？

对制冷机组故障的处理必须严格遵循科学的程序办事，切忌在情况不清、故障不明、心中无数时就盲目行动，随意拆卸。使故障扩大化，或引发新故障。一般制冷机组故障分析基本程序如图 8-1 所示。

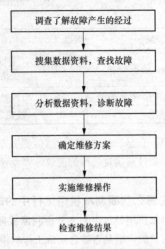

图 8-1　一般制冷机组故障分析基本程序

978. 怎样调查了解制冷机组故障产生经过？

（1）认真进行现场考察，了解故障发生时制冷机组各部分的工作状况、发生故障的部位、危害的严重程度。

（2）认真听取操作人员介绍故障发生的经过及所采取的紧急措施。必要时应对虽有故障，但还可在短时间内运转不会使故障进一步恶化的制冷机组或辅助装置亲自起动操作，为正确分析故障原因掌握准确的感性认识依据。

（3）检查制冷机组运行记录表，特别要重视记录表中不同常态的运行数据和发生过的问题，以及更换和修理过零件的运转时间和可靠性，了解因任何原因引起的安全保护停机等情况。与故障发生直接有关的情况，尤其不能忽视。

（4）向有关人员提出询问，寻求其对故障的认识和看法。必要时要求操作人员讲述和演示自己的操作方法。

979. 用搜集数据资料的方法怎么查找故障原因？

（1）详细阅读制冷机组的《使用操作手册》是了解制冷机组各种数据的一个重要来源。《使用操作手册》能提供制冷机组的各种参数（例如机组制冷能力，压缩机形式，电动机功率、转速、电压与电流大小，制冷剂种类与充注量，润滑油量与油位，制造日期与机号等），列出各种故障的可能原因。将《使用操作手册》提供的参数与制冷机组运行记录表的数据综合对比，能为正确诊断故障提供重要依据。

（2）对制冷机组进行故障检查应按照电系统（包括动力和控制系统）、水系统（包括冷却水和冷冻水系统）、油系统、制冷系统（包括压缩机、冷凝器、节流阀、蒸发器及管道）四大部分依次进行，要注意查找引起故障的复合因素，保证稳、准、快地排除故障。

980. 用分析数据资料方法怎么诊断故障原因？

（1）结合制冷循环基本理论，对所收集的数据和资料进行分析，把制冷循环正常状况的各种参数作为对所采集的数据进行比较分析的重要依据。例如，根据制冷原理分析冷水机组的压缩机吸气压力过高，引起制冷剂循环量增大，导致主电动机超载。而压缩机吸气压力过高的原因与制冷剂充注量过多、热力膨胀阀和浮球阀开度过大、冷凝压力过高、蒸发器负荷过大等因素有关。若收集到的资料发现制冷系统中吸气压力高于理论循环规定的吸气压力值或电动机过载，则可从制冷剂充注量、蒸发器负荷、冷凝器传热效果、冷却水温度等方面去检查造成上述故障的原因。

（2）运用实际工作经验进行数据和资料的分析。在掌握了制冷机组正常运转的各方面表现后，一旦实际发生的情况与所积累的经验之间产生差异，便马上可从这一差异中找到故障的原因。例如活塞式制冷机组在正常起动时，是不会产生"液击"现象的，当实际起动过程中发生了"液击"，而且视油镜油位并未表现出润滑油泡化现象，则可判定被活塞式压缩机吸入的液态制冷剂并不是来源于曲轴箱内的润滑油，而是来源于蒸发器。在活塞式制冷机组中，停车期间蒸发器内的液态制冷剂只能来源于高压部分，也就是说高压液态制冷剂经电磁阀和热力膨胀阀进入了蒸发器。膨胀阀由感温包控制，制冷机组停机后蒸发器出口端温度升高，膨胀阀芯自动开大属正常现象。因此，冷水机组停机时，使高压液态制冷剂进入蒸发器的只有电磁阀关闭不严一个因素。由此分析可知是电磁阀出现了故障，排除此故障后上述"液击"现象就会自动消除。可见将实际经验与理论分析结合起来，剖析所收集到的数据和资料，有利于透过一切现象，抓住故障发生的本质原因，并能准确、迅速地予以排除。

981. 怎么确定最佳维修方案？

（1）从可行性角度考虑维修方案。首要的是如何以最省的经费（包括材料、备件、人工、停机等）来完成维修任务，经费应控制在计划的维修经费数额以内。当总修理费用接近或超过新购整机费用 1/2 时，应将旧机进行报废处理。

（2）从可靠性角度考虑维修方案。通常冷水机组故障的处理和维修方案不是单一的。从制冷机组维修后所起的作用来看，可分为临时性、过渡性和长期三种情况，各种维修方案在经费的投入、人员的投入、维修工艺的要求、维修时间的长短、使用备件的多少与质量的优劣等方面，均有明显的差别，应根据具体情况确定合适的方案。

（3）选用对周围环境干扰和影响最小的维修方案。维修过程会对建筑物结构及居民产生安全及噪声伤害和环境污染的方案，都应极力避免采用。

（4）在认真分析各方面的条件后，找出适合现场实际情况的维修方案。一般这些维修方案适用于进行调整、修改、修理或更换失效组件等内容中的一项或数项的综合行动。

982. 怎么顺利实施维修操作方案？

（1）根据所定维修方案的要求，准备必要的配件、工具、材料等，做到质量好、数量足、供应及时。

（2）进行排除故障的维修时，检查程序应按制冷系统、油路系统、水路系统、电力控制系统等四个系统的先后顺序进行故障排除，以避免因故障交叉而发生维修返工现象，节省维修时间，保证维修质量。

（3）正确运用制冷和机械维修等方面的知识进行操作。例如压缩机的分解与装配、制冷系统的清洗与维护、控制系统设备及元器件的调试与维修、钎焊、电焊、机组试压、检漏、抽真空、除湿、制冷剂和润滑油的充注和排出等操作。

（4）分解的零件必须排列整齐，做好标记，以便识别，防止丢失。

（5）重新装配或更换零部件时，应对零部件逐一进行性能检查，防止不合格的零件装入机组，造成返工损失。

983. 怎么检查维修结果？

（1）检查维修结果的目的在于考察维修后的制冷机组是否已经恢复到故障发生前的技术性能。采取在不同工况条件下运转机组的方法，全面考核是否因经过修理给机组带来了新的问题。发现问题应立即予以纠正。

（2）对冷水机组进行必要的验收试验，应按照先气密性试验、后真空试验，先分项试验、后整机试验的原则进行。不允许用制冷机组本身的压缩机代替真空泵进行真空试验，以免损坏压缩机。

（3）除检查制冷机组的技术性能外，还要注意保护好机组整洁的外观和工作现场的清洁卫生。工作现场要打扫干净，擦掉溅出的油污，清除换下的零件和垃圾，最后清理工具和配件，不能将工具或配件遗忘在冷水机组内或工作现场。

（4）由于操作人员失误造成故障的制冷机组，维修人员应与操作人员一起进行故障排除或修复。事后一起进行机组试运行检查，一起讨论适合该机组特点的操作方法，改变不良操作习惯，避免同类故障再度发生。

第二节　螺杆式制冷压缩机的常见故障与排除

984. 螺杆式制冷压缩机泄漏故障的原因是什么？

螺杆式冷水机组氟利昂泄漏可分为内漏和外漏两种。内漏是指各个阀门（如供液阀、吸排气阀）关不死，氟利昂在机组系统内部泄漏，影响机组的操作和制冷效果。外漏是指机组系统内氟利昂向外界环境（即大气）的泄漏，它使机组无法运行并产生严重经济损失。相对而言机组外漏的概率较高，其原因可能是：

（1）机组一些铸件在铸造中由于型砂质量较差或铸造工艺不好，形成砂眼和裂纹，而机组管理人员在检漏时重点放在密封连接处，常忽略对铸件机体的检漏，从而发生氟利昂外漏。

（2）密封件磨损或破裂。如吸排气阀阀杆和阀体的 O 形环老化、磨损导致密封失效，轴封内动环擦伤，静环破裂。

（3）换热器内泄漏。蒸发器由于低压过低（低压控制器失灵）或冷冻水循环不畅，使得蒸发温度低于 0℃，冻裂蒸发器传热管，氟利昂从冷冻水系统中漏掉。蒸发器和冷凝器的传热管与管扳胀管未胀紧亦可导致氟利昂漏出。

当机组出现外漏时，将外漏点前后阀门关死，整个机组内氟利昂即可保住。若既有外漏又有内漏而不及时处理，机组内氟利昂可能全部漏光。

985. 螺杆式冷水机组石墨环炸裂的原因是什么？

螺杆式冷水机组的螺杆是高速旋转的机械，它的轴端采用机械密封，其动环和静环（石墨环）密封面经常会由于操作不当发生磨损的裂纹。螺杆式冷水机组石墨环炸裂的原因是：

（1）冷却水断水。当冷却水系统中混入空气或冷却水循环不畅时，冷凝器内氟利昂冷凝困难，压缩机高压端排气压力骤然上升，动环和静环密封油膜被击破，出现半干摩擦或开摩擦，在摩擦应力作用下，石墨环产生裂纹；压缩机起动时加载过快，高压突然增大同样会使石墨环破裂。

（2）轴封的弹簧及压盖安装不当，使石墨环受力不均，造成石墨环破裂。

(3) 轴封润滑油的压力和黏度影响密封动压液膜的形成，也是石墨环损坏的重要因素。

(4) 电器控制元件失灵

986. 螺杆式制冷机组电器控制元件不稳定的原因是什么？

(1) 电器控制元件质量有问题。

(2) 电器控制元件安装技术存在缺陷。

(3) 电器控制元件使用空间内部湿度太大，使电器控制元件生锈、腐蚀。

第三节　离心式制冷压缩机的常见故障与排除

987. 离心式机组通电后压缩机不能起动原因及怎么排除？

离心式制冷压缩机通电后不能起动的故障原因主要有四个：①供电电源有问题；②离心式制冷压缩机的导叶没有处在全关位置；③控制电路中的熔断器烧毁；④机组的过载继电器动作。

排除方法：①检查电源供电线路，找出问题，恢复正常供电；②将心式制冷压缩机的导叶自动——手动开关换到手动位置上，并用手动将导叶关闭；③找出控制电路中的熔断器烧毁的原因，更换新的熔断器；④按下机组过载继电器的复位开关，看其能否工作，或重新调整过载继电器的动作参数的设定值。

988. 离心式制冷压缩机运行时转动不平稳怎么处理？

造成离心式制冷压缩机运行时转动不平稳问题的原因主要有：①机组运行时油压过高；②机组的轴承间隙过大；③机组的防震装置调整的位置不对；④机组密封填料和旋转体接触；⑤机组的增速齿轮磨损严重；⑥机组的主轴发生了弯曲。

排除方法：①将机组的油压降至额定值；②调整机组的轴承间隙或更换轴承；③调整或更换防震装置中的弹簧；④调整机组密封填料和旋转体之间的间隙；⑤修理或更换机组的增速齿轮；⑥校正机组的主轴。

989. 离心式制冷压缩机运行时电动机负荷过大怎么处理？

造成离心式制冷压缩机运行时电动机负荷过大问题的主要原因为：①机组的制冷负荷过大；②压缩机吸入大量的液体制冷剂；③机组运行中冷凝器中的冷却水温度过高；④冷凝器中的冷却水量过少；⑤制冷系统内有不凝性

气体。

排除方法：①采取开启备用机组的方法，减小机组的制冷负荷；②降低蒸发器中的液面，杜绝压缩机吸入大量液体制冷剂的可能；③通过调整冷却水流量或改善冷却塔工况的方法，降低冷凝器中冷却水的温度；④通过提高水泵转速的或增加水泵工作台数的方法，加大冷却水流量；⑤开启机组的抽气回收装置，排除制冷系统内的不凝性气体。

990. 离心式制冷压缩机运行时出现"喘振"怎么处理？

造成离心式制冷压缩机运行时出现"喘振"问题的主要原因为：①机组运行时冷凝压力过高；②机组运行时蒸发压力过低；③机组运行时进口导叶开度过大。

排除方法：①通过提高水泵转速或增加水泵工作台数的方法，加大冷却水流量，降低冷凝压力；②通过开启旁通阀，增加机组的吸气量，提高机组吸气的蒸气压力；③调整机组运行时进口导叶开度，使之与机组运行负荷相适应。

991. 离心式制冷压缩机运行时冷凝压力过高怎么处理？

造成离心式制冷压缩机运行时冷凝压力过高问题的主要原因为：①机组内渗入了空气；②冷却水系统流量不足；③冷却水系统的水温过高；④冷凝器管壁上结垢太厚。

排除方法：①起动机组的抽气回收装置，排除系统中的空气；②通过清洗水系统的过滤器或提高水泵转速的方法，加大冷却水流量，降低冷凝压力；③改善冷却水系统的散热条件，用降低冷却水的温度方法，达到降低冷凝压力的目的；④用机械或化学方法清洗冷凝器的管壁，除去冷凝器管壁上的水垢，改善热交换条件，降低机组的冷凝压力。

992. 离心式制冷压缩机运行时蒸发压力过高怎么办？

造成离心式制冷压缩机运行时蒸发压力过高问题的主要原因为：①系统的制冷负荷过大；②机组的浮球室液面下降，没有形成液封。

排除方法：①在机组运行时开足进口导叶；②检修机组的浮球室，使其形成液封。

993. 离心式制冷压缩机运行时蒸发压力过低怎么办？

造成离心式制冷压缩机运行时蒸发压力过低问题的主要原因为：①系统中的制冷剂不足；②蒸发器管路中污垢太多；③机组的浮球阀动作失灵；④制冷剂不纯；⑤制冷系统的负荷减少；⑥水路系统中有空气。

排除方法：①适量向系统中补充制冷剂，使其满足制冷运行的需求；

②清洗蒸发器管路系统；③检修浮球阀使其动作灵活；④用收氟机提纯或更换制冷剂；⑤适量关小机组的进口导叶；⑥排除水系统中的空气。

994. 离心式制冷压缩机运行时润滑油压力过低怎么办？

造成离心式制冷压缩机运行时润滑油压力过低问题的主要原因为：①润滑油含有制冷剂，使起润滑能力变低；②系统润滑油的过滤器堵塞；③机组的润滑油压力调节阀失灵；④机组油箱内的压力过低。

排除方法：①减少向机组油冷却器的冷却水供应量，提高润滑油的温度；②清洗油路系统的过滤器；③检修或更换机组的润滑油压力调节阀；④机组润滑油系统均压管的开度。

第九章 Chapter9

溴化锂吸收制冷机的常见故障与排除

第一节 溴化锂吸收制冷机常见故障排除的操作方法

995. 结晶故障是怎么产生的？

溴化锂吸收制冷机组为了防止机组在运行中产生结晶，通常在机组在发生器浓溶液出口端都设有自动熔晶装置。此外，为了避免机组停机后溶液结晶还设有机组停机时的自动稀释装置。

然而，由于各种原因，如加热能源压力太高、冷却水温度过低、机组内存在不凝性气体等，机组还会发生结晶事故。

但是，在实际运行中溶液结晶是溴化锂吸收式机组的常见故障之一。

996. 停机期间结晶怎么处理？

溴化锂吸收制冷机组停机期间，由于溶液在停机时稀释不足或环境温度过低等原因，使得溴化锂溶液质量分数冷却到平衡图中的下方向发生结晶。一旦发生结晶，溶液泵就无法运行，可按下列步骤进行熔晶处理：

（1）用蒸气对溶液泵壳和进出口管加热，直到泵能运转。加热时要注意不让蒸气和凝水进入电动机和控制设备，切勿对电动机直接加热。

（2）屏蔽泵是否运行不能直接观察，如溶液泵出口处未装真空压力表，可在取样阀处装真空压力表。若真空压力表上指示为一个大气压（即表指示为 0），表示泵内及出口结晶未消除；若表指示为高真空，则表明泵不运转，机内部分结晶，应继续用蒸气加热，使晶体完全溶解，泵运行时，真空压力表上指示的压力高于大气压，则结晶已溶解。但是，有时溶液泵扬程不高，取样阀处压力总是低于大气压时，这时应用取样器取样，或观察吸收器喷淋，或发生器有无液位，也可听泵出口管内有无溶液流动声音来判断结晶是否已溶解。

997. 溴化锂机组运行期间为什么要除结晶？

溴化锂吸收制冷机组在运行期间，最容易结晶的部位是溶液热交换器的浓溶液侧及浓溶液出口处。因为这里是溶液的质量分数最高及浓溶液温度最低处。当温度低于该质量分数下的结晶温度时，结晶逐渐产生。在全负荷运行时，熔晶管不发烫，说明机组运行正常。一旦出现结晶，由于浓溶液出口被堵塞，发生器的液位越来越高，当液位高到熔晶管位置时，溶液就绕过低温热交换器，直接从熔晶管回到吸收器。因此，熔晶管发烫是溶液结晶的显著特征。此时，机组的低压发生器液位高，吸收器液位较低，机组性能下降。

998. 溴化锂机组运行期间结晶怎么处理？

当结晶比较轻微的，机组本身能自动熔晶。温度高的浓溶液及熔晶管直接进入吸收器，使稀溶液温度升高。当稀溶液流过热交换器时，对壳体侧结晶的浓溶液，可将结晶溶解，浓溶液又可经热交换器到吸收器喷淋，低压发生器液位下降，机组恢复正常运行，这种方法称为熔晶管熔晶。如果机组无法自动熔晶，可采用下面的方法进行熔晶处理：

（1）机组继续运行。

1）关小热源阀门，减少供热量，使发生器溶液温度降低，溶液质量分数也降低。

2）关闭冷却塔风机（或减少冷却水流量），使稀溶液温度升高、一般控制在60℃左右，但不要超过70℃。

3）为使溶液质量分数降低，或不使吸收器液位过低，可将冷剂泵再生阀门慢慢打开，使部分冷剂水旁通到吸收器。

4）机组继续运行，由于稀溶液温度提高，经过热交换器时加热壳体侧结晶的浓溶液，经过一段时间后，结晶一般可以消除。

（2）机组继续运行中如果结晶较严重，上述方法一时难以解决，可借助于外界热源加热来消除结晶。

1）按照上面的方法，关小热源阀门，使稀溶液温度上升，对结晶的浓溶液加热。

2）同时用蒸气或蒸气凝水直接对热交换器全面加热。

（3）采用溶液泵间歇启动和停止

1）为了不使溶液过分浓缩，关小热源阀门，并关闭冷却水。

2）打开冷剂水旁通阀，把冷剂水旁通至吸收器。

3）停止溶液泵的运行。

4）待高温溶液通过稀溶液管路流下后，再起动溶液泵。当高温溶液被加热到一定温度后，又暂停溶液泵的运转，如此反复操作，使在热交换器内结晶的浓溶液，受发生器回来的高温溶液加热而溶解。不过，这种方法不适用于浓溶液不能从稀溶液管路流回到吸收器的机组。

999. 间歇启停加热熔晶怎么操作?

（1）用蒸气软管对热交换器加热。

（2）溶液泵内部结晶不能运行时，对泵壳、连接管道一起加热。

（3）采取上述措施后，如果泵仍然不能运行，可对溶液管道、热交换器和吸收器中引起结晶部位进行加热。

（4）采用停止溶液泵的运行，间歇启停运转。

（5）熔晶后机组开始工作，若抽气管路结晶，也应熔晶；若抽气装置不起作用，不凝性气体无法排除，尽管结晶已经消除，随着机组的运行又会重新结晶。

（6）寻找结晶的原因，并采取相应的措施。如果高温溶液热交换器结晶，高压发生器液位升高，因高压发生器没有熔晶管，同样，需要采用溶液泵间歇起动和停止的方法，利用温度较高的溶液回流来消除结晶。

熔晶后机组在全负荷运行，自动熔晶管也不发烫，则说明机组已恢复正常运转。

1000. 机组起动时结晶怎么处理?

在机组起动时，由于冷却水温度过低、机内有不凝性气体或热源阀门开得过大等原因，使溶液产生结晶，大都是在热交换器浓溶液侧，也有可能在发生器中产生结晶。熔晶方法如下：

（1）微微打开热源阀门，向机组微量供热，通过传热管加热结晶的溶液，使结晶熔解。

（2）为加速熔晶，可外用蒸气全面加热发生器壳体。

（3）待结晶熔解后，起动溶液泵，使机组内溶液混合均匀后，即可正式起动机组。

（4）如果低温溶液热交换器和发生器同时结晶，则按照上述方法，先处理发生器结晶，再处理溶液热交换器结晶。

1001. 蒸发器中冷剂水结冰的原因及怎么处理?

蒸发器中冷剂水结冰原因：①冷水出口温度过低；②冷水量过小；③安全保护装置发生故障。

蒸发器中冷剂水结冰解冻处理方法为：①将冷却塔风机停下，使冷却水温度升高；②将冷却水泵出口阀门关小，使冷却水流量减小；③按通常方法起动机组，一段时间后方可解冻。

如上述方法仍不能解冻，还可采用下面方法继续处理：①将热源阀门关闭；②将溶液泵排出阀关闭；③让冷水继续通过蒸发器，加热水盘中冻结的冷剂水，即可使蒸发器冷剂水解冻。

1002. 蒸发器中冷水结冰的原因及怎么处理？

蒸发器中冷水结冰原因，通常是由于冷水泵发生故障，突然停止运转或冷水管路系统某部分堵塞，使蒸发器传热管内冷水不能流动，呈静止状态或冷水流量过小而安全保护装置失灵所致。由于水在结冰时体积增大，传热管内的水结冰，将管胀破，此时管径要比原来的大，因此维修时很难从机内将胀破的传热管拔出。此外，在结冰裂管的过程中，虽然胀裂的管子容易发现，但损伤的管子则不易发现。经过一段时间后，受损的管子又要破裂，影响机组正常运行和使用。

所以，在更换因冷水结冰而损坏的蒸发器传热管时，至少要更换流程内受损的所有传热管。

1003. 冷剂水污染原因及怎么处理？

冷剂水污染主要有下列原因：

(1) 溶液循环量过大，或发生器液位过高。

(2) 加热热源压力过高，发生器中溶液沸腾过于激烈，将溶液带入冷凝器起动初期，溶液质量分数较低，沸腾更剧烈。

(3) 冷却水温度过低。

(4) 冷水温度过高，溶液质量分数低，沸腾激烈。

(5) 溶液中有气泡，表明含有易挥发物质，溶液质量不好。

冷剂水污染的排除方法为：

(1) 关闭冷剂泵出口阀门，打开冷剂水再生阀（旁通阀），将混有溴化锂溶液的冷剂水全部旁通到吸收器，然后送往发生器进行冷剂水再生。

(2) 当蒸发器液位很低时，关闭再生阀和冷剂泵（冷剂泵有液位自动控制则不必手动关泵）。

(3) 待蒸发器液面达到规定值后，打开冷制泵出口阀门，起动冷剂泵，机组进入正常运行。

(4) 重新测量冷剂水的密度，如达不到要求，可反复进行冷剂水的再生，直至合格。

(5) 热源温度过高，冷却水温度过低，溶液循环量过大，进入发生器的溶液过稀等，都会影响冷剂水的再生效果。冷剂水再生时要妥善处理。

1004. 冷剂水缓慢再生方法是什么？

溴化锂吸收式机组的运行过程中，溴化锂溶液混入冷剂水中，这种现象称为冷剂水污染。冷剂水污染后，机组的性能下降，严重时机组的性能大幅度下降，甚至无法运行。因此，从冷剂泵出口的取样阀取样，测量其相对密度，若相对密度大于 1.04 时，说明冷剂水被污染了应进行再生处理。

冷剂水缓慢再生的方法为：

（1）适当关小冷剂泵出口阀门（有时可不关小）。

（2）慢慢打开冷剂水再生阀。再生阀开度不要太大（要求不要全开），将部分混有溴化锂溶液的冷剂水旁通到吸收器，然后经发生器进行冷剂再生。

（3）隔一段时间后，测量冷剂水的密度，如达不到要求，则继续再生。

（4）每隔一段时间后，重新测量冷剂水的密度，如达不到要求，可反复进行冷剂水的再生，直至合格。

（5）关闭再生阀，打开冷剂水出口阀门，机组进入正常运行。

这种冷剂水再生方法，机组性能略有下降，但机组仍能维持使用。若冷剂水迅速全部旁通到吸收器，会使机组性能下降很大，运行出现剧烈变化，同时，这种方法在冷剂水再生期间，不会由于冷剂水再生而重新引起冷剂水的污染，但这种方法冷剂水再生时间较长。

第二节　真空泵故障及处理方法

1005. 影响真空泵抽气效果的原因是什么？

（1）真空泵油的选用。真空泵应选用真空泵专用油，不能使用其他的润滑油代替真空泵专用油。

（2）真空泵油的乳化。在抽气过程中，冷剂水蒸气会随不凝性气体一起被抽出，即使机组中装有冷剂分离器，也会有一定的冷剂水蒸气随不凝性气体进入真空泵，冷剂蒸气凝水使油乳化，油呈乳白色，黏度下降。

（3）溴化锂溶液进入真空泵。机组抽气时，由于操作不当，机组内溴化锂溶液可能被抽至真空泵。这样不仅使抽气效率降低，而且溴化锂溶液有腐蚀性，会使泵体内腔腐蚀生锈，应及时放尽旧油，并将真空泵内部清洗干净，重新装入真空泵油。

（4）油温太高。真空泵运行时间过长或冷却不够，致使油温升高，黏度下降，不仅影响抽气效果，还会使泵发生故障。通常油温应小于70℃。

（5）真空泵零件的损坏。排气阀片变形、损坏或螺钉松脱，阀片弹簧失去弹性或折断，旋片偏心或定子内腔有严重痕迹等，都会导致抽气能力下降。

（6）杂物进入真空泵。杂物的进入不仅使零件损坏，也可能在缸体内壁刻痕，影响气密性，还可能使油孔堵塞，造成真空泵极跟真空度下降。

（7）真空泵气镇阀故障。装有气镇阀的机组，气镇阀故障对真空泵的抽气性能也有较大的影响。

1006. 溴化锂机组真空电磁阀有哪些常见故障？

真空电磁阀内有线圈与弹簧，通过直流电后产生磁力。当起动真空泵时，线圈通电，真空电磁阀切断外界通路，打开抽气通路；当真空泵停止时，电磁阀断电，靠弹簧的作用，使通往机组的抽气管路关闭，而使真空泵吸气管路与大气相通，以防止真空泵油被压入机内。真空电磁阀常见故障有：

（1）二极管烧毁。打开真空电磁阀罩盖，更换二极管。

（2）熔丝烧毁。更换熔丝。

（3）滑杆或弹簧生锈。由于环境湿度大或抽气时，溴化锂水溶液或冷剂水进入真空电磁阀，使之生锈而卡住，应拆开清除铁锈等杂物。

1007. 真空隔膜阀故障的原因是什么？

真空隔膜阀故障的原因主要是：真空隔膜阀手柄打滑，或隔膜与阀杆脱落，虽开关动作，但膜片未产生位移，使阀无法打开或关闭。另外，由于隔膜老化等，都会影响抽气效果。应更换手柄或真空阀隔膜。

第三节　溴化锂机组常见故障分析及处理

1008. 溴化锂突然报警停机怎么处理？

当机组安全保护装置动作时，机组报警并按设定的程序停机，这时应按下列步骤处理：

（1）立即关闭热源手动截止阀，停止热能供应。

（2）若机组正在抽气，应迅速关闭抽气阀门，以防外界空气漏入机组。

（3）将溶液泵开关放到手动位置，报警开关放到报警位置。

（4）检查停机报警原因，并及时进行处理。

（5）按下机组复位开关，恢复机组正常运行。

1009. 溴化锂突然短时间停电造成停机怎么处理？

机组在运行中因停电而突然停机。此时机内溴化锂溶液质量分数较高，一般为 60%～65%，机组又不能进行稀释运行，随着停电时间的延长，机内的溴化锂溶液会发生结晶。

短时间停电（1h 以内）如果停电时间较短，机组内溶液温度较高，一般来说，溶液结晶的可能性不大，按下列程序进行起动：

1）起动冷水泵和冷却水泵。因为停电时，大多数冷水泵和冷却水泵也停止，因此断水指示灯亮。

2）按下复位开关。

3）将自动—手动开关置于自动位置，起动溶液泵及冷剂泵，进行稀释运转。需要注意蒸发器中冷剂水的液位，液面过低，冷剂泵会发生吸空现象，这时应停止冷剂泵运转。

4）将自动—手动开关置于自动位置，按正常顺序进行机组的起动。

5）检查冷剂水，其相对密度超过 1.04，应进行再生处理。

1010. 溴化锂突然长时间停电造成停机怎么处理？

机组在运行中因长时间停电（1h 以上），由于机组内溶液质量分数较高，溶液温度逐渐降低，容易发生结晶，应按下面步骤进行处理：

（1）立即关闭热源截止阀，停止热能供应。

（2）如果机组正在抽气，应立即关闭抽气主阀，以防空气漏入机组，停止真空泵运转。

（3）停止冷却水泵运转。

（4）熔晶开关放在开的位置（运行指示灯亮）。

（5）将溶液泵置于停止位置。

（6）若恢复供电时，将热源调节阀门放在 30％ 的位置，注意溶液温度不应超过 70℃。

（7）此时应将熔晶开关置于开的位置，即 30min 内进行熔晶操作。

（8）起动冷却水泵及溶液泵。

（9）在注意观察吸收器液面的同时，进行 30min 左右的试运转。

（10）如果在 30min 以内，吸收器液位过低，溶液泵发生气蚀现象，则不可继续运行，这就说明机组中溶液发生了结晶，应立即切断电源，使机组停止运转。

1011. 溴化锂机组运行中发生地震、火灾等紧急情况时怎么处理？

（1）切断电源。

（2）迅速关闭热源手动截止阀。

（3）机组正在抽空时，立即关闭抽气筒。

（4）再次起动机组前，应检查机组是否结晶，是否安全。

1012. 溴化锂机组运转异常安全装置动作怎么处理？

机组因安全保护装置动作而停机报警，应先切断热源的供应，然后按消声按钮消声，查明故障原因并排除后，可重新起动机组。点火失败的信号，可由燃烧控制箱上的报警灯显示。查明故障原因并排除后，按燃烧控制箱上的复位按钮复位。

溴化锂吸收式机组安全保护装置动作后，应查明原因并予以排除。有的安全装置动作时，机组能自动处理，例如，冷剂水低位控制器动作时，暂停冷剂泵的运转，待冷剂水上升到一定高度时，冷剂泵又会自动起动。但有的安全装置动作时，须故障排除后，才能重新起动，如冷剂泵过载继电器动作，则机组按照停机程序自动停机，必须人工排除故障后才能重新开机。

1013. 溴化锂机组燃烧器发生故障了怎么处理？

直燃型溴化锂吸收式冷热水机组的故障多反映在燃烧器上。溴化锂机组燃烧器发生故障时，应做如下处理：

（1）手动燃烧供应阀门关闭，无燃烧供应，无法点火，燃烧器反馈保护装置动作，发出报警声。此时应打开燃料阀门，提供燃料供给，同时，按燃烧器复位按钮、消声，再按下起动按钮。

（2）点火电极间隙距离太大。由于电极棒的磨损，使火花间距加大，应调节电极间距离到规定值。

（3）点火。电极和电路绝缘不良。由于点火电极受潮及电极和电路绝缘下降，应排除并接地，同时清洁电极或更换受损的电极和电线。一般来说，电极棒使用两年要更换。

（4）燃烧器控制器失灵。检修控制器，更换零件。

（5）燃烧器电动机不运转。

1014. 溴化锂机组燃烧器电动机不运转怎么处理？

直燃型溴化锂吸收式冷热水机组燃烧器电动机不运转，引起的原因及处理方法是：

（1）没有供电，检查供给电源断电原因，予以排除。

（2）电源熔丝熔断，查找原因，排除故障后更换熔丝。

（3）燃烧器电动机故障，检查电动机接线是否正确，测量电动机绕线和壳体之间电阻，绝缘性能，进行检修或更换电动机。

（4）控制器失灵或控制线路中断，更换控制器，检查控制线路，寻找断开点并接通。

（5）燃料供应中断。检查燃料系统，检查主燃料供应阀，打开燃烧供应阀门，检查油泵是否运转。

1015. 蒸汽型溴化锂吸收式机组常见故障有哪些？

（1）机组中即使存在少量不凝性气体，也可使机组性能大幅下降，同时，加剧了溴化锂溶液对机组金属材料的腐蚀。因此，机组的真空度，特别是机组的气密性是十分重要的，是引起溴化锂吸收式机组产生故障的主要根源，应特别注意。

（2）溴化锂溶液的结晶故障，在机组运行中或停机期间也是经常遇到的。在机组运行中，注意能量供应不应过高过快，冷却水温度不应过低，在停机中，溶液应稀释至在环境最低温度下不产生结晶的质量分数范围。

（3）为了防止冷剂水及冷水的结冰而损坏机组，首先应检查低温保护（温度传感器）的好坏，更重要的是，应按实际温度来校准传感器的显示温度，两者尽量一致。此外，应检查和调节流量开关（靶式流量计），以防冷水泵断电或因故障停止送水，以免传热管因冷水结冰而损坏。

（4）冷剂水的污染也是常见的经常要解决的问题。应经常观察冷剂水的颜色，定期测量冷剂水的相对密度。

（5）在停机期间，当环境温度低于 0℃ 时，应将机组各部件中所有存水放尽，以防结冰损坏机组。

1016. 溴化锂吸收制冷机真空泵常见故障怎么排除？

真空泵常见故障原因及排除方法见表 9-1。

表 9-1   **真空泵故障原因及排除方法**

故障内容	造成原因	解决方法
极限真空达不到要求	泵腔内配件间隙超差，轴封不严密，旋片弹簧折断，真空泵油缺少或乳化，密封件损坏等	检查后，进行检修或更换新品，放掉乳化油，加添新油至合理数量
运转时发出"拍拍"的响声	旋片弹簧失灵，旋片撞击缸腔壁，泵腔内进入溴化锂溶液	更换新弹簧，做彻底清洗，更换新油
油温超过 40℃	排气量大，冷却水量少或水温高，油量不足旋片和缸壁接触面粗糙	减少排气量，增加冷却水量，添加或更换新油，进行检修，提高光洁度
振动时双振幅超过 0.5mm	排气量过大，轴承游隙超差，油量过多	减少排气量，检查轴承质量，排放真空泵油

1017. 溴化锂吸收制冷机屏蔽泵常见故障怎么排除？

屏蔽泵故障原因和排除方法见表 9-2。

表 9-2　　　　　　　　屏蔽泵常见故障原因及排除方法

故障	原因	处理方法
通电后，电泵不能起动，发出嗡嗡的声音	电源电压过低	必须调整电压使其在 342～418V 范围
	三相电源有一相断电	检查线路是否良好，接头处是否接触良好
	电泵绕组烧坏	必须进行大修，更换线圈
运行中电泵迅速发热，转速下降	电压过低，电流增大，使线圈发热	调整电压
	二相运转	检查线路及接头是否良好
	过滤器阻塞	检查过滤器并清查过滤网
	定转子之间相擦	轴承磨损大，更换轴承
	电泵绕组短路	必须进行大修，更换线圈
电动机起动时熔丝烧坏或跳闸	电泵叶轮卡住	拆开检查，清除杂物
	电动机线圈短路	更换线圈
	定子屏蔽套破裂，液体进入线圈，绝缘电阻下降，绕组对地击穿	进行大修，更换线圈及屏蔽套
泵不出液体或流量、扬程不够	泵内或吸入管内留有空气	开启旋塞，驱除空气
	吸上扬程过高或灌注头不够	减少吸入管阻力，增大进口压力
	管路漏气	检查并拧紧
	电泵或管路内有杂物堵塞	检查并清理
	电路断线，轴承扼住轴而不转	检查并清理
消耗功率过大	密封圈磨损过多	更换叶轮或密封环
	转动部分与固定部分发生碰擦	进行检查，排除碰擦
泵发生振动	泵内或吸入管内有空气	开启旋塞，驱除空气
	吸上扬程过高或灌注头不够	降低标高，减少吸入阻力
	轴承损坏	更换轴承
	转子部分不平衡引起振动	检查并消除
	泵内或管路内有杂物堵塞	检查并消除

溴化锂吸收制冷机的常见故障与排除

1018. 溴化锂制冷机组的运行中冷媒水断水故障怎么处理？

在溴化锂制冷机组的运行过程中，流经蒸发器的冷媒水若突然断水，就易造成蒸发器传热管冻裂事故。

造成冷媒水断水的原因有：动力电源突然中断，冷媒水泵出现故障，水池水位过低使水泵吸空。

冷媒水断水故障的排除方法：关闭蒸发器泵和吸收器泵，打开冷剂水旁通阀门，稀释溶液以免结晶；打开冷媒水循环阀门，迅速将蒸发器中冷媒水排管中的积水排干净，以免冻裂管道；通知热力供应部门停止供气，或在打开紧急排气阀门的同时关闭加热蒸气；保持发生器泵和冷却水泵运行，若断水故障在短时间能排除，就可继续开机进行正常制冷运行。

1019. 溴化锂制冷机组运行中冷却水断水故障怎么处理？

溴化锂制冷机组冷却水断水的原因与冷媒水断水的原因基本相同。若不及时处理，就易造成溶液结晶和屏蔽电动机温升过高而受到损坏。

冷却水断水的处理方法是：①立即通知热力供应部门停止供应蒸气，防止发生器中溶液浓度持续升高，形成结晶危险；②关闭蒸发器泵出口阀，并打开冷剂水旁通阀稀释溶液；③停止吸收器泵运行；④当溶液温度下降到60℃左右时，关闭发生器泵和冷媒水泵，停止机组运行，进行停机维修。

1020. 溴化锂制冷机组的运行中突然断电故障怎么处理？

溴化锂制冷机组在运行过程中，若发生突然断电，就应迅速关闭加热蒸气，使动力箱电源开关及所有溶液泵和水泵的电源按钮调整到关闭位置，并应同时关闭水泵出口阀门，使整个系统处于停机状态。待机组恢复正常供电后，按正常启动程序，重新启动机组。

1021. 怎么添加溴化锂吸收式制冷机组中冷剂水？

机组在不同负荷工况下运行时，溴化锂溶液质量分数将有所变化。当质量分数下降时，溶液中水分增多，蒸发器水盘中的冷剂水减少，可能会导致冷剂泵吸空，这时应补充冷剂水。

向机组内添加冷剂水必须是蒸馏水或离子交换水（软水）。冷剂水的添加和溶液的添加方法一样；同样，在添加操作过程中应防止空气进入机组，冷剂水加入完成之后，起动真空泵，将机组内不凝性气体抽尽。

1022. 怎么取出溴化锂机组中的冷剂水？

溴化锂机组运行过程中，当溴化锂溶液质量分数增大时，溶液中的水分减少，蒸发器水盘中的冷剂水则增多，可能发生冷剂水溢出水盘，此时应排出多余的冷剂水。想取出溴化锂机组中的冷剂水，应由冷剂泵出口处的取样阀取出。由于机组中冷剂泵的扬程较低，仅为数米液柱，取样阀出口为负压，冷剂水的排出必须借助于真空泵才能完成。其操作程序如下：

（1）准备好一个容器（容积一般为 0.01m³，以上，耐压 0.1MPa 以上），一般为大口真空玻璃瓶。

（2）在玻璃瓶口旋紧橡胶塞，塞上穿两个孔，分别插入 8mm 直径的铜管，如图 9-1 所示（图中的真空玻璃瓶有成直角方向进出的两个接头）。

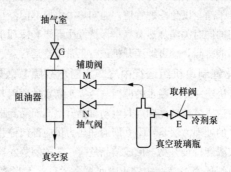

图 9-1　冷剂水的取出

（3）取一根真空胶管，将其一端与真空玻璃瓶接头相连，另一端和机组冷剂泵出口取样阀相连。

（4）再取一根真空胶管，一端与真空玻璃瓶接口相连，另一端与真空泵抽气管路上的辅助阀相接。

（5）关闭机组上所有抽气阀（如阀 G、阀 N），打开辅助阀 M，并关闭冷剂泵出口阀。

（6）起动真空泵，将阻油器、抽气管路及真空玻璃瓶抽至高真空（约需1～3min）。

（7）打开取样阀，冷剂水就不断地流入真空玻璃瓶。当瓶内冷剂水快要充满时，关闭取样阀，打开冷剂泵出口阀，再关闭辅助阀 M。

（8）将真空玻璃瓶中的冷剂水倒入冷剂水桶内。如果机组还要排出冷剂水的话，可重复上述步骤，直到蒸发器水盘（或液囊）冷剂液面达到规定值为止。

✒ 1023. 溴化锂机制冷机组短期停机怎么维护保养？

短期停机是指停机时间较短，在两周之内，短期停机的原因主要是故障维修。

在短期停机时，首先要做的工作是将冷剂水旁通，并进入溶液泵，使溶液充分稀释。在停机期间，保持真空、防止产生腐蚀是最重要的工作。

如短期停机是由于燃油（气）系统、冷却水系统、冷媒水（冷水）系统维修造成的，在停机期间机组内的真空并没有被破坏，则每天均应使用机械真空泵进行抽真空操作。

如由于屏蔽泵、真空阀等部件损坏、传热管破损等造成短期停机，在停机期间机组与大气连通。对于部件损坏应进行部件更换，快拆快装；对于传热管破损泄漏则应快堵快焊，尽快恢复机组真空。

1024. 溴化锂机制冷机组长期停机怎么维护保养？

停机时间超过两周称为长期停机。长期停机的原因主要是季节性停机，溴化锂机房空调制冷机组停机维护保养操作

当机组长期停机时，应使溶液充分稀释，将发生器、冷凝器、吸收器、蒸发器封头中由于蒸气加热产生的积存水完全排放，清除直燃机组高压发生器烟气侧的积烟积尘。有储液器的机组，应将溶液放至储液器，在机组中充入 0.02MPa 的氮气。

1025. 溴化锂机组 U 形管式冷凝器和吸收器机械怎么清洗？

（1）准备好管道疏通机，将尼龙刷固定在软轴头部。

（2）拆下换热器水管上的短接头。

（3）用梅花扳手或套筒扳手拧下换热器封头紧固螺栓，将封头旋转180°，露出传热管。

（4）将尼龙刷插入传热管，按下管道疏通机开关，向传热管内轻推，当在管内转动较紧时，向外抽取，注意用力绝不可过大，以免损坏传热管。

（5）换一根传热管，重复 U 形管式冷凝器和吸收器机械清洗操作步骤，直至所有传热管清理完毕。

（6）用压力为 0.3MPa 的水冲洗全部传热管。

（7）检查传热管内的颜色，如露出铜本色，则清洗合格。

（8）将封头旋回，检查封头密封垫片是否平整，用梅花扳手或套筒扳手拧紧换热器封头紧固螺栓，拧紧力矩应符合使用讲明书或维护说明书的要求。

（9）接上换热器水管上的短接头。

（10）清理现场。

1026. 溴化锂机组每年应进行什么保养？

（1）运行前保养。包括传热管清洗、溶液化验、真空及真空泵极限真空

验证等。

（2）运行中保养。包括制冷量确定、真空度检查，泄漏量估算、冷剂水监控、溶液监控等。

（3）运行结束保养。包括溶液检验、制冷量评估、真空检查。

（4）停机期间保养。主要是真空方面的检查和维护。

1027. 溴化锂机组冷剂水污染的原因是什么？

冷剂水污染是指在溴化锂吸收式机组的运行过程中，溴化锂溶液混入冷剂水中的现象。发生冷剂水污染后，直接影响蒸发器中冷剂水的蒸发吸热和吸收器的吸收能力，导致机组的性能下降，严重时机组性能大幅度下降，甚至无法运行。造成冷剂水污染的原因有以下几点：

（1）溶液循环量过大。

（2）发生器液位过高。

（3）加热量过大，发生器中溶液沸腾过于激烈，将溶液带入冷凝器，特别是机组起动初期，溶液质量分数较低，沸腾更剧烈。

（4）冷却水温度过低或冷却水流量过大。

（5）冷冻水温度过高，溶液质量分数低，沸腾激烈。

（6）溶液中有气泡，表明含有易挥发物质，溶液质量不好。

1028. 溴化锂机组冷剂水污染的部位及原因是什么？

（1）从发生器视镜中观察溴化锂溶液沸腾时有无气泡，若有，说明溴化锂溶液质量存在问题，含有过多易挥发物质，应对溴化锂溶液进行分析检查，若溶液确有问题，应换上质量符合要求的溶液。

（2）通过高压发生器冷剂蒸气凝水取样阀取样，并测量其相对密度。若冷剂水的相对密度大于 1.0，则说明高压发生器冷剂蒸气凝水中混入溴化锂溶液，或因为高压发生器液位过高，或因高压发生器挡液装置效果较差，应查明原因及时处理。若冷剂水的相对密度为 1.0，则说明高压发生器冷剂蒸气系统无污染。

（3）通过冷凝器凝水出口管上取样阀取样，并测量其相对密度。若相对密度为 1.0，说明冷凝器凝水无污染；若冷凝器凝水相对密度大于 1，说明溴化锂溶液混入冷凝器，则可认为低压发生器蒸气凝水系统污染，或因低压发生器液位过高，或因低压发生器挡液装置效果较差，应查明原因及时处理。

（4）若高压发生器冷剂蒸气凝水和冷凝器冷剂凝水都没有混入溴化锂溶液，那么冷剂水的污染则是来自蒸发器和吸收器之间。如高压发生器冷剂蒸气凝水和冷凝器冷剂凝水，两者之中有一处产生污染，但不能说明蒸发器和吸收器之间无污染，只有先处理已查出的受污染的部位后再检查其他部位，一步步消除污染源，最后消除机组的污染。

1029. 蒸发器与吸收器间污染冷剂水的原因是什么？

①由吸收器喷淋造成污染。喷淋在吸收器传热管簇上的溴化锂溶液，由于挡液装置效果差，溅入蒸发器。②蒸发器液囊和吸收器壳体间有渗漏。③吸收器溶液液位过高，溶液通过挡液板进入蒸发器。④冷剂水旁通阀泄漏。

1030. 溴化锂机组冷剂水怎么迅速再生？

知道溴化锂机组冷剂水迅速再生，可以这样操作：

（1）关闭冷剂泵出口阀门，打开冷剂水再生阀（旁通阀），将混有溴化锂溶液的冷剂水全部旁通至吸收器，然后送往发生器进行冷剂水再生。

（2）当蒸发器液位很低时，关闭再生阀和冷剂泵（冷剂泵有液位自动控制则不必手动关泵）。

（3）待蒸发器液位达到规定值后，打开冷剂泵出口阀门，起动冷剂泵，机组进入正常运行。

（4）重新测量冷剂水的密度，如达不到要求，可反复进行冷剂水的再生，直至合格。

1031. 溴化锂机组冷剂水怎么缓慢再生？

（1）适当关小冷剂泵出口阀门（有时可不关小）。

（2）慢慢打开冷剂水再生阀。再生阀开度不要太大，将部分混有溴化锂溶液的冷剂水旁通到吸收器，然后经发生器进行冷剂再生。

（3）隔一段时间后，测量冷剂水的密度，如达不到要求，则继续再生。

（4）每隔一定时间，重新测量冷剂水的密度，直至冷剂水的密度达到要求为止。

（5）关闭再生阀，打开冷剂水出口阀门，机组进入正常运行。这种冷剂水缓慢再生方法，机组性能略有下降，但机组仍能维持使用。若冷剂水迅速全部旁通到吸收器，会使机组性能下降很大，运行出现剧烈变化；同时，这种缓慢再生方法在冷剂水再生期间，不会由于冷剂水再生而重新引起冷剂水的污染，但这种方法冷剂水再生时间较长。

1032. 溴化锂机组冷剂水再生要注意什么？

（1）观察发生器的沸腾程度，若激烈，应关小热源阀门减小加热量或关小冷却水进口阀，减少冷却水量，降低冷凝效果。

（2）观察发生器的液位，若过高，应减小溶液循环量。

1033. 溴化锂吸收式制冷机组结晶的原因是什么？

溴化锂吸收式机组都设有自动熔晶装置，为了避免机组停机后溶液结晶，还设有机组停机时的自动控制稀释操作流程。但由于各种原因，如加热能源压力太高、冷却水温度过低、机组内存在不凝性气体等，机组还会发生结晶事故。机组发生结晶后，熔晶相当麻烦。从溴化锂溶液的特性曲线（结晶曲线）可知，结晶取决于溶液的质量分数和温度。在一定的质量分数下，温度低于某一数值时，或温度一定，溶液质量分数高于某一数值时，就要引起结晶，一旦出现结晶，就要进行熔晶处理。

1034. 溴化锂制冷机组运行中轻度结晶怎么处理？

当结晶比较轻微时，机组本身能自动熔晶。温度高的浓溶液经熔晶管直接进入吸收器，使稀溶液温度升高。当稀溶液经过热交换器时，对壳体侧结晶的浓溶液进行加热，可将结晶溶解，浓溶液又经热交换器到吸收器喷淋，低压发生器液位下降，机组恢复正常运行，这种方法称为熔晶管熔晶。

1035. 溴化锂制冷机组运行中严重结晶怎么处理？

溴化锂制冷机组在运行时若出现严重结晶情况，可采取下列方法予以排除。①适当减少供气量和冷却水供应量；②控制稀溶液温度在 60℃左右；③间断起动发生器泵，使低压发生器中温度较高的溶液，沿着稀溶液的管路经低温热交换器回流到吸收器。如此反复操作几次，可消除结晶。若是机组中的高温热交换器产生结晶，就会使高压发生器液位升高，排除方法也可采用间断起动发生器泵的方法来消除。若机组的结晶严重，上述方法不能奏效时，可用蒸气凝结水或用蒸气在浓溶液出口侧进行加热来排除。

另外，在日常运行中遇到下雨天气时，冷却塔出水温度会降低到 20℃左右，此时应停止风机运行，减少冷却水循环量，以防低于 26℃的冷却水进入机组而造成结晶。

1036. 溴化锂机组运行期间熔晶管发烫的原因是什么？

熔晶管发烫是溶液结晶的显著征兆。机组正常运行时熔晶管不发烫，一旦出现结晶，由于浓溶液出口被堵塞，发生器的液位越来越高，当液位高到熔晶管位置时，溶液就绕过低温热交换器，直接从熔晶管回到吸收器。因此，熔晶管发烫是溶液结晶的显著特征。但是熔晶管发烫不一定全是由于机组结晶而引起，如溶液循环量不当，引起发生器液位过高，溶液溢至熔晶管，也会引起熔晶管发烫，因此，应分析原因，确定故障。

1037. 溴化锂机组起动时结晶怎么办？

溴化锂机组在起动时，由于冷却水温度过低、机内有不凝性气体或热源阀门开得过大等原因，使溶液产生结晶，大都是在热交换器浓溶液侧，也有可能在发生器中产生结晶。熔晶方法如下：

（1）如果是低温热交换器溶液结晶，其熔晶方法参见机组运行期间结晶的处理方法。

（2）起动时若发生器结晶时的熔晶方法。

1）微微打开热源阀门，向机组微量供热，通过传热管加热结晶的溶液，使结晶溶解。

2）为加速溶晶，可外用蒸气全面加热发生器壳体。

3）待结晶溶解后，起动溶液泵，待机组内溶液混合均匀后，即可正式起动机组。

4）如低温溶液热交换器和发生器同时结晶，则按照上述方法，先处理发生器结晶，再处理溶液热交换器结晶。

1038. 溴化锂机组停机期间结晶怎么办？

溴化锂机组停机期间，由于溶液在停机时稀释不足或环境温度过低等原因会发生结晶。发生结晶后，溶液泵就无法运行，应进行熔晶操作，操作步骤如下：

（1）用蒸气对溶液泵壳和进出口管加热，直到泵能运砖。加热时要注意不让蒸气和凝水进入电动机和控制设备，切勿对电动机直接加热。

（2）屏蔽泵是否运行不能直接观察，如溶液泵出口处未装真空压力表，可在取样阀处装真空压力表。若真空压力表上指示为一个大气压（即表指示为0），表示泵内及出口结晶未消除；若表指示为高真空，则表明泵不运转，机内部分结晶，应继续用蒸气加热，使结晶完全溶解；泵运行时，真空压力表上指示的压力高于大气压，则结晶已溶解。但是，有时溶液泵扬程不高，取样阀处压力总是低于大气压。这时应用取样器取样，或观察吸收器喷淋，或发生器有无液位，也可听泵出口管内有无溶液流动声音来判断结晶是否已溶解。

1039. 溴化锂机组真空泵使用多长时间检修？

溴化锂机组一般使用旋片式真空泵，在实际运行中应视不同情况定期检修。一般情况下，真空泵使用2000h后应进行一下检修，通常真空泵每年应进行一次全面检修。

✎ 1040. 溴化锂机组真空泵哪种情况下需要更换润滑油？

溴化锂机组新真空泵，经磨合运转后，可能有少量金属碎屑和杂质在油箱中沉积起来，在完成机组试运转后，应将油放出，加注新的真空泵油。此外，对存放时间较长而真空度达不到要求的泵，可密闭泵口，开气镇阀2～4h，必要时可换新油。

✎ 1041. 溴化锂机组真空泵怎么更换润滑油？

真空泵更换润滑油的操作方法是：关闭真空泵的进气口，先起动真空泵运转半小时，待润滑油变稀，再停止真空泵运行，从真空泵放油孔放出需要更换的润滑油，然后再开进气口运转10～20s，同时从进气口缓缓加入少量清洁真空泵油（30～50ml），以使排出腔内存油并保持润滑。如放出来的油很脏，再缓缓加入少量清洁真空泵油，但不可用清洗液冲洗泵内存油和杂质。将油放尽后，旋紧放油螺塞，从加油孔加入清洁真空泵油。

✎ 1042. 溴化锂机组运转多长时间进行排气阀检修？

溴化锂机组排气阀，第一次检修时间一般在机组运转500h后进行，以后可酌情决定延长或缩短。当泵出现异常的排气声及油面波动时，应及时检查排气阀片是否松动、老化或损坏、阀座垫片密封性能等。

✎ 1043. 溴化锂机组真空泵怎么拆卸？

在溴化锂机组维护工作中，若需要拆卸真空泵进行检修或清洗，必须注意拆真空泵顺序，以免损坏机件。现以2XZ—B型真空泵为例看一下拆卸真空泵操作步骤。

（1）放尽真空泵内的存油。

（2）松开进气法兰螺栓，拔出进气接管，松开气镇法兰螺栓，取出气镇阀。

（3）拆下油箱，拆下防护罩，松开联轴器上的紧固螺栓。

（4）拆除挡油板、排气阀盖板、气道压盖，松开高级泵盖与支座连接的螺栓，取下泵体。

（5）松开低级泵盖螺栓，连同低级转子和旋片一起拉出。

（6）用同样方法拆下高级泵盖和高级转子、高级旋片。

（7）如需要进一步拆卸，松开装在低级转子轴头上的偏心轮体上的螺栓，抽出低级转子。

（8）其他零件是否需要拆卸，视情况而定。

（9）如果拆下后，零件完好无损，油也清洁无杂物，则泵腔内壁可不必擦洗；若零件有损伤或损坏，应更换零件。若需要擦洗时，一般用纱布擦拭即可；有金属碎屑、泥沙或其他脏物必须清洗时，可用汽油等擦洗；应避免纤维留在零件上，防止堵塞油孔；用清洗液清洗时，不要浸泡，以免渗入螺孔、销孔，清洗后需彻底干燥后才可进行装配。

✎ 1044. 溴化锂机组真空泵怎么重新装配？

真空泵进行检修或清装完毕后，重新装配的操作方法是：

（1）装配前，用纱布擦拭零件，不要用棉纱以防堵塞油孔。零件表面涂以清洁真空泵油。

（2）先装高级转子和旋片，再装高级定盖销、螺栓、键、泵联轴器等。建议以定子端面为基准竖装。装后用手旋转转子，应无滞阻和明显轻重感觉。转子与定子弧面不可紧贴，以防咬合，然后再用同样方法装低级转子和旋片，注意各 O 形环密封圈应换上新品装在槽内。

（3）将止回阀偏心块转到上方，拔起偏心块，检查喷油嘴上的橡胶止回阀头平面与进油孔嘴的开启最大距离，应为 2～3m。松手后，阀头应自动关住进油孔，必要时，可调节阀杆座上的 3 个螺钉。

（4）将泵部件、键、泵联轴器装在支架上，旋紧紧固螺栓。手盘动联轴器应能轻松旋转，再装上防护盖。

（5）装上气道压盖、排气阀、挡油板，装油箱。

（6）装上进气嘴、气镇阀，并以法兰紧固。在装气镇阀时，先将 O 形圈涂上油，装入气镇阀，应使气镇阀密封平面与油箱顶面尽量平行，然后紧固油箱螺栓。

✎ 1045. 溴化锂机组真空泵重新装配注意事项是什么？

（1）记住零件原装位置，按原位置装配。

（2）紧固件应无松动。

（3）装配后，应观察运转情况，测量极限真空，不合格时应加以调整。

（4）在检修泵的同时，亦应对系统管道、阀门和电动机等加以检查及检修。

✎ 1046. 怎么防止溴化锂机组抽气系统泄漏？

为保证溴化锂机组抽气系统正常工作，在日常维护中，应对抽气系统的接管、接头等部位定期检查是否泄漏，特别是与测试真空的仪表，如 U 形管压差计相连时，一般采用真空胶管与 U 形玻璃管相连接，既不能扎得过紧，以防玻璃管破碎，又不能太松，以防泄漏。为保证机组的气密性，最好在接头处涂以真空膏密封。

第四节　溴化锂制冷机组附件常见问题处理

1047. 直燃型机组燃料泵不供油故障怎么处理？

燃料泵不供油主要有下述几种原因：①泵本身有故障，如齿轮损坏，应检修或更换；②吸入阀不密封而泄漏，应拆下清洁或更换；③吸入管不密封泄漏，检查原因，如接头漏接，拧紧接头；④过滤器受污染而堵塞或泄漏，应清洁过滤器，必要时更换过滤器；⑤燃料量少或压力控制阀有故障，应更换燃料泵。

1048. 燃料泵机械噪声过大怎么排除？

直燃型溴化锂吸收式冷热水机组燃料泵机械噪声过大是由于泵内有空气造成噪声，排除方法是旋紧接头并将泵内空气排除；燃料泵油管内真空度太高，是由于过滤器污染堵塞或阀门未全打开，排除方法是清洗或更换过滤器，打开所有阀门，以防泵吸空。

1049. 燃料泵喷嘴常见故障及怎么排除？

对直燃型溴化锂吸收式冷热水机组燃烧器来说，喷嘴的好坏直接影响燃料的燃烧状况。其主要故障有：

（1）雾化不均匀。喷嘴受损或受污染堵塞，应拆下喷嘴，进行清洗或者更换；使用时间过长，喷嘴磨损，排除方法是拆下更换喷嘴；过滤器堵塞，排除方法是拆下清洗；旋流盘松动，排除方法是拆下喷嘴，上紧旋流盘。

（2）无油喷出。喷嘴堵塞，无法使油喷出，排除方法是拆下喷嘴进行清洗。

（3）喷嘴泄漏，排除方法是更换喷嘴。

1050. 溴化锂制冷机组屏蔽电动机烧毁怎么处理？

处理方法是：立即更换备用泵。其操作程序是：①检查备用屏蔽泵的完好程度，测试水轮转动是否轻快；②检查电动机的绝缘电阻是否在 2MΩ 以上，通电运转几秒钟后，看能否正常起动运转；③切断机组的总电源；④关闭屏蔽泵进、出口真空阀门，放净管内溶液，并拆除烧毁的屏蔽泵；⑤将备用屏蔽泵安装就位后，进行局部正压检漏，其方法是通过屏蔽泵出口取样阀向屏蔽泵内充氮气，使其压力达到 0.2MPa（表压）；⑥正压试漏完毕并确认无泄漏后，进行局部抽真空操作，其方法是用橡胶管连接屏蔽泵出口取样阀和抽气系统测试阀，起动真空泵运行 20～30min，确认泵体和管内无空气时，打开屏蔽泵进出口真空阀门；⑦起动发生器泵和吸收器运转

10min后，观察机组内的真空度，如果无大的变化，就可认为机组无泄漏部位，然后起动真空泵运行1～2h，对机组进行抽真空处理；⑧最后可按正常起动程序，重新起动机组运行。

1051. 更换真空隔膜阀手轮怎么操作？

真空隔膜阀的旋转手轮，有的采用胶木制成，容易损坏，损坏后应换上新的手轮；有的采用铝合金制作，使用时间较长，若旋转不动，则修理或更换。若阀杆损坏则应更换，但也不必换整个阀门，只需将阀盖及整个组件更换即可；若可换整个阀门，焊接时，焊缝附近的管根部及阀门要用湿布缠绕，以防焊接高温损坏隔膜。

1052. 检修高真空隔膜阀怎么操作？

溴化锂吸收式机组抽气系统中，其阀门一般均采用真空隔膜阀，高真空隔膜阀中主要部件是真空隔膜。真空隔膜通常由丁酯橡胶、氟橡胶以及其他橡胶制成，使用时间过长，易产生老化失去弹性或者断裂，特别是主抽气阀，经常关开，应定期检修或更换，最好1～2年更换一次。高真空隔膜阀的检修，主要是调换真空隔膜而不需要换新的隔膜阀，其步骤如下：

（1）向机组充入一定量的氮气，以防止空气进入机组。

（2）根据阀门位置，若需要应将镍化锤溶液排出机组，放入储液器中。

（3）拆下阀盖上的螺栓，拿掉阀盖。

（4）取下旧隔膜，换上新隔膜。

（5）装上阀盖并拧紧螺栓。

（6）对所有连接处进行检漏。

（7）将溶液重新灌入机组（其数量与排出相同）。

（8）起动真空泵，将机组抽至高真空。

换用真空隔膜时应注意的是：隔膜的位置应对准，隔膜上线应对准两座的痕，螺栓应对称地均匀拧紧。

1053. 真空隔膜阀中高真空球阀怎么检修？

高真空球阀检修是用手柄通过轴杆将阀球旋转90°，接通或断开机组的液流或气流的阀门。

高真空球阀采用聚四乙烯贴球面，达到内部密封。密封阀球可转动任何角度并锁定位置，从而达到调节的目的。阀门平时应保存的清洁干燥处，以防生锈。

安装高真空球阀时注意不要碰伤其密封面，零部件要清洁。阀门调节流量时要拧紧，轴端红线槽，要和球通径方向一致，一般情况下2～3年更换一次。

1054. 真空隔膜阀中真空蝶阀怎么检修？

真空蝶阀的采用旋转手柄通过轴杆使阀板转动，改变管道内截面积，达到调节流量的目的。调节时可用手动或电动进行。真空蝶阀安装时应使螺栓均匀地拧紧，保持密封面不漏，密封件一般情况下 2～3 年更换一次。

1055. 在紧急情况下屏蔽泵怎么检查？

溴化锂机组中使用的溶液泵或冷剂泵都使用的是屏蔽泵。一般屏蔽泵在使用中易出现故障的部件是石墨轴承，其使用寿命一般为 15000h。

屏蔽泵由于维修技术比较复杂，一般情况下都由厂家负责，若遇紧急情况，可采用下述步骤进行检查：①检查轴承的磨损是否在允许的范围内；②检查轴承套和推力板是否有损坏；③检查各部分的螺栓是否松动；④检查泵壳、叶轮等部件是否被腐蚀；⑤检查循环管路和过滤网是否有堵塞；⑥检查电动机的绝缘电阻值是否在允许范围内；⑦检查接线盒内的接线端子是否完好无损。

1056. 屏蔽泵拆卸怎么操作？

屏蔽泵的拆卸操作分为以下几个步骤：①断开机组电源，重点要确认断开了屏蔽泵的电源，将开关锁紧；②用真空泵将机组内部抽成真空，并充入氮气，使机组内形成正压；③将机组内的溴化锂溶液和冷剂水注入储液器中，并将其抽至高真空状态；④打开屏蔽泵的接线盒，拆下导线时要做好标记，以便恢复接线时出错；⑤拆下电动机与屏蔽泵体连接处法兰上的螺钉，并依次在两个法兰上做好记号，移动电动机前，应用物体支撑好电动机；⑥若有循环冷却水管与泵体相连，应拆下循环冷却水管；⑦用卸盖螺栓将电动机从泵体中拉出来，检查泵壳内部、叶轮和诱导轮；⑧拆卸叶轮和诱导轮的方法：松开叶轮和诱导轮之间的锁紧垫片，给诱导轮轻微的逆时针方向冲击力，拧下诱导轮，然后再拆卸叶轮。在拆卸过程中不要撬动叶轮以免造成轴变形弯曲；⑨从电动机拆下前后轴承座，将转子从电动机后部抽出，操作时要特别小心不要擦伤屏蔽套。

在泵体解体后，应用清水冲洗各部件，彻底清除泵体内残留溶液，以防止泵体内部腐蚀生锈。

1057. 屏蔽泵拆卸后怎么检查？

(1) 检查电动机内的循环通路和循环管道，并用清水予以清洗。

(2) 检查转子和定子腔有无伤痕、摩擦痕迹或小孔，若严重时需要更换电动机。

（3）检查电动机端盖上的径向轴承孔和摩擦环室，若内表面粗糙或磨损到直径大于规定值时应予以更换。

（4）检查径向推力轴承，若表面非常粗糙或伤痕较深或磨损厚度小于规定值，则需要更换轴承。

（5）检查叶轮的摩擦面。若发现其非常粗糙或磨损到其外径小于规定数值，则应更换叶轮。

（6）检查摩擦环。若摩擦环表面非常粗糙或伤痕较深或摩擦环内径小于规定值，则需要更换摩擦环。

（7）检查转动轴上的径向轴套表面情况，若非常粗糙或磨损严重，则需要更换轴套。

（8）检查电动机绝缘电阻值，要求其绝缘电阻值大于 $10M\Omega$。

1058. 屏蔽泵拆卸后怎么组装？

屏蔽泵拆卸后的组装过程，按拆卸时的反顺序进行即可，但要注意：

（1）清洁所有部分，如放垫片的表面、O形环的槽，更换新的垫片和O形环槽。

（2）按照拆卸时做的记号进行组装，切不可出现混乱，以免造成装配不良。

（3）更换轴承时要先将垫片放入轴承外圈的横向槽内，再将轴承推入轴承座中，把固定螺栓拧到可使轴承左右有轻微移动的程度为好。

（4）更换轴套和推力板时，要将推力板光滑面的方向朝着石墨轴承。

（5）在安装前后轴承时，要将定位销放入固定法兰的孔内，并把角形密封圈放好。

（6）安装辅助叶轮时，要注意叶片是向后安装的，在锁紧落实前，插入内舌垫片，用销紧螺母紧固，并使垫片折边。

（7）叶轮安装前应先将过滤网装好，叶轮与诱导轮之间放入内舌垫片，叶轮与诱导轮紧固后，将内舌垫片折边，以防诱导轮松动。

（8）诱导轮安装结束后，在装入泵壳前用手转动叶轮，检查转动是否灵活，若不灵活，应重新进行装配。

1059. 怎么判断溴化锂机组真空电磁阀是否要检修？

真空电磁阀是安装在溴化锂机组真空泵和抽气管路上的专用阀门，与真空泵接在同一电源上，真空泵的开启与停止直接控制了电磁阀的开启与关闭。真空电磁阀应每年检修一次。若动作，则电磁阀工作正常；若不动作，应拆卸检查。也可将电磁阀与真空泵接在同一电源上，起动真空泵，若电磁阀上的通气阀开始吸气，马上又不吸气，说明电磁阀是好的；若电磁阀一直吸气，则说明电磁阀不工作，应检修。当真空泵停止运行时，电磁阀上的通气阀吸气，则说明电磁阀工作正常；若不吸气，则说明电磁阀已损坏。

1060. 怎么更换溴化锂机组真空电磁阀？

更换真空电磁阀的操作方法为：断开机组电源，拆下电磁阀罩盖，检查线路上的熔断器和整流二极管是否完好，如已损坏应更换新品。用万用表检查绕组的电阻值是否正常，如果烧坏或阻值不合要求，则应更换。拆下电磁阀中的弹簧，若生锈，应除锈或换新的弹簧。若机组在抽真空时，真空电磁阀经检查其他均正常，仅是因锈蚀而咬牢时，可用铁棒顶弹簧，使弹簧滑动而恢复工作。

附图　焓湿图

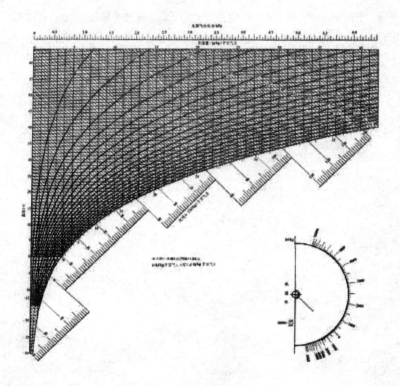

参 考 文 献

[1] 李援瑛. 空气调节技术与中央空调的安装、维修 [M]. 北京：机械工业出版社，2013.

[2] 张国栋. 中央空调运行管理与维修 [M]. 北京：化学工业出版社，2013.

[3] 李援瑛. 中央空调运行与管理读本 [M]. 北京：机械工业出版社，2007.

[4] 陈维刚. 制冷空调维修实用手册 [M]. 北京：机械工业出版社，2006.